U0276197

国家卫生和计划生育委员会“十三五”规划教材
全国中等卫生职业教育教材

供中等卫生职业教育各专业用　第3版

物理应用基础

主　编　万东海

编　者（以姓氏笔画为序）

万东海（河南省郑州市卫生学校）
王　璇（河南省许昌学院）
佘　艳（云南省临沧卫生学校）
陈晓斌（山西省长治卫生学校）
梁秀芬（山东省莱阳卫生学校）

人民卫生出版社

图书在版编目(CIP)数据

物理应用基础 / 万东海主编. —3 版. —北京：人民卫生出版社，2017

ISBN 978-7-117-24418-3

Ⅰ. ①物… Ⅱ. ①万… Ⅲ. ①物理学－医学院校－教材 Ⅳ. ①04

中国版本图书馆 CIP 数据核字(2017)第 170443 号

物理应用基础

第 3 版

主　　编：万东海

出版发行：人民卫生出版社（中继线 010-59780011）

地　　址：北京市朝阳区潘家园南里 19 号

邮　　编：100021

E - mail：pmph @ pmph.com

购书热线：010-59787592　010-59787584　010-65264830

印　　刷：中农印务有限公司

经　　销：新华书店

开　　本：787 × 1092　1/16　　印张：13

字　　数：324 千字

版　　次：2001 年 9 月第 1 版　　2017 年 7 月第 3 版

2023 年 1 月第 3 版第 6 次印刷（总第 31 次印刷）

标准书号：ISBN 978-7-117-24418-3/R · 24419

定　　价：30.00 元

出版说明

为全面贯彻党的十八大和十八届三中、四中、五中全会精神，依据《国务院关于加快发展现代职业教育的决定》要求，更好地服务于现代卫生职业教育快速发展的需要，适应卫生事业改革发展对医药卫生职业人才的需求，贯彻《医药卫生中长期人才发展规划（2011—2020年）》《现代职业教育体系建设规划（2014—2020年）》文件精神，人民卫生出版社在教育部、国家卫生和计划生育委员会的领导和支持下，按照教育部颁布的《中等职业学校专业教学标准（试行）》医药卫生类（第二辑）（简称《标准》），由全国卫生职业教育教学指导委员会（简称卫生行指委）直接指导，经过广泛的调研论证，成立了中等卫生职业教育各专业教育教材建设评审委员会，启动了全国中等卫生职业教育第三轮规划教材修订工作。

本轮规划教材修订的原则：①明确人才培养目标。按照《标准》要求，本轮规划教材坚持立德树人，培养职业素养与专业知识、专业技能并重，德智体美全面发展的技能型卫生专门人才。②强化教材体系建设。紧扣《标准》，各专业设置公共基础课（含公共选修课）、专业技能课（含专业核心课、专业方向课、专业选修课）；同时，结合专业岗位与执业资格考试需要，充实完善课程与教材体系，使之更加符合现代职业教育体系发展的需要。在此基础上，组织制订了各专业课程教学大纲并附于教材中，方便教学参考。③贯彻现代职教理念。体现“以就业为导向，以能力为本位，以发展技能为核心”的职教理念。理论知识强调“必需、够用”；突出技能培养，提倡“做中学、学中做”的理实一体化思想，在教材中编入实训（实验）指导。④重视传统融合创新。人民卫生出版社医药卫生规划教材经过长时间的实践与积累，其中的优良传统在本轮修订中得到了很好的传承。在广泛调研的基础上，再版教材与新编教材在整体上实现了高度融合与衔接。在教材编写中，产教融合、校企合作理念得到了充分贯彻。⑤突出行业规划特性。本轮修订紧紧依靠卫生行指委和各专业教育教材建设评审委员会，充分发挥行业机构与专家对教材的宏观规划与评审把关作用，体现了国家卫生计生委规划教材一贯的标准性、权威性、规范性。⑥提升服务教学能力。本轮教材修订，在主教材中设置了一系列服务教学的拓展模块；此外，教材立体化建设水平进一步提高，根据专业需要开发了配套教材、网络增值服务等，大量与课程相关的内容围绕教材形成便捷的在线数字化教学资源包，通过扫描每章标题后的二维码，可在手机等移动终端上查看和共享对应的在线教学资源，为教师提供教学素材支撑，为学生提供学习资源服务，教材的教学服务能力明显增强。

人民卫生出版社作为国家规划教材出版基地，有护理、助产、农村医学、药剂、制药技术、营养与保健、康复技术、眼视光与配镜、医学检验技术、医学影像技术、口腔修复工艺等 24 个专业的教材获选教育部中等职业教育专业技能课立项教材，相关专业教材根据《标准》颁布情况陆续修订出版。

全国卫生职业教育教学指导委员会

全国中等卫生职业教育
国家卫生和计划生育委员会“十三五”规划教材目录

总序号	适用专业	分序号	教材名称	版次
1	中等卫生	1	职业生涯规划	2
2	职业教育	2	职业道德与法律	2
3	各专业	3	经济政治与社会	1
4		4	哲学与人生	1
5		5	语文应用基础	3
6		6	数学应用基础	3
7		7	英语应用基础	3
8		8	医用化学基础	3
9		9	物理应用基础	3
10		10	计算机应用基础	3
11		11	体育与健康	2
12		12	美育	3
13		13	病理学基础	3
14		14	病原生物与免疫学基础	3
15		15	解剖学基础	3
16		16	生理学基础	3
17		17	生物化学基础	3
18		18	中医学基础	3
19		19	心理学基础	3
20		20	医学伦理学	3
21		21	营养与膳食指导	3
22		22	康复护理技术	2
23		23	卫生法律法规	3
24		24	就业与创业指导	3
25	护理专业	1	解剖学基础 **	3
26		2	生理学基础 **	3
27		3	药物学基础 **	3
28		4	护理学基础 **	3

续表

总序号	适用专业	分序号	教材名称	版次
29		5	健康评估 **	2
30		6	内科护理 **	3
31		7	外科护理 **	3
32		8	妇产科护理 **	3
33		9	儿科护理 **	3
34		10	老年护理 **	3
35		11	老年保健	1
36		12	急救护理技术	3
37		13	重症监护技术	2
38		14	社区护理	3
39		15	健康教育	1
40	助产专业	1	解剖学基础 **	3
41		2	生理学基础 **	3
42		3	药物学基础 **	3
43		4	基础护理 **	3
44		5	健康评估 **	2
45		6	母婴护理 **	1
46		7	儿童护理 **	1
47		8	成人护理(上册)– 内外科护理 **	1
48		9	成人护理(下册)– 妇科护理 **	1
49		10	产科学基础 **	3
50		11	助产技术 **	1
51		12	母婴保健	3
52		13	遗传与优生	3
53	护理、助产专业共用	1	病理学基础	3
54		2	病原生物与免疫学基础	3
55		3	生物化学基础	3
56		4	心理与精神护理	3
57		5	护理技术综合实训	2
58		6	护理礼仪	3
59		7	人际沟通	3
60		8	中医护理	3
61		9	五官科护理	3
62		10	营养与膳食	3
63		11	护士人文修养	1
64		12	护理伦理	1
65		13	卫生法律法规	3

续表

总序号	适用专业	分序号	教材名称	版次
66		14	护理管理基础	1
67	农村医学专业	1	解剖学基础 **	1
68		2	生理学基础 **	1
69		3	药理学基础 **	1
70		4	诊断学基础 **	1
71		5	内科疾病防治 **	1
72		6	外科疾病防治 **	1
73		7	妇产科疾病防治 **	1
74		8	儿科疾病防治 **	1
75		9	公共卫生学基础 **	1
76		10	急救医学基础 **	1
77		11	康复医学基础 **	1
78		12	病原生物与免疫学基础	1
79		13	病理学基础	1
80		14	中医药学基础	1
81		15	针灸推拿技术	1
82		16	常用护理技术	1
83		17	农村常用医疗实践技能实训	1
84		18	精神病学基础	1
85		19	实用卫生法规	1
86		20	五官科疾病防治	1
87		21	医学心理学基础	1
88		22	生物化学基础	1
89		23	医学伦理学基础	1
90		24	传染病防治	1
91	营养与保健专业	1	正常人体结构与功能 *	1
92		2	基础营养与食品安全 *	1
93		3	特殊人群营养 *	1
94		4	临床营养 *	1
95		5	公共营养 *	1
96		6	营养软件实用技术 *	1
97		7	中医食疗药膳 *	1
98		8	健康管理 *	1
99		9	营养配餐与设计 *	1
100	康复技术专业	1	解剖生理学基础 *	1
101		2	疾病学基础 *	1
102		3	临床医学概要 *	1

续表

总序号	适用专业	分序号	教材名称	版次
103		4	药物学基础	2
104		5	康复评定技术 *	2
105		6	物理因子治疗技术 *	1
106		7	运动疗法 *	1
107		8	作业疗法 *	1
108		9	言语疗法 *	1
109		10	中国传统康复疗法 *	1
110		11	常见疾病康复 *	2
111	眼视光与	1	验光技术 *	1
112	配镜专业	2	定配技术 *	1
113		3	眼镜门店营销实务 *	1
114		4	眼视光基础 *	1
115		5	眼镜质检与调校技术 *	1
116		6	接触镜验配技术 *	1
117		7	眼病概要	1
118		8	人际沟通技巧	1
119	医学检验	1	无机化学基础 *	3
120	技术专业	2	有机化学基础 *	3
121		3	生物化学基础	3
122		4	分析化学基础 *	3
123		5	临床疾病概要 *	3
124		6	生物化学及检验技术	3
125		7	寄生虫检验技术 *	3
126		8	免疫学检验技术 *	3
127		9	微生物检验技术 *	3
128		10	临床检验	3
129		11	病理检验技术	1
130		12	输血技术	1
131		13	卫生学与卫生理化检验技术	1
132		14	医学遗传学	1
133		15	医学统计学	1
134		16	检验仪器使用与维修 *	1
135		17	医学检验技术综合实训	1
136	医学影像	1	解剖学基础 *	1
137	技术专业	2	生理学基础 *	1
138		3	病理学基础 *	1
139		4	影像断层解剖	1

续表

总序号	适用专业	分序号	教材名称	版次
140		5	医用电子技术 *	3
141		6	医学影像设备 *	3
142		7	医学影像技术 *	3
143		8	医学影像诊断基础 *	3
144		9	超声技术与诊断基础 *	3
145		10	X 线物理与防护 *	3
146		11	X 线摄影化学与暗室技术	3
147	口腔修复	1	口腔解剖与牙雕刻技术 *	2
148	工艺专业	2	口腔生理学基础 *	3
149		3	口腔组织及病理学基础 *	2
150		4	口腔疾病概要 *	3
151		5	口腔工艺材料应用 *	3
152		6	口腔工艺设备使用与养护 *	2
153		7	口腔医学美学基础 *	3
154		8	口腔固定修复工艺技术 *	3
155		9	可摘义齿修复工艺技术 *	3
156		10	口腔正畸工艺技术 *	3
157	药剂、制药	1	基础化学 **	1
158	技术专业	2	微生物基础 **	1
159		3	实用医学基础 **	1
160		4	药事法规 **	1
161		5	药物分析技术 **	1
162		6	药物制剂技术 **	1
163		7	药物化学 **	1
164		8	会计基础	1
165		9	临床医学概要	1
166		10	人体解剖生理学基础	1
167		11	天然药物学基础	1
168		12	天然药物化学基础	1
169		13	药品储存与养护技术	1
170		14	中医药基础	1
171		15	药店零售与服务技术	1
172		16	医药市场营销技术	1
173		17	药品调剂技术	1
174		18	医院药学概要	1
175		19	医药商品基础	1
176		20	药理学	1

** 为"十二五"职业教育国家规划教材

* 为"十二五"职业教育国家规划立项教材

前 言

本教材以科学发展观为指导，全面落实教育规划纲要，贯彻“加快发展现代职业教育”精神，以服务为宗旨，以就业为导向，以教育部《中等职业学校专业教学标准》为依据，为不断提高现代卫生技能人才科学文化素质，增强现代卫生技能人才终身学习能力，为培养基础知识扎实、专业技能熟练、服务于社会的德智体美全面发展的高素质劳动者和技能型卫生人才而编写。

本教材坚持“三基、五性、三特定”的编写原则，融传授知识、培养能力、提高素质为一体，注重职业教育人、才、德、能并重、知行合一和崇高职业精神的培养，重视培养学生的创新能力、获取信息及终身学习能力。本书立足中职层次学生来源及就业方向，坚持知识、技能、素养并重，实现教材内容的好教好学，在整体优化的基础上，凸显课程个性。本书注重持续激发学生的学习激情，注重运用现代化信息技术创新教材呈现形式，使教材更加生活化、情景化、动态化、形象化。本书内容包括绪论、力学基础及应用、振动和波及应用、液体的流动与表面性质及应用、热学基础及应用、电磁场基础及应用、光学基础及应用、原子物理学基础及应用共八个组成部分，共设置学生实验十四个，各章内容后均附有目标测试题。

本教材可供全国中等卫生职业学校各个专业使用。

本教材在编写过程中得到了河南省郑州市卫生学校、山东省莱阳卫生学校、河南省许昌学院、云南省临沧卫生学校、山西省长治卫生学校的大力支持，在此表示衷心的感谢。

由于编者水平有限，教材中难免出现错误和疏漏之处，还请广大师生和读者多提宝贵意见，以便使本教材能够不断改进和完善。

万东海

2017 年 2 月

目 录

绪　论

一、物理学的研究对象

人类赖以生存的大自然由多种多样的物质组成。所谓物质是指不以人的主观意志为转移的客观存在。根据存在形态物质可分为实物和场两类。实物是指能够作用于人的感官而引起感觉的东西，如树木、房屋、水流、分子、原子等；场是指人的感官无法感知，需要通过客观现象或科学实验才能够间接感知到它的存在的特殊物质，如引力场、电场、磁场等。实物和场是紧密联系在一起的，实物之间可以通过场来传递相互作用，此时场是实物之间发生相互作用的桥梁和纽带。尽管实物和场的存在形态不同，但它们都是不以人的主观意志为转移的客观存在，并且都能被认识和了解。

作为客观存在的物质永远是运动的。物质的运动是永恒的。运动是绝对的，静止是相对的。物质和运动是统一的，没有不运动的物质，也没有非物质的运动，运动是物质的固有属性，是物质存在的根本形式。我们认为，一切变化过程都是运动。河水的流动、汽车的行驶等简单的位置变化是运动；心脏跳动、血液循环、新陈代谢等生命变化过程也是运动；大脑思维、遗传繁衍的过程也是运动。

物质的运动形式多种多样，有简单的，有复杂的；有宏观的、有微观的；有物理的、有化学的；通常可分为机械运动、分子热运动、电磁运动、原子内运动等。物质的各种运动形式是相互联系并且在一定条件下是可以相互转化的。如机械运动可以转化为热运动，热运动也可以转化为机械运动；电磁运动可以转化为机械运动，机械运动也可以转化为电磁运动等等。运动的物质是不能创造和消灭的，只能从一种形式转化为另一种形式，并且在转化过程中总量保持不变，这是自然界的普遍原理之一。

物理学是研究自然界最基本、最普遍的运动形式和规律的科学。它的研究内容非常丰富、十分广泛，包括机械运动、分子热运动、电磁运动、原子内运动等及其相互转化的规律。物理学研究的这些最基本、最普遍的运动形式和规律存在于自然界一切变化过程中。正因为如此，物理学才能够成为自然科学中的基础学科之一。

二、物理学的研究方法

在物理学对自然界的变化过程进行研究的过程中，不仅揭示了客观世界的变化规律，同时也逐步建立发展并形成了完整的、科学有效的思想方法体系。物理学的研究方法主要有观察、实验、抽象、假说等。

观察是在不改变自然条件的情况下，对自然界发生的某种现象进行研究的方法。对于所有的自然现象都是不能人为改变其条件的，都要采用观察的方法。

实验是在人工控制的条件下，使现象反复重现从而进行观测研究的方法。这种方法是物理学研究问题的一种重要方法。教学中安排的实验课就是这种方法的直接体现。

抽象是根据所研究问题的具体情况，在研究过程中抓住主要矛盾，忽略次要因素，构建理想化模型来研究问题的方法。如力学中的“质点”、流体力学中的“理想液体”、分子热运动中的“理想气体”、电学中的“点电荷”等都是通过抽象构造出来的理想化模型。这种方法是物理学研究中一种独特的方法。

假说是在观察、实验和相关理论知识的基础上提出的关于研究对象的符合逻辑的基本论点。进一步通过反复的实验验证确定是正确的基本论点就可以上升为定律或理论。如分子原子假说、量子假说等就是经过实践检验后发展成为科学理论的。在人类认识大自然的过程中，假说是至关重要的一种方法和手段。

物理学的这些研究方法同时也是一种学习方法。在了解学习这些方法的同时，更要结合实际情况学会在学习、工作和生活中使用这些方法，为我们的个人成长、事业成功和生活幸福加油助力。

三、物理学的学习意义

物理学作为研究物质最基本、最普遍的运动形式和规律的科学，其内容涉及我们生活、工作、学习等过程的方方面面。学习一些基本的物理学知识，不仅是个人全面发展的需要，也是专业水平不断提升的要求。

（一）学习物理学有利于个人的全面发展

个人文化素质的水平在很大程度上决定着其专业领域发展的高度。纵观各个领域那些德高望重、功成名就的大家，无不是有着深厚的文化底蕴和扎实的文化知识的人。文化知识就好比是人类知识金字塔的塔基，而金字塔的高度则意味着专业发展的高度和水平。坚实的塔基是搭建金字塔的基础和保证，并将最终决定金字塔的高度。物理学就是文化知识塔基中的重要组成部分，缺少了它塔基就会出现结构缺陷，就难以建起稳固的塔身，更难以建成出类拔萃的金字塔、难以取得专业的成就和更大的成功。所以，无论我们将来选择什么专业、从事什么行业，都需要学习必要的物理学知识，避免出现自身文化知识结构缺陷，提高科学素养，为个人的全面发展和专业提升奠定基础。

（二）物理学有利于医学专业知识的学习

纵观物理学和医学的发展历史，我们可以发现它们之间有着密切的联系。许多著名的物理学家同时也都是医学家，他们不仅在物理学领域取得了很大的成就，而且在医学领域也颇有建树。如我们熟知的伽利略、亥姆霍兹、泊肃叶等。医学发展史上两次质的飞跃都是物理学成果在医学中应用的结果。第一次飞跃是随着光学显微镜的出现，医学由解剖水平进入细胞水平；第二次飞跃是随着电子显微镜的出现，医学由细胞水平进入分子水平。有人曾经做过调查，研究物理学的最新成果应用到各个领域的先后次序，结果发现物理学最新成果首先应用到的是国防领域，其次就是医学领域。物理学与医学之间的紧密联系由此可见。

随着人类对生命现象认识和了解的不断深入，现代医学正逐渐从宏观走向微观，从定性走向定量，从经验走向理论，从单一走向多元。基础医学、临床医学、预防医学等医学学科都越来越多的把它们的理论和技能建立在精确的物理学基础之上，以物理学知识作为它们的理论支撑和保障。在医学未来发展的道路上，物理学必将发挥越来越大的作用，成为推动医学飞速前进的强大动力。物理学与医学的密切关系可以概括为两个方面：

首先，物理学知识是认识和解释人体生理现象和病理现象等生命活动的理论基础。生命活动作为一种高级的、复杂的运动也包含着最基本、最普遍的物理运动形式，它不仅遵守生命活动的特有规律还遵守基本的物理学规律。如人体肌肉、骨骼的运动遵循基本的力学规律；人体能量的摄入与消耗遵循能量的守恒；人体内气体的交换遵循扩散的规律；人体血液的循环遵循流体力学的规律；眼睛视觉的形成遵循光学的基本规律等等。

其次，在临床实践检查、诊断和治疗中用到的各种工具、仪器、设备等都蕴含丰富的物理学内容。我们可以设想一下患者到医院就诊的过程，从挂号到检查、从诊断到治疗，所有看到的、用到的，从一根棉签、一把镊子到听诊器、注射器，从呼吸机、洗胃机到 X-CT、核磁共振，无论是传统的还是现代的、简单的还是复杂的，没有一个不是物理学知识实践应用的成果。相信伴随着物理学新成果的不断涌现，现代医学的发展将会速度更快、水平更高。

可见，为了更好地掌握医学专业知识、胜任未来的工作岗位、创造更加灿烂美好的未来，我们都需要学习必要的物理学知识并应用到工作生活中去。

四、物理学的学习方法

既然物理学知识的学习对我们而言是必要的，那我们就应该充分利用好这些时间，最大限度的掌握相关内容。在学习过程中，有效方法的选择将会极大的影响学习的效率，为此我们应该根据学科的特点来选择正确而有效的学习方法，达到事半功倍的效果。

物理学的特点主要表现在以下几个方面：①概念和规律比较多且比较抽象。一方面由于物理学研究的是整个自然界最基本、最普遍的运动形式及规律，所以必然涉及大量的基本概念和运动规律；另一方面由于这些运动规律都是从大量的现象中总结归纳出来的，所以具有较强的概括性和抽象性。②实验内容比较多。物理学本身就是建立在实验基础上的一门学科，实验在物理学中占有十分重要的地位。实验不仅是研究物理学理论的方法和手段，也是验证物理学规律、加深对理论知识的理解和把握的重要途径。③与数学知识联系紧密。物理学知识中包含有大量的推导运算，物理学规律也基本上都以公式的形式来表达，所以在物理学学习过程中需要掌握相应的数学知识，否则我们将举步维艰。

结合物理学的特点，我们认为要想学好物理学，需要大家在学习过程中要特别注意下面几个问题：①概念地位最重要。尽管物理学包含大量的概念和规律，但是作为医学生，我们学习物理学的主要目的不是进行专业研究，而是为了更好地学习医学专业知识、掌握专业技能，为了进一步扩大知识面、提高科学素养，所以我们学习的主要对象就是基本物理概念。②实验千万莫小瞧。由于实验在物理学中的特殊地位，它不仅是物理学的研究方法，更是我们锻炼操作能力、培养合作意识、验证物理学规律、加深理论知识理解的重要手段和途径。③数学一定要学好。作为一种工具，数学知识在物理学学习中是必不可少的，我们只有具备了相应的数学运算和逻辑推理能力，才能更好地掌握和领会物理学知识。④多做练习别忘掉。任何学习都需要不断的练习。通过练习加深对概念规律的了解，掌握概念和规律的应用，实现知识的融会贯通。

世上没有万能的方法，相信大家只要根据自身的情况并结合学科的特点来选择有效的学习方法，就一定能够提高学习效率，学好物理学知识。

（万东海）

第一章　力学基础及应用

学习目标

了解三种常见力的概念、产生，熟悉合力与分力及力的平行四边形法则，了解机体的力学性质。

熟悉牛顿第一定律和牛顿第三定律的内容，掌握牛顿第二定律的内容及简单应用。

了解匀速圆周运动的概念及相关物理量，了解离心现象及其在医学上的应用。

力学是研究机械运动的性质和规律的一门学科，也是物理学和医学的基础。本章在学习力学基本知识的基础上，将介绍骨骼、肌肉和心血管的力学性质，学习牛顿运动定律和匀速圆周运动的知识，了解离心现象及其在医学中的应用。

第一节　力

一、力的概念

人们对力的认识，最初是从日常生活或生产劳动中对物体推、拉、压等活动中得到的。用手推小车时，肌肉会感到紧张，人对小车施加了力，同时车对人也施加了力。可见，力是物体对物体的作用，一个物体受到力的作用，一定有另一个物体对它施加这种作用。力是不能离开物体而独立存在的。

用力推小车，小车受到力的作用就会运动；关闭了发动机的汽车，受到车轮跟地面的摩擦力和空气阻力，速度会逐渐减小，直到停下来，说明力使物体的运动状态发生了变化。用力拉伸或压缩弹簧，弹簧会伸长或缩短，说明力使物体的形状和体积发生了变化。事实说明：力的作用效果是使受力物体的运动状态发生变化或使受力物体的形状和体积发生变化。

力对物体的作用效果与力的大小、方向和作用点有关。通常把力的大小、方向和作用点称为力的三要素。力是有大小和方向的物理量，所以力是矢量。

小链接

标量与矢量

物理量根据性质不同可以分为两类：标量和矢量。标量是指只由大小就可以完全确定的物理量，如质量、时间、密度等。矢量是指由大小和方向共同确定的物理量，如力、速度等。比较标量只需要比较其大小即可；而比较矢量既要比较其大小，还要比较其方向。

为了直观说明力的作用，可以用带箭头的线段表示力。线段是按一定比例画出的，其长度表示力的大小，箭头指向表示力的方向，箭头或箭尾表示力的作用点，力的方向所在的直线称做力的作用线。这种表示力的方法称做力的图示。如图 1-1，表示作用在木块上大小为 30 牛顿方向向右的力的图示。

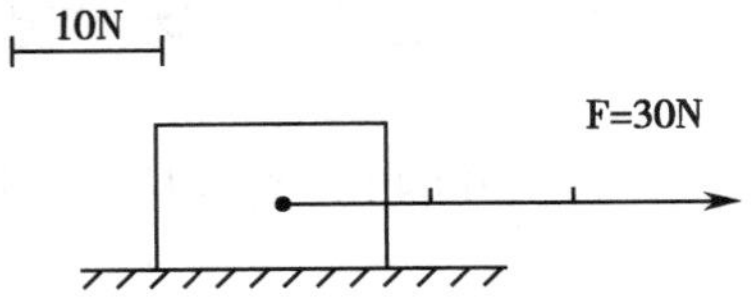

图 1-1 力的图示

二、三种常见力

根据性质不同，力可分为不同的种类，其中常见的有重力、弹力和摩擦力。

1. 重力 一切物体之间都存在着相互的吸引力，这个吸引力就是万有引力。地球上的所有物体都会受到地球的吸引，由于地球的吸引而使物体受到的力称为重力，用符号 G 表示，单位是牛顿，简称牛，代号为 N。

重力的方向永远竖直向下。

在地球的同一地点，物体所受重力 G 的大小跟它的质量 m 成正比，即

$$G=mg \tag{1-1}$$

在地球的不同地方，g 的数值会稍有变化，但为了简化运算，常把 g 看作一个常数，大小为 9.8，单位是牛顿 / 千克。

一个物体的各部分都要受到重力的作用。从效果上看，可以认为各部分受到的重力都集中于一点，这一点可看作重力的作用点，称为物体的重心。对于质地均匀、外观规则的物体，其重心在几何中心上。

根据式 $G=mg$ 制作的等臂天平，可以用来测量物体的质量。当天平平衡时，左边托盘中的物体和右边托盘中的砝码受到的重力相等，因此可以推知它们的质量也相等，这样就可以由砝码的质量得出物体的质量。

2. 弹力 用力拉弹簧时它会变长变细。物体受力后形状或体积的改变，称做形变。同一个力作用在不同的物体上，产生的形变会有所不同，有些形变比较明显，有些则极其轻微，甚至难以察觉。但是只要物体受到外力作用，就一定会发生形变，不发生形变的物体是不存在的。

有些形变是可以恢复的。例如用一个大小适当的力去拉弹簧，弹簧会向某方向伸长，如果撤去此力，弹簧会立刻恢复原状。像弹簧发生的这种形变，当作用力停止作用后能够恢复原状，这种形变称为弹性形变。当物体受到的作用力比较大，超过一定限度时，即使撤去作用力，物体也将无法恢复原状。可见弹性形变是有一定限度的，我们把发生弹性形变的限度称为弹性限度。

发生弹性形变的物体，为了恢复原状，对与它接触的物体产生力的作用，这种力称为弹力。

弹力的方向与物体形变的方向相反。实际上，弹力是一种反抗力，总是反抗使该物体产生形变的外力，并努力使形变消失，恢复原状。

用手拉弹簧时，如果增加拉力，形变会随之增加，但同时手也会感觉到弹簧的弹力也在增加。实验表明：在弹性限度内，弹簧产生的弹力 f 的大小与弹簧伸长（或缩短）的长度 x 成正比，弹力的方向跟弹簧形变的方向相反，这就是胡克定律。胡克定律公式表示为

$$f=-kx \tag{1-2}$$

式中，k 称为弹簧的劲度系数，与弹簧的材料、形状等因素有关；负号表示弹力的方向与形变的方向相反。

【例 1-1】 已知弹簧的劲度系数是 500N/m，受到拉力作用而伸长 10cm，求该弹簧产生的弹力。

已知：$k=500\text{N/m}$，$x=10\text{cm}=0.1\text{m}$

求：f

解：$f=-kx=-500\times0.1=-50\text{N}$

答：该弹簧产生的弹力大小是 50N，负号代表弹力的方向与形变的方向相反。

把物体置于桌面上，物体对桌面产生向下的压力，桌面会出现一个比较微小的、向下凹的形变，为了恢复原状，桌面会产生向上的弹力，这个弹力就是我们熟悉的支持力。同理，用绳子悬挂一物体，物体会对绳子产生一个向下的作用力，绳子会被拉长，为了恢复原状，绳子会产生一个向上的弹力，这个弹力就是拉力。实际上，拉力、支持力和压力都是弹力。

3. 摩擦力 相互接触的物体发生相对运动或有相对运动趋势时，在其接触面上产生的阻碍物体相对运动或相对运动趋势的力，称为摩擦力。

摩擦力又分为滑动摩擦力和静摩擦力。相互接触的物体之间发生相对运动时，在其接触面上产生的摩擦力称为滑动摩擦力。相互接触的物体之间没有相对运动，只有相对运动的趋势时，在其接触面上产生的摩擦力称为静摩擦力。

摩擦力的方向始终跟物体的相对运动的方向或者相对运动趋势的方向相反。

滑动摩擦力的大小与两物体之间的压力，以及接触面的粗糙程度等多种因素有关。实验表明：滑动摩擦力 f 的大小跟两物体之间的正压力 N 的大小成正比，即

$$f=\mu N \tag{1-3}$$

式中 μ 是滑动摩擦系数，其大小与物体材料的性质、干湿情况，以及接触面的粗糙程度等有关。几种常见材料之间的滑动摩擦系数的大小如表 1-1 所示。

表 1-1 常见材料之间的滑动摩擦系数

材料	滑动摩擦系数
橡皮轮胎 - 路面（干）	0.71
木 - 木	0.30
钢 - 钢	0.25
木 - 金属	0.20
木 - 冰	0.03
钢 - 冰	0.02
润滑的骨关节	0.003

摩擦力不仅存在于相互接触的固体之间，也存在于液体内部。液体在流动时，内部各层之间的流速会存在差异，即液体内部不同液层之间存在着相对运动，因此在相邻的液层之间会产生阻碍这种相对运动的摩擦力，称为液体的内摩擦力。通常情况下，液体越黏稠，内摩擦力越大。

【例 1-2】 质量是 4000kg 的汽车在干燥的路面上匀速行驶，已知橡胶轮胎和地面之间的摩擦系数是 0.71，求汽车紧急刹车时受到的摩擦力的大小。

已知：$m = 4000\text{kg}$，$\mu = 0.71$

求：f

解：汽车重力的大小

$$G = mg = 4000 \times 9.8 = 39\,200\text{N}$$

汽车对地面的压力和重力大小相等，因此有

$$N = G = 39\,200\text{N}$$

根据滑动摩擦力的公式，有

$$f = \mu N = 0.71 \times 39\,200 = 27\,832\text{N}$$

答：汽车紧急刹车时受到的摩擦力的大小是 27 832N。

静摩擦力的大小与物体受到的外力有关。放在地面上的物体，受到水平方向力 F 的作用，当 F 较小时，物体虽然有滑动的趋势，但仍保持静止状态。根据二力平衡的理论可知，此时物体受到的静摩擦力 f 的大小与外力 F 的大小相等、方向相反。

如果外力 F 增大，静摩擦力也会随着增大，但静摩擦力的增大有一定的限度，当达到某一数值时，就不会再增大，此时物体将开始滑动。物体在外力作用下将要滑动时，受到的静摩擦力达到最大，称为最大静摩擦力，用 f_m 表示。

在实际生活中，有时需要增大摩擦力，有时需要减小摩擦力。例如，在体操比赛时，运动员会在双手上涂擦一种白粉，称为碳酸镁粉，其目的是增加手掌与器械之间的摩擦力，防止从器械上脱手。生活中经常使用的自行车，需要在其中的齿轮或轴承部分涂机油，目的是减小摩擦力，使设备正常运转，并降低磨损。

三、力的平行四边形定则

一桶水可由两个人共同提起，也可由一个人来提起，水桶受到这一个力的作用与两个力共同作用效果相同。很多情况下，物体会同时受到几个力的作用。如果一个力作用效果与几个力共同作用效果相同，这一个力就叫那几个力的合力，而那几个力就称为这一个力的分力。求几个已知力的合力称为力的合成；求一个已知力的分力称为力的分解。

如果几个力作用于物体的同一点或它们的作用线相交于同一点，我们把这几个力称为共点力，又称互成角度的力。

（一）力的合成

如图 1-2a 表示橡皮条的端点 E 在 F_1 和 F_2 共同作用下，沿着直线伸长到 O 点。如图 1-2b 表示一个力作用在橡皮条的端点 E 上，端点 E 也沿着直线伸长到 O 点。力 F 产生的效果跟 F_1 和 F_2 共同的效果相同，所以 F 就是 F_1 和 F_2 的合力。

合力 F 跟 F_1 和 F_2 有什么关系呢？在力 F_1、F_2 和 F 的方向上，按同样的比例，分别做出力 F_1、F_2 和 F 的图示（图 1-2c），然后连接 AC 和 BC，量度结果表明，OACB 是一个平行四边形，OC 是以 OA 和 OB 为邻边的平行四边形的对角线。

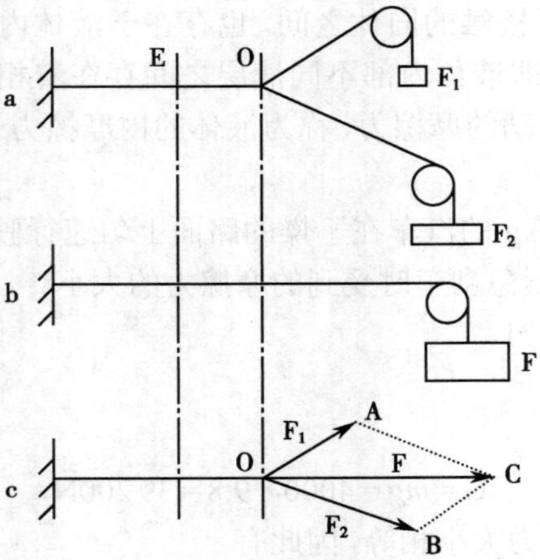

图 1-2 两个互成角度共点力的合成

改变 F_1 和 F_2 的大小和方向，重做上述实验，可以得到相同的结论。

作用于一点而互成角度的两个力，它们的合力大小和方向，可以用表示这两个力的有向线段为邻边作平行四边形，这两个邻边之间的对角线的长度和方向就是所求合力的大小和方向。这个结论称为力的平行四边形定则。

从平行四边形定则可以看出，作用于物体上的互成角度的两个分力 F_1、F_2，其合力的大小不仅与两分力的大小有关，还与两分力之间的夹角有关。如图 1-3 所示，如果 F_1、F_2 大小不变，它们的夹角越小，合力 F 越大。当两分力 F_1、F_2 之间夹角为零时，它们的合力最大，其合力的大小等于两分力大小之和，合力的方向跟两分力的方向相同。

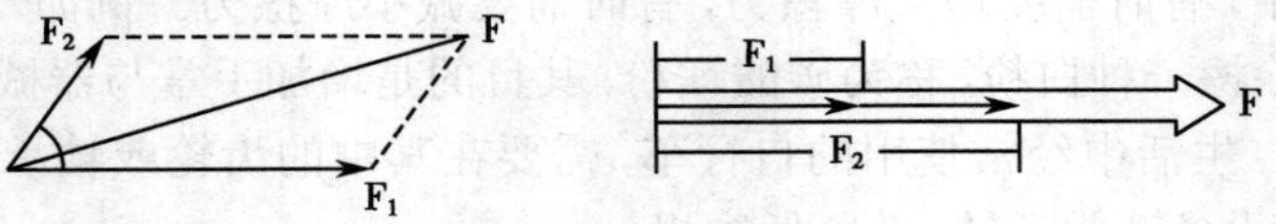

图 1-3 分力夹角越小，合力越大

如图 1-4 所示，F_1、F_2 之间夹角越大，它们的合力 F 越小。当夹角等于 180° 时，两分力方向相反，它们的合力最小，其合力的大小等于两分力大小之差，方向与较大分力的方向相同。

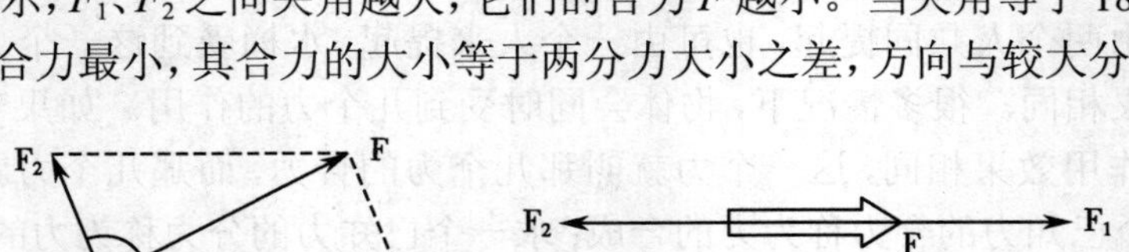

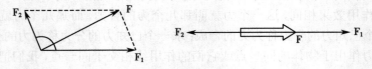

图 1-4 分力夹角越大，合力越小

如果有两个以上的力作用在物体上，可依次把第一、第二分力合成求合力，把这个合力再与第三个分力合成求合力，以此类推，直到求出最后的合力。平行四边形定则不仅适用于力的合成，对其他矢量，如位移、速度、加速度等的合成也同样适用，它是一切矢量合成的普遍定则。

（二）力的分解

在许多实际问题中，常常需要求一个力的分力，就要进行力的分解。力的分解是力的合成的逆运算，同样遵守平行四边形定则，力的分解就是已知平行四边形的对角线求邻边的过程。一般来说，必须具备下列条件之一时，才能有确定分解的结果。这两个条件是：

1. 已知两分力的方向。

2. 已知两分力中一个分力的大小和方向。

究竟怎样进行分解，要由具体问题来确定。下面以斜面为例来求分力。

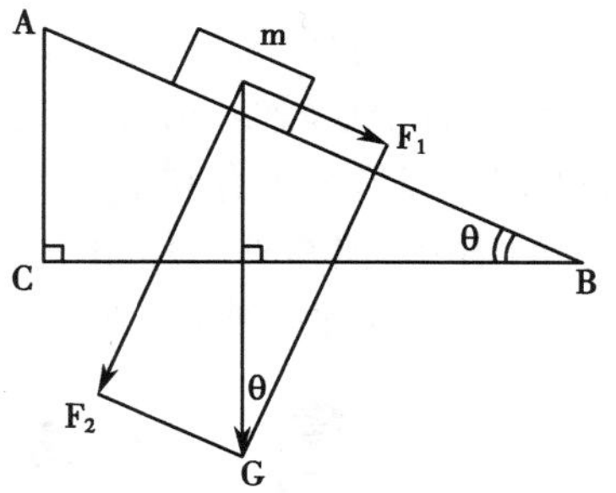

图 1-5　重力在斜面上的分解

如图 1-5 所示，重力在斜面上可分解为两个分力：一个是沿斜面方向下滑分力 F_1，一个是施以对斜面正压分力 F_2，设斜面倾角为 θ，可以得到两分力分别为：

$$F_1 = G\sin\theta$$

$$F_2 = G\cos\theta$$

由此可知 F_1、F_2 的大小和斜面的倾角有关。斜面的 θ 增大时，下滑力 F_1 增大，而正压力 F_2 减小。高大的桥梁需建很长的引桥，来减小坡度，使行车安全与省力。

力学知识在医护工作中有着广泛应用。如对于颈部椎骨骨质增生的疾病，施用颈部牵引治疗效果较好，见图 1-6。对于骨折病人，外科常用一定大小和方向的力牵引患部来平衡伤部肌肉的回缩力，有利于骨折的定位康复，见图 1-7。

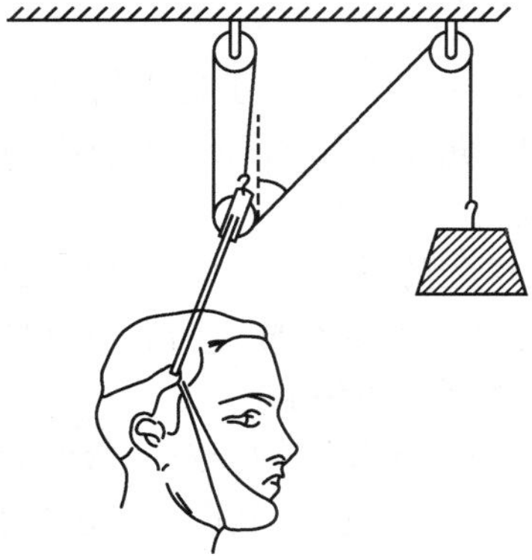

图 1-6　颈部牵引受力图

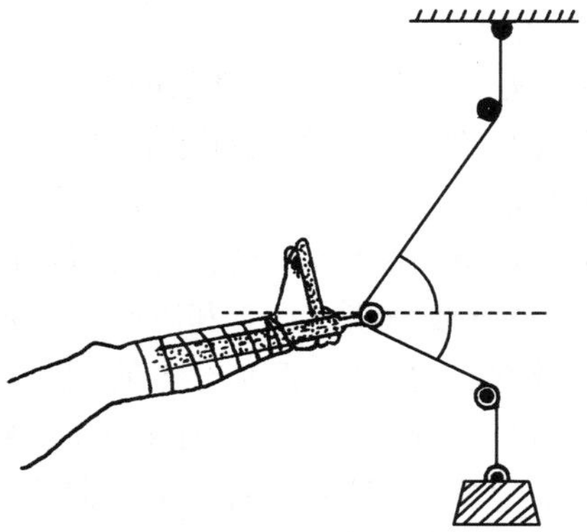

图 1-7　对抗伤部肌肉回缩力牵引图

四、机体的力学性质

人体的骨骼、肌肉以及心血管等系统，都有着独特的解剖生理结构，包含着力学性质和原理。

1. 骨骼的力学性质 人体骨骼系统具有保护内脏器官、保持人体平衡、完成机械运动等功能。根据功能的不同，不同骨骼的形态结构也有所不同，并具有独特的力学性质。

骨骼由骨密质和骨松质两种骨质构成。骨密质质地致密，可以抵抗比较大的压力和扭力，而骨松质中的骨小梁则按受力的方向合理排列，体现出既轻便又坚固的性能，对外力具有很好的缓冲和承受能力。

人体骨骼具有不同形态，通常分为长骨、短骨、扁骨和不规则骨等四类，这些骨骼的结构呈现出各自的特点，其功能的侧重点也有所不同。例如，主要分布于四肢的长骨，以运动功能见长，其骨干具有较厚的骨密质，骨松质较少，在受力过程中，与压力方向一致，可以承受比较大的压力。颅骨作为不规则骨，其形态更有利于保护脑组织，避免受外力的伤害。

骨骼是人体组织中比较坚硬的部分，但在外力作用下，仍会发生一定的形变。骨骼的形变与受到的外力有关，分为拉伸、压缩、弯曲、剪切、扭转等，如图 1-8 所示。

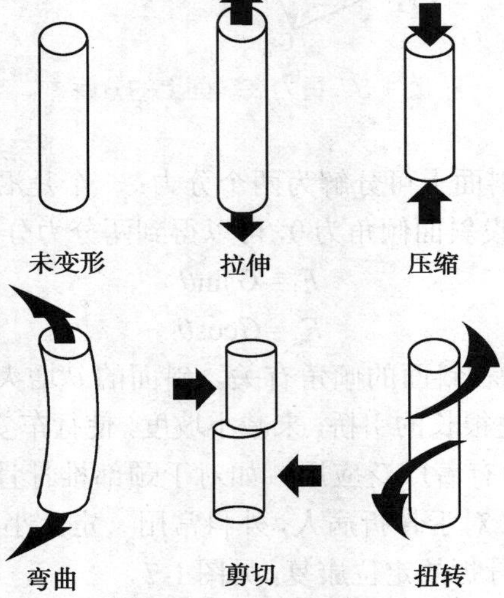

图 1-8 不同外力下骨骼形变示意图

拉伸是指骨骼受到自骨表面向外施加的拉力作用而产生的形变。手提重物时，上肢骨骼因承受重物的拉力作用而被拉伸，可出现伸长并变细的形变。随着外力的增加，骨骼的形变也会增大，当外力增加到一定程度时，会发生骨断裂。

压缩是指骨骼受到施加于骨表面向内的压力作用而产生的形变。人体骨骼承受压力的能力很强，下肢骨骼在行走和跳跃时，受到的压力甚至可以达到体重的 2.5 倍。适度的压缩能够刺激骨骼的生长，但是较大的、长时间的压力可使骨骼缩短并变粗。

弯曲是指骨骼受到垂直于骨骼轴线的横向外力作用而引起骨骼轴线发生弯曲的形变。发生弯曲形变时，骨骼由直线变为曲线，在其凹侧表现出压缩形变，在其凸侧表现出拉伸形变。手提重物并水平上举时，上肢骨骼就会发生弯曲。

剪切是指骨骼受到一对大小相等、方向相反、作用线垂直于骨骼的某相近部位的外力作用而产生的相对错动的形变。剪切形变是比较常见的造成骨折的形变，在意外事故中出现较多。

扭转是指骨骼受到一对外力作用使其沿轴线产生扭曲的形变。在摔跤或武术比赛中，选手的上肢被扭转背后时就会出现这种形变。扭转形变类似于双手拧干毛巾时毛巾发生的形变，表现为骨骼的任意两个横截面间发生绕轴的相对转动。扭转是最容易造成骨折的一种形变。

2. 肌肉的力学性质　肌肉一般由中间的肌性部分和两端的腱性部分组成。肌性部分主要由肌纤维聚集成的肌束构成，具有收缩能力。腱性部分多呈圆索状，由致密结缔组织构成，没有收缩能力，但非常坚韧。肌性部分借助于腱性部分附着于骨骼上。

肌肉与骨骼相比更容易发生形变，具有比较好的伸展性和弹性。肌肉的伸展性是指肌肉在外力作用下能伸长的性质。肌肉的弹性是指在外力作用下伸长的肌肉，在除去外力后又能恢复原来长度的性质。

肌肉伸长时，其伸长的程度并不与外力成正比，当外力逐渐增大时，肌肉长度增加的程度会逐渐减小，而且肌肉伸长的程度有一定的限度，超过这个限度，就会造成肌肉拉伤。

肌肉收缩分为三种形式：缩短收缩、等长收缩和伸长收缩。

缩短收缩是指肌肉收缩时，肌肉内部所产生的张力大于外力，使得肌肉长度缩短的现象。肌肉的缩短收缩会牵引骨骼做出相应的运动。例如，利用上肢移动物品，需要做出屈臂的动作时，主动参与工作的肌肉发生的就是缩短收缩。

等长收缩是指肌肉收缩时，肌肉内部所产生的张力随着外力的增加而增加，使得张力的大小和外力的大小保持相等，肌肉的长度并不发生改变的现象。肌肉的等长收缩由于没有长度的改变，即使产生了很大的张力，被肌肉作用的物体也不会发生位置移动。等长收缩可以支持、固定和维持人体的姿势。例如，人体站立时，为了对抗重力和保持一定的姿势，有关肌肉就会进行等长收缩。

伸长收缩是指肌肉收缩时，肌肉内部所产生的张力小于外力，使得肌肉出现被动伸长的现象。肌肉的伸长收缩可以起到减速、制动、缓冲等作用。例如，手提重物时，如果物体的质量比较大，则上臂肌肉的收缩就可能呈现伸长收缩。

肌肉伸长或收缩时，其各部分之间会产生摩擦力，阻碍肌肉的快速拉长或缩短，而且这种摩擦力的大小会随着温度的升高而降低。因此，运动员在比赛前需要做充分的准备活动，使体温升高，以便减小肌肉的摩擦力，一方面可以减少比赛过程中肌肉拉伤的情况，另一方面可以加快肌肉收缩和放松的速度，增强肌肉的运动能力，提高比赛成绩。

3. 心血管的力学性质　心血管系统是一个“密闭”的管道动力系统，由心脏和血管系统组成，血管又分为动脉、静脉和毛细血管。心脏是一个泵血的肌性动力器官，通过其有节律的收缩和舒张，将血液射向动脉同时抽吸静脉内的血液，以维持一定的动、静脉压和心排血量，保持全身组织和器官的血液供应。

心脏由心壁围成的左右心房和左右心室四个腔室组成，而心壁主要由较厚的心肌组成。心肌类似于弹簧，具有很好的弹性，但心肌又不同于弹簧，其重要特点是能主动地、有节律地收缩和舒张。在心脏的房室之间，以及心脏和血管的连接处有瓣膜相隔，瓣膜非常薄，形状像花瓣，一侧是凹面，另一侧是凸面。瓣膜的一边和心壁的内侧相连，另一边在数条腱索的牵拉下，呈游离状，可以在一定的范围内摆动。

血管是传输血液的管道系统，能够把血液输送到全身，为机体提供营养物质，并将代谢废物运回，最后通过肺、肾等器官排出体外。

动脉管壁较厚，富有弹性，中、小动脉的管径变化非常明显，血管管径的变化又可以改变血流的外周阻力，影响血流量和血压。静脉管壁较薄，管腔较大。毛细血管管径很细，管壁非常薄。

心血管系统在工作过程中，心肌、瓣膜以及血管都会发生周期性的形变。

瓣膜的形变是指由于血液流动时产生的压力，使瓣膜沿着血液流动的方向摆动，同时发生张开或收缩的形变。瓣膜发生形变时，会使通道关闭或开启，以确保血液能够单方向流动。

当血液对着瓣膜的凹面流动时，瓣膜会沿着血流的方向发生摆动，同时会像风帆一样涨满，瓣膜彼此之间紧密地挤压在一起，进而把通道关闭，阻止血液的进一步流动。相反，当血液对着瓣膜的凸面流动时，瓣膜的摆动方向同样与血流方向一致，但瓣膜会发生收缩，彼此之间的缝隙会变大，即瓣膜被冲开，通道开放。

由此可见，心脏瓣膜的摆动和形变就像一个单向的阀门，可以保证血液向着同一个方向流动。由于某种原因，当瓣膜出现关闭不全时，会造成血液反流，加重心脏的负担。

心肌的形变表现为可以自主地、有节律的收缩和舒张。

当心肌收缩时，心脏内部的空间变小，压强变大，心脏内的血液会冲开与动脉之间的瓣膜，进入动脉，同时心脏与静脉之间的瓣膜会被压闭，避免血液流向静脉。当心肌舒张时，心脏内的空间变大，压强变小，静脉中的血液会冲开瓣膜进入心脏，同时心脏与动脉之间的瓣膜则会被压闭，避免动脉血反流。

心肌有规律地收缩和舒张，使得心脏内的压强大小呈周期性变化，因而不断抽吸静脉内的血液并射向动脉。如果心肌的收缩力减小，心脏的血液搏出量就会相应变少，造成心室排空不完全，而当心肌舒张时，回心血量就会减少，使得静脉中的血液“淤积”，出现静脉扩张。

血管的形变是由于血管具有一定的弹性，在压力的作用下，其容积会增大而不破裂，医学上把血管的这种特性称为顺应性。对于动脉血管，顺应性表现得更加突出。

在心肌收缩时，动脉血管接受了大量的来自心脏的血液，在较高的血压的作用下，会发生扩张。发生扩张的动脉血管，既可以容纳较多的血液，又可以缓解较高的血压。在心肌舒张时，心脏不再向动脉血管供给血液，血压下降，血管借助弹性而收缩，推动血液继续向前流动。

如果动脉出现硬化，则其弹性会降低，发生形变的程度相应减小，因此对血压的缓解能力减弱。其中大动脉的弹性下降，会导致收缩压（即高压）升高，而小动脉的弹性下降会造成舒张压（即低压）升高。

静脉血管的管腔大、管壁薄，在周围肌肉组织的作用下会发生一定的形变。当肌肉收缩时，静脉血管受到挤压而收缩，会促进血液回流到心脏。反之，当肌肉松弛时，血液回流情况就会变差。毛细血管非常薄，弹性相对比较差，在外力作用下容易发生破裂，造成皮下出血。

小链接

静脉曲张

长时间站立会使下肢的静脉血液回流不好，容易造成下肢浮肿，出现静脉曲张，可以采取以下措施避免或减轻症状：①适当增加运动，使肌肉能够适当收缩，如果必须站立在某个固定地方，也可以尝试做踢脚尖等运动。②穿着弹力比较大的长筒袜，促进下肢肌肉的收缩。③平时休息时，有意识地抬高下肢，改善静脉血液的回流。

第二节　牛顿运动定律

一、牛顿第一定律

牛顿第一定律指出了力和物体运动状态改变之间存在着密切的联系。

1. 物体运动状态改变的原因　由力的作用效果可知，力是改变物体运动状态的原因，物体运动状态发生改变意味着物体的速度发生了改变。因此也可以说，力是改变物体速度的原因；力是物体产生加速度的原因。

2. 牛顿第一定律　物体如果在粗糙的地面上运动，由于摩擦力的作用，其运动速度会很快减小，最后停下来。物体如果在比较光滑的平面上运动，摩擦力相对比较小，物体速度减小的比较慢，物体要运动的比较长的距离才会停下来。可以想象，如果没有摩擦力，物体的运动速度将不会减小，物体将沿着原来的运动方向一直运动下去，即保持匀速直线运动状态。

牛顿在总结大量实验现象的基础上，经过研究得出：一切物体总保持匀速直线运动状态或静止状态，直到有外力迫使其改变这种状态为止，这就是牛顿第一定律。

从牛顿第一定律的内容可知，物体的运动并不需要力来维持。

一般情况下，物体都会受到两个或多个外力的作用。如图 1-9 所示，静止在桌面上的物体，受到重力 G 和桌面的支持力 N；护士匀速推动小车时，小车除了受到重力 G、支持力 N 以外，还要受到推力 F 和摩擦力 f。在以上两个例子中，虽然物体受到多个外力作用，但其合力等于零，因此物体同样会保持静止或匀速直线运动状态。所以牛顿第一定律中的外力实际上指的是合外力。

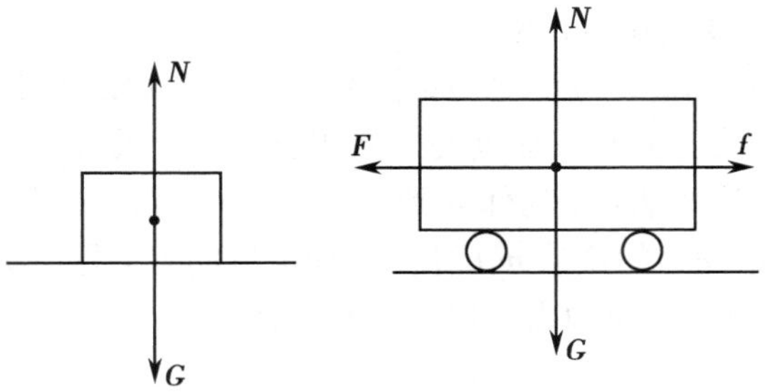

图 1-9　物体受力情况

3. 惯性　物体保持原来的静止或匀速直线运动状态的性质，称为惯性，因此牛顿第一定律又称为惯性定律。

汽车紧急刹车时，乘客会不自觉地向前倾倒。这是由于汽车在行进过程中，乘客和汽车具有同样的速度，当汽车突然刹车时，乘客身体和汽车相接触的部分会随汽车一起减速，但乘客的上身却由于惯性继续保持原来的运动速度，因此就会出现向前倾倒的现象。同理，汽车从静止开始运动时，乘客的身体会向后倾倒。

质量是物体惯性大小的量度。质量越大的物体的惯性就越大。一切物体都具有惯性，惯性是物体的固有性质。

惯性对人体有着一定的影响，例如，人从蹲位突然站起来时，体内的血液由于惯性的影响，会比较多地处于人体的下肢，从而使头部供血不足，脑血压下降。相反，如果从站立姿势突然下蹲，体内的血液在惯性的作用下，会比较多地处于头部，从而使头部的血压升高。这两种情况都容易引起眩晕或眼前发黑的现象，因此应尽量避免突然地下蹲或站起，对于年老体弱者，以及患有心脑血管疾病的病人更要注意。

二、牛顿第二定律

牛顿第二定律不但把力和物体运动状态的改变联系起来，而且还明确了它们之间的定量关系。

1. 加速度　运动物体在某一时刻或通过某一位置的速度，称为瞬时速度，简称速度。做直线运动的物体，如果速度发生改变，则称为变速直线运动。物体做变速直线运动时，如果速度是均匀改变的，则称为匀变速直线运动，简称匀变速运动。匀变速运动又分为匀加速运动和匀减速运动，速度均匀增加的运动叫匀加速运动，速度均匀减小的运动叫匀减速运动。

物体速度变化的快慢通常是不同的，例如，汽车紧急刹车和正常刹车相比，前者速度减小得要更快一些。为了描述速度变化的快慢，我们引入加速度的概念。

在匀变速运动中，速度的改变量 v_t-v_0 与所用时间 t 的比值，称为匀变速运动的加速度，用 a 表示，公式为：

$$a=\frac{v_t-v_0}{t} \tag{1-4}$$

式中，v_0 是开始运动时的速度（初速度），v_t 是 t 秒末时的速度（末速度）。

加速度的单位为：米 / 秒 ^{2}，代号为 m/s^2，读作：米每二次方秒。

加速度是描述物体速度变化快慢的物理量。加速度的值越大，物体速度变化得越快；加速度的值越小，物体速度变化得越慢。

加速度是矢量，若 $v_t>v_0$，a 为正值，加速度方向与初速度方向相同，物体做加速运动；若 $v_t<v_0$，a 为负值，加速度方向与初速度的方向相反，物体做减速运动。

2. 牛顿第二定律　实验表明，物体受到外力作用时，获得的加速度 a 的大小跟所受的外力 F 的大小成正比，跟物体的质量 m 成反比，加速度的方向跟外力的方向相同，这就是牛顿第二定律。根据牛顿第二定律的内容可以得到比例式

$$a\propto\frac{F}{m} \quad 或 \quad F\propto ma$$

上面比例式可表示为等式　　$F=kma$

式中 k 是比例系数，其大小取决于 F、m、a 的单位。在国际单位制中规定：使质量是 1kg 的物体产生 $1m/s^2$ 加速度的力的大小为 1N，即 $1N=1kg\cdot m/s^2$，因此 $k=1$，牛顿第二定律的公式写成：

$$F=ma \quad 或 \quad a=\frac{F}{m} \tag{1-5}$$

从式（1-5）可知，如果 $F=0$，则有 $a=0$，即物体不受外力时，其加速度等于零。而加速度等于零，则表示物体处于静止或匀速直线运动状态，这使我们看到了牛顿第一定律和牛顿第二定律的完美统一。

需要注意的是，当几个力同时作用在物体上时，式（1-5）中的 F 是作用在物体上的合外力。

【例 1-3】 水平路面上，质量为 5kg 的物体，受到 10N 的水平拉力时，做匀速直线运动；当拉力增加到 25N 时，物体做匀加速直线运动。求物体获得的加速度的大小。

已知：$m=5\text{kg}$，$F_1=10\text{N}$，$F_2=25\text{N}$。

求：a

解：根据牛顿第一定律可知，物体做匀速直线运动时，受到的拉力和滑动摩擦力大小相等，所以有

$$f=F_1=10\text{N}$$

当拉力增加到 25N 时，物体在水平方向的受的合力是

$$F=F_2-f=25-10=15\text{（N）}$$

根据牛顿第二定律，可求出物体的加速度

$$a=\frac{F}{m}=\frac{15}{3}=3\text{（m/s}^2\text{）}$$

答：物体获得的加速度的大小是 3m/s^2。

【例 1-4】 质量是 5000kg 的汽车，关闭发动机后，在摩擦力的作用下，开始做匀减速直线运动，如果汽车的加速度为 -3m/s^2，求汽车受到的摩擦力的大小。

已知：$m=5000\text{kg}$，$a=-3\text{m/s}^2$。

求：f

解：由牛顿第二定律有

$$f=ma=5000\times(-3)=-15\,000\text{（N）}$$

答：汽车受到的摩擦力的大小为 15 000N，负号表示汽车所受摩擦力的方向和运动的方向相反。

公式 $G=mg$ 可以看作牛顿第二定律公式 $F=ma$ 的变形，g 由重力 G 产生，因此被称为重力加速度，方向也是竖直向下。由于地球是不规则的球形，同一个物体放在地球表面的不同地方，受到的重力会稍有不同，因此地球上不同地方的重力加速度 g 的大小也稍有不同。

根据牛顿第二定律，相同的力作用在质量不同的物体上时，质量大的物体产生的加速度小，加速度小意味着物体的状态改变困难，而物体的状态改变困难则表明其惯性大，所以质量大的物体惯性大；反之，质量小的物体惯性小。因此说，质量是物体惯性大小的量度。

小链接

改变惯性的常用方法

惯性的大小，在实际中是要经常考虑的，要求物体的运动状态容易改变时，应该尽量减少它的质量。如歼击机的质量比运输机、轰炸机都小，在战斗前还要抛掉副油箱，进一步减少质量，提高歼击机的机动性。相反，当要求物体尽量保持运动状态不变时，就要增大物体的质量，电动机、车床等机器都固定在很重的机座上，以增大惯性，减少机器的振动，避免因撞击而发生不必要的移动。

三、牛顿第三定律

日常生活中，如船上的人用竹篙给河岸一个推力，同时河岸也给竹篙一个反向推力把小船推离河岸。用手拉弹簧，弹簧受拉力伸长，同时手也受到一个跟拉力反方向的力，就是弹簧的弹力。所以相互作用的两物体之间存在一对力，我们把其中一个力称为作用力，另一个力就称为这个力的反作用力。而作用力和反作用力之间又存在着一定的关系，牛顿第三定律表明了这种的关系。

1. 牛顿第三定律　如图 1-10 所示，把两个同样规格的弹簧秤的小钩互相钩住，然后沿水平方向向右牵拉，显然两个弹簧秤之间的作用力和反作用力的方向相反，作用线在同一条直线上。观察两个弹簧秤的读数，会发现它们始终相等，而且一旦松开，两个弹簧秤的读数会同时变为零。

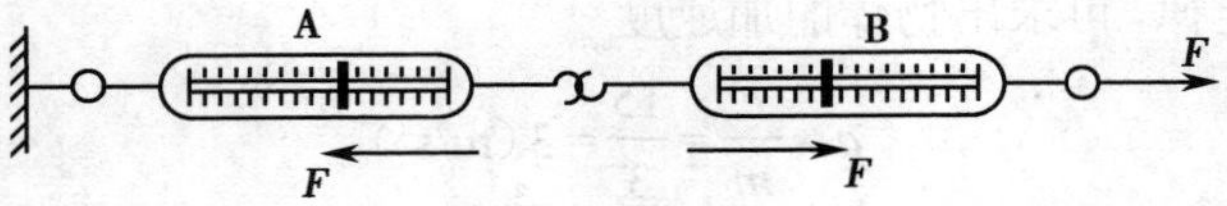

图 1-10　作用力和反作用力的关系

研究表明：两个物体之间的作用力和反作用力，总是大小相等，方向相反，作用在一条直线上，这就是牛顿第三定律。

作用力和反作用力总是成对出现，同时产生、同时消失。

作用力和反作用力总是属于同种性质的力。即如果作用力是弹力，则反作用力也是弹力；如果作用力是摩擦力，则反作用力也是摩擦力。

作用力和反作用力不是一对平衡力。作用力和反作用力之间的关系与平衡力之间的关系类似，都是大小相等、方向相反、作用在一条直线上，但是作用力和反作用力是作用在两个物体上的两个力，而平衡力是作用在一个物体上的两个力。

2. 确定反作用力的原则　把书放在桌子上，如果作用力是书对桌面的压力，则反作用力就是桌面对书的支持力。划船时，如果作用力是船桨对河水的推力，则反作用力就是河水对船桨的推力。因此确定反作用力的原则是把施力物体和受力物体相互交换。

实际上，两个物体之间的作用力和反作用力是相互的。如果甲对乙是作用力，则乙对甲就是反作用力；反过来，如果乙对甲是作用力，则甲对乙就是反作用力，即它们彼此互为作用力和反作用力。

在实际生活中，习惯把主动施加的力作为作用力，被动产生的力作为反作用力。例如，人走路时，脚蹬地的力常被作为作用力，地面对脚的支持力为反作用力。

第三节　匀速圆周运动

一、匀速圆周运动的概念

圆周运动是常见的一种曲线运动。例如汽车轮子上各点的运动，时钟指针的端点的运动都是圆周运动，我们把物体运动轨迹是圆周的运动叫圆周运动。圆周运动中，最简单的是匀速圆周运动。

物体做圆周运动时，如果在相等的时间内通过的圆弧长度相等，这种运动就称为匀速圆周运动。

二、描述匀速圆周运动的物理量

描述匀速圆周运动的物理量，主要包括周期和频率、线速度和角速度、向心力和向心加速度。

1．周期和频率　做匀速圆周运动的物体沿圆周运动一周所需的时间，称为匀速圆周运动的周期。用符号 T 表示，单位是秒，代号为 s。周期越大，表明物体沿圆周转动得越慢；周期越小，表明物体沿圆周转动得越快。因此周期是表示做匀速圆周运动物体转动快慢的物理量。

做匀速圆周运动的物体在一秒内沿圆周运动的圈数，称为匀速圆周运动的频率。用符号 f 表示，单位是赫兹，简称赫，代号为 Hz。频率越大，表明物体沿圆周转动得越快；频率越小，表明物体沿圆周转动得越慢。因此频率也是表示做匀速圆周运动物体转动快慢的物理量。

如果物体在 1 秒内转动 f 周，那么转动一周所用的时间 T 就是 $\frac{1}{f}$ 秒，因此周期和频率互为倒数的关系，即

$$T=\frac{1}{f} \quad 或者 \quad f=\frac{1}{T} \tag{1-6}$$

假设某血液分离机的转数是 200 转 / 秒，即频率 f 为 200Hz，则可求出其周期 $T=\frac{1}{f}=\frac{1}{200}=0.005$（s）。

2．线速度和角速度　物体做匀速圆周运动时，所通过的圆弧长度 L 跟所用的时间 t 的比值，称为匀速圆周运动的线速度，简称速度，用 v 表示。单位是米 / 秒，代号为 m/s。

根据线速度的定义，有

$$v=\frac{L}{t}$$

物体做匀速圆周运动时，如果圆周的半径是 r，则运动一周所通过的弧长就是圆周的周长 $2\pi r$，所用时间为周期 T，则可得到线速度的表达式：

$$v=\frac{2\pi r}{T}=2\pi rf \tag{1-7}$$

线速度是矢量，其方向为圆周上该点的切线方向，如图 1-11 所示。因此在旋转着的砂轮上磨刀具时，会看到飞溅的火星沿砂轮边缘的切线飞出。

线速度是反映物体做匀速圆周运动的快慢程度的物理量。线速度越大，物体运动得越快；线速度越小，物体运动得越慢。

做匀速圆周运动的物体线速度的大小不变，但线速度的方向却在不断改变，因此匀速圆周运动是一种变速运动。

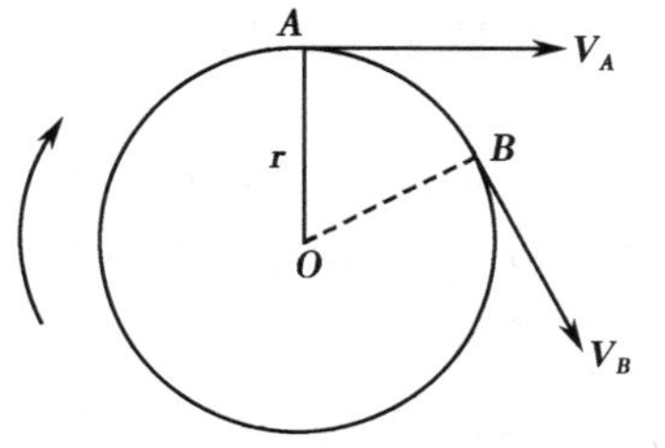

图 1-11　圆周运动线的速度方向

物体做匀速圆周运动时，连接物体和圆心的半径转过的角度 θ 跟所用的时间 t 的比值，称为匀速圆周运动的角速

度，用 ω 表示。单位是弧度/秒，代号为 rad/s。

根据角速度的定义，可有公式

$$\omega=\frac{\theta}{t}$$

物体做匀速圆周运动时，半径转动一周所转过的角是 2π 弧度（rad），所用时间为周期 T，则可得到角速度的表示式：

$$\omega=\frac{2\pi}{T}=2\pi f \qquad (1\text{-}8)$$

角速度也是反映物体做匀速圆周运动的快慢程度的物理量。角速度越大，物体运动得越快；角速度越小，物体运动得越慢。

根据式（1-7）和式（1-8），可以得到线速度和角速度之间的关系：

$$v=r\omega \qquad (1\text{-}9)$$

即，做匀速圆周运动的物体的线速度等于角速度与半径的乘积。

【例 1-5】 某电扇扇叶的转速是 1200 转/分，求它的周期、频率和角速度，如果扇叶长 20cm，求扇叶最远的边缘处的线速度。

已知：$f=1200$ 转/分，$r=20\text{cm}=0.2\text{m}$。

求：T、f、ω、v。

解：$f=1200$ 转/分 $=\frac{1200}{60}$ 转/秒 $=20\text{Hz}$

$$T=\frac{1}{f}=\frac{1}{20}=0.05\text{（s）}$$

$$\omega=2\pi f=2\pi\times20=40\pi\text{（rad/s）}$$

$$v=r\omega=0.2\times40\pi=8\pi\text{（m/s）}$$

答：电扇扇叶的周期是 0.05s，频率是 20Hz，角速度是 40πrad/s，扇叶边缘处的线速度是 8πm/s。

3. 向心力和向心加速度　绳子的一端拴一个小球，用手拉住绳子的另一端，然后使小球在水平面上做匀速圆周运动，此时手必须紧紧地拉住绳子，否则小球就会飞出去。这个拉力始终沿着绳子，即沿着半径指向圆心并跟线速度垂直。

要使物体做匀速圆周运动，必须始终给物体一个与线速度方向垂直、沿着半径指向圆心的力，这个力称为向心力。

研究表明，向心力的大小与物体的质量、线速度的大小和圆的半径有如下关系

$$F=m\frac{v^2}{r} \qquad (1\text{-}10)$$

根据线速度和角速度的关系 $v=r\omega$，向心力还可以表示为

$$F=mr\omega^2 \qquad (1\text{-}11)$$

物体在做匀速圆周运动时，由于线速度的方向在不断地变化，所以向心力的方向也要不断地改变，但始终会指向圆心。

需要说明的是，向心力不是一个特殊的力，它可以是重力、弹力或摩擦力，也可以是几个力的合力。例如，前面例子中的小球所受到的向心力，就是绳子给它的拉力（弹力）；人造卫星绕地球旋转时，卫星所受的向心力由地球对它的万有引力提供。

根据牛顿运动定律可知，力是产生加速度的原因，因此，向心力同样会产生加速度。由向心力产生的加速度称为向心加速度，向心加速度的方向与向心力的方向相同，也是指向圆心。

根据牛顿第二定律的公式 $a=\dfrac{F}{m}$ 和向心力的公式 $F=m\dfrac{v^2}{r}$，可以得到向心加速度的公式：

$$a=\frac{v^2}{r} \tag{1-12}$$

根据线速度和角速度的关系 $v=r\omega$，向心加速度还可以表示为

$$a=r\omega^2 \tag{1-13}$$

向心加速度和直线运动中的加速度都是表示速度改变快慢的物理量。不同的是，直线运动中的加速度是表示速度的大小改变的快慢，而匀速圆周运动中的加速度是表示速度方向改变的快慢。

【例 1-6】 质量是 1kg 的小球，拴在细绳的一端，手拉住细绳的另一端使小球做匀速圆周运动，如果其频率是 2Hz，则当细绳长 1m 时，小球受到的向心力的大小是多少？如果频率不变，细绳的长度变为 0.5m，则小球受到的向心力又是多少？

已知：$m=1\text{kg}$，$f=2\text{Hz}$，$r_1=1\text{m}$，$r_2=0.5\text{m}$

求：F_1 和 F_2

解：由角速度的公式，有 $\omega=2\pi f=2\pi\times 2=4\pi(\text{rad/s})$

由向心力的公式，有 $F_1=mr_1\omega^2=1\times 1\times(4\pi)^2=16\pi^2(\text{N})$

$F_2=mr_2\omega^2=1\times 0.5\times(4\pi)^2=8\pi^2(\text{N})$

答：当细绳长 1m 时，小球受到的向心力的大小为 $16\pi^2$N。当细绳的长度变为 0.5m 时，小球受到的向心力的大小为 $8\pi^2$N。

三、离心现象

离心现象是生活中比较常见的一种现象，做圆周运动的物体始终存在着“离心”的趋势。

1. 离心现象　做匀速圆周运动的物体，在外力突然消失或外力不足以提供所需要的向心力时，将做逐渐远离圆心的运动，这种运动称为离心运动，这种现象称为离心现象。

绳子的一端拴一个小球，用手拉住绳子的另一端，然后使小球在光滑的水平面上做匀速圆周运动。根据向心力的知识可知，如果小球的质量是 m，以角速度 ω 沿半径为 r 的轨道做匀速圆周运动，则所需要的向心力 $F=mr\omega^2$。如图 1-12 所示，如果此时绳子提供的拉力等于向心力，即 $F_L=mr\omega^2$，则小球做匀速圆周运动；如果绳子提供的拉力小于向心力，即 $F_L<mr\omega^2$，则小球就会做逐渐远离圆心的运动；如果绳子突然断裂，不再提供拉力，即 $F_L=0$，则小球就会沿圆周的切线飞出，离圆心越来越远。

由此可知，做匀速圆周运动的物体总有远离圆心的趋势。实际上物体是在向心力的作用下，被迫做匀速圆周运动。

2. 离心现象的应用　离心现象有着广泛的应用，下面主要介绍医学上常用的离心分离器。

离心分离器又称电动离心机，是一种可以用来分离悬浮在液体中的微粒，进而分离密度不同的各种物质成分的装置(图 1-13)。

分离时，首先把需要分离的混合液体装入沉淀管内，然后开动机器，使沉淀管旋转起来，随着转速的增大，沉淀管由于离心现象而变成水平状态，如图 1-14(a)所示，混合液中的

悬浮微粒就会按密度逐渐分层沉淀于管底。

混合液中的微粒在做匀速圆周运动时，其向心力是由液体内部与微粒之间的摩擦力提供的。密度大的微粒在质量相同的情况下，体积相对比较小，因此获得的摩擦力比较小（接触面积小）。随着转速的增大，微粒所需要的向心力也会增大，当摩擦力小于所需要的向心力时，微粒就会做离心运动。如图 1-14（b）所示，曲线 SS' 为圆周运动轨迹，曲线 SS″ 为微粒受到的摩擦力小于向心力时的实际运动曲线。

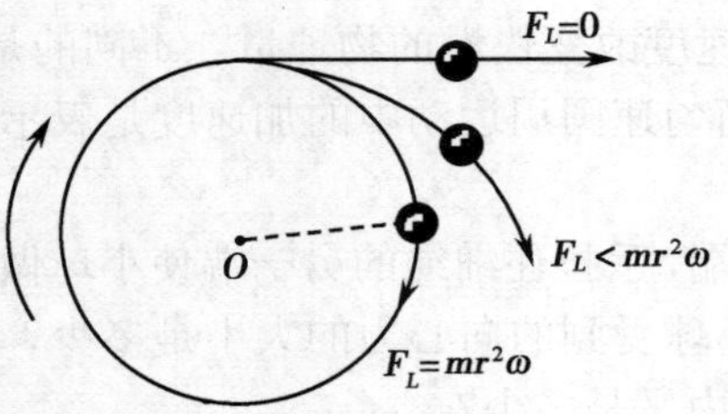

图 1-12 离心运动的原理

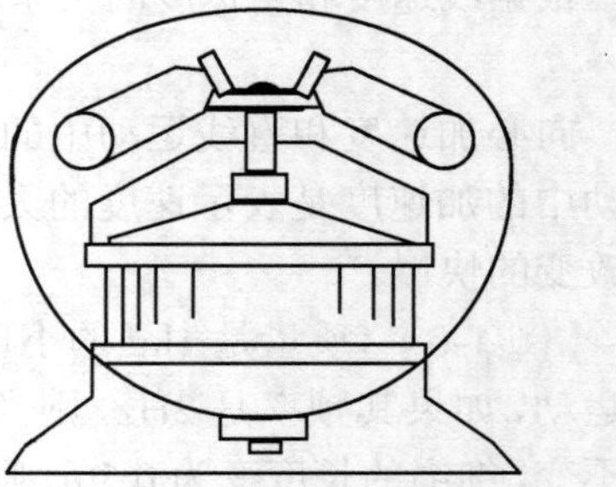

图 1-13 离心分离器

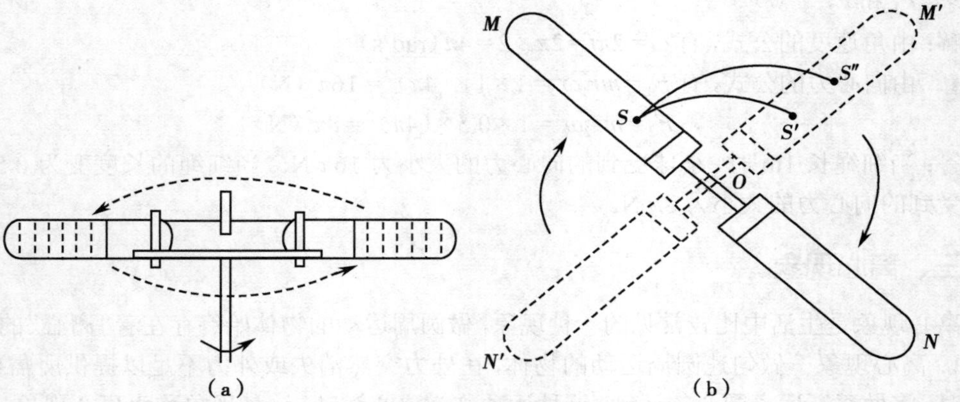

图 1-14 离心分离器的作用原理

密度越大的微粒获得的摩擦力越小，越容易发生离心现象，其沉淀层就越靠近管的底部，然后依次向上，微粒的密度层逐渐减小，这样就可以分离出混合液中的不同成分。

医学上经常使用离心分离器分离血液、尿液等液体。不同用途的离心机的转速不同，一般为 4000 转 / 分，高速的离心机可以超过 20 000 转 / 分。常用的体温计离心机，设计更加完善，不但具有使体温计的水银柱迅速回到玻璃泡内的基本功能，而且还增加了消毒、存放等功能，既减少了体温计使用中的交叉感染，又便于管理。

小链接

离心运动的危害

离心运动也会造成危害，需设法防止。在公路上行驶的汽车，在转弯时若速度过大，则会由于离心运动而造成交通事故。因此，在公路弯道处，车辆行驶不允许超过规定的速度。

本章小结

一、力

（一）力的概念

力是物体对物体的作用；力的作用效果是使受力物体的运动状态发生变化或使受力物体的形状和体积发生变化；力的大小、方向和作用点称为力的三要素。

（二）三种常见力

1．重力　由于地球吸引而使物体受到的力，用符号 G 表示，其大小 $G=mg$，方向永远竖直向下。

2．支持力　发生弹性形变的物体，为了恢复原状，对与它接触的物体产生力的作用，这种力称为弹力。

胡克定律：$f=-kx$

3．摩擦力　相互接触的物体发生相对运动或有相对运动趋势时，在其接触面上产生的阻碍物体相对运动或相对运动趋势的力，称为摩擦力。

摩擦力分为静摩擦力和滑动摩擦力。滑动摩擦力 $f=\mu N$。

（三）力的平行四边形定则

作用于一点而互成角度的两个力，它们的合力可以用表示这两个力的有向线段为邻边所作平行四边形的对角线表示，对角线的长度和方向就是所求合力的大小和方向。

（四）机体的力学性质

1．骨骼的力学性质

2．肌肉的力学性质

3．心血管的力学性质

二、牛顿运动定律

（一）牛顿第一定律

一切物体总保持匀速直线运动状态或静止状态，直到有外力迫使其改变这种状态为止，这就是牛顿第一定律。

（二）牛顿第二定律

1．加速度　$a=\dfrac{v_t-v_0}{t}$。

2．牛顿第二定律　物体受到外力作用时，获得的加速度的大小跟所受的外力的大小成正比，跟物体的质量成反比，加速度的方向跟外力的方向相同，这就是牛顿第二定律，表达式为 $F=ma$。

（三）牛顿第三定律

两个物体之间的作用力和反作用力，总是大小相等，方向相反，作用在一条直线上。

三、匀速圆周运动

（一）概念

物体做圆周运动时，如果在相等的时间内通过的圆弧长度相等，这种运动就称为匀速圆周运动。

（二）描述匀速圆周运动的物理量

1. 周期T和频率f　二者互为倒数关系即$T=\frac{1}{f}$ 或 $f=\frac{1}{T}$

2. 线速度v和角速度ω　二者关系$v=r\omega$

3. 向心力F和向心加速度a　$F=m\frac{v^2}{r}=mr\omega^2$　$a=\frac{v^2}{r}=r\omega^2$

（三）离心现象

做匀速圆周运动的物体，在外力突然消失或外力不足以提供所需要的向心力时，将做逐渐远离圆心运动的现象。

知识拓展

纳米技术

"纳米"就像厘米、毫米一样，是一个长度单位，1纳米等于十亿分之一米，约相当于45个原子串起来那么长，因此纳米是一个非常小的尺度概念。在1～100纳米的空间范围内，某些物质的性能会发生变化，表现出一些特殊的性质。例如：一个导电、导热的铜导体，制成纳米尺度后，会改变原来的性质，表现为不导电、不导热；某些磁性材料，制成纳米尺度后，磁性会提高1000倍。人们把这些特点的材料称为纳米材料，纳米技术就是一种在纳米尺度空间内的生产方式和工作方式。

纳米技术在医疗、医药和生物技术等领域有着更美好的应用前景。由于纳米微粒的尺寸一般比人体细胞小得多，因此为医学研究提供了一个新的研究途径。例如：可以利用纳米微粒进行细胞分离或染色；还可以利用纳米微粒制成特殊药物或新型抗体进行局部定向治疗等。有一种可以进入血管的机械人，称为分子机械人，它可以对身体各部位进行检测、诊断和治疗，它在血管中工作时使用的工具就是纳米铲子和纳米勺子。

（梁秀芬）

目标测试

一、名词解释

1. 重力　2. 摩擦力　3. 力的合成　4. 线速度　5. 向心力

二、填空

1. 滑动摩擦力总是阻碍物体之间的________。

2. 两个相互接触的物体之间要发生弹力，则两物体必须________。

3. 一根弹簧的劲度系数为1000N/m，当伸长2cm时产生的弹力为______N。

4. 水平桌面上有一重6N的木块，如果用绳拉木块匀速前进，水平拉力是2.4N，则木块与桌面间的滑动摩擦系数为________。

5. 有两个共点力，一个30N，另一个40N，当它们方向相同时，合力为______N；当它们方向相反时，合力为________N；当这两个力的夹角是90°时，其合力是________N。

6. 物体惯性大小取决于__________。

7. 牛顿第二定律是指，物体加速度的大小，跟物体所受的____________成正比，跟物体的____________成反比，加速度的方向跟______________方向相同。

8. 光滑的水平面上，一个质量为2kg的物体，受到6.4N的水平拉力，从静止开始运动，产生的加速度为____________。

9. 肌肉的缩短收缩是指：肌肉收缩时，肌肉内部产生的张力________外力，使得肌肉长度缩短的现象。

10. 骨骼的形变与受到的外力有关，分为拉伸、压缩、弯曲、________、________。

三、单项选择

1. 下列关于力说法正确的是

A. 只有直接接触的物体之间才有力的作用

B. 受力物体必定是施力物体

C. 只要有一个物体就能产生力的作用

D. 一个力不一定跟两个物体相联系

2. 关于弹力，下列说法正确的是

A. 相互接触的物体间一定有弹力的作用

B. 压力和支持力都属于弹力，且总跟接触面垂直

C. 物体对桌面的压力是桌面发生微小形变产生的

D. 放在桌面上的物体对桌面的压力就是物体的重力

3. 弹簧秤竖直悬挂静止的小球，下面说法正确的是

A. 小球对弹簧秤的拉力等于小球的重力

B. 小球对弹簧秤的拉力就是小球的重力

C. 弹簧秤对小球的拉力就是小球的重力

D. 小球重力的施力物体是弹簧秤

4. 关于静摩擦力下列说法正确的是

A. 静摩擦力的方向总跟物体运动的方向相反

B. 静摩擦力的大小可用公式$f=\mu N$计算

C. 静摩擦力的方向总跟物体相对运动趋势的方向相反

D. 正压力越大，静摩擦力就越大

5. 作用在同一物体上的两个力大小分别是5N和4N，它们的合力不可能是

A. 9N　　B. 7N　　C. 2N　　D. 0N

6. 关于运动和力，下列说法错误的是

A. 力是维持物体运动的原因　　B. 力是改变运动状态的原因

C. 力是改变速度的原因　　D. 力是产生加速度的原因

7. 关于惯性下列说法正确的是

A. 速度大的物体比速度小的物体惯性大

B. 同一物体静止时比运动时惯性大

C. 质量相同的物体，惯性在月球上比在地球上小

D. 质量相同的物体，不论是否运动，也不论速度大小，惯性大小一定是相同的

8. 根据牛顿第三定律，说法错误的是

A. 两物体之间的作用力和反作用力大小相等

B. 两物体之间的作用力和反作用力方向相反

C. 两物体之间的作用力和反作用力作用在一条直线上

D. 两物体之间的作用力和反作用力作用在一个物体上

9. 一个物体，受到 4N 的力，产生 $2m/s^2$ 的加速度，要使它产生 $3m/s^2$ 的加速度，需要施加的作用力为

A. 6N　　B. 24N　　C. 8N　　D. 1.5N

10. 每分钟转 120 周的飞轮，它的频率是

A. 120Hz　　B. $\frac{1}{120}$Hz　　C. 2Hz　　D. $\frac{1}{2}$Hz

四、计算及问答

1. 某物体静止于平面上，说出该物体受到哪几个力的作用？如果该物体静止于斜面上，则该物体受到哪几个力的作用？

2. 某护士推护理车的水平推力是 40N，如果护理车的质量是 5kg，则可以产生多大的加速度？护理车装满物品后质量变为 20kg，如果推力不变，则产生的加速度的大小变为多少？（摩擦力忽略不计）

3. 一台离心分离器的转速是 12 000 转 / 分，求该离心分离器工作时的周期、频率和角速度，并求距离转轴 10cm 处的线速度。

第二章　振动和波及应用

学习目标

了解弹簧振子的运动特点，熟悉共振产生的条件，知道共振的危害和医学应用。
了解机械波产生的条件，熟悉波长、频率和波速的物理意义及它们之间的关系。
了解声波、乐音、噪音的概念，熟悉乐音、噪声对人体健康的影响。
了解超声波的概念，熟悉超声波在医学中的应用。

振动和波是自然界普遍存在的物质运动形式，振动和波的理论已发展为物理学中的一个独立分支，它是研究声学、机械设计、建筑力学、电子学、无线电学和光学等的理论基础。本章主要学习机械振动中最简单的振动——简谐振动，以及振动在媒质中的传播——波，并在此基础上介绍声波和超声波的物理性质和规律及其在医学上的应用。

第一节　振　　动

振动是自然界非常普遍的运动形式，钟摆的摆动，管弦乐器的气柱和琴弦的振动，桥梁上行驶的车辆引起的振动，雷鸣和地震的振动，声带和鼓膜的振动，心脏的跳动等，这些运动几乎遍及自然界的各种现象之中，它们具有的共同特点是：物体（或物体的一部分）在某一平衡位置附近作往复的运动，这种运动称为机械振动，简称振动。

振动是比较复杂的，也是多种多样的，但是任何复杂的振动，我们都可以把它看作是由一些基本的、简单的振动组成的，其中最简单的振动就是简谐振动。

一、简谐振动

下面我们就以弹簧振子为例来讨论简谐振动的情况。

1. 弹簧振子　一钢质弹簧左端固定，右端连接一个具有一定质量的小球，小球和弹簧都穿在一根光滑的杆上，在弹簧本身的质量和摩擦阻力可以忽略不计和情形下，这种振动模型称为弹簧振子（图 2-1）。

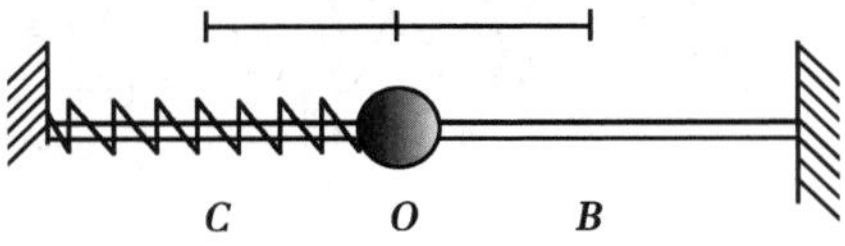

图 2-1　弹簧振子示意图

2. 平衡位置　当弹簧处于自然状态时，弹簧没有发生形变，振子（小球）在 O 点，O 点就是弹簧振子的平衡位置（图 2-2a）。如果把振子拉到右侧的位置 B 后放开，则它就在平衡位置 O 附近振动起来。

3. 振动过程　振子为什么会振动呢？这是因为把振子从平衡位置 O 点向右拉到 B 点时，弹簧被拉长，产生一个使振子回到平衡位置、方向向左的弹力（图 2-2b），放开振子后，振子就在这个弹力的作用下，向左做加速运动。当振子回到平衡位置 O 时，虽然弹簧已恢复原状，弹簧形变消失，弹力为零，但振子这时具有一定速度，由于惯性的作用，它并不会停下来而是继续向左运动。振子在通过平衡位置向左运动的过程中要压缩弹簧，被压缩的弹簧产生一个方向右、阻碍振子运动的弹力，振子做减速运动，到达位置 C 后不再向左运动（图 2-2d）。这时弹簧的压缩形变最大，振子受到指向平衡位置的弹力也最大，在这个弹力的作用下，振子向右做加速运动，与上述情况类似，振子到达平衡位置 O 以后仍然不停下来，而是通过这

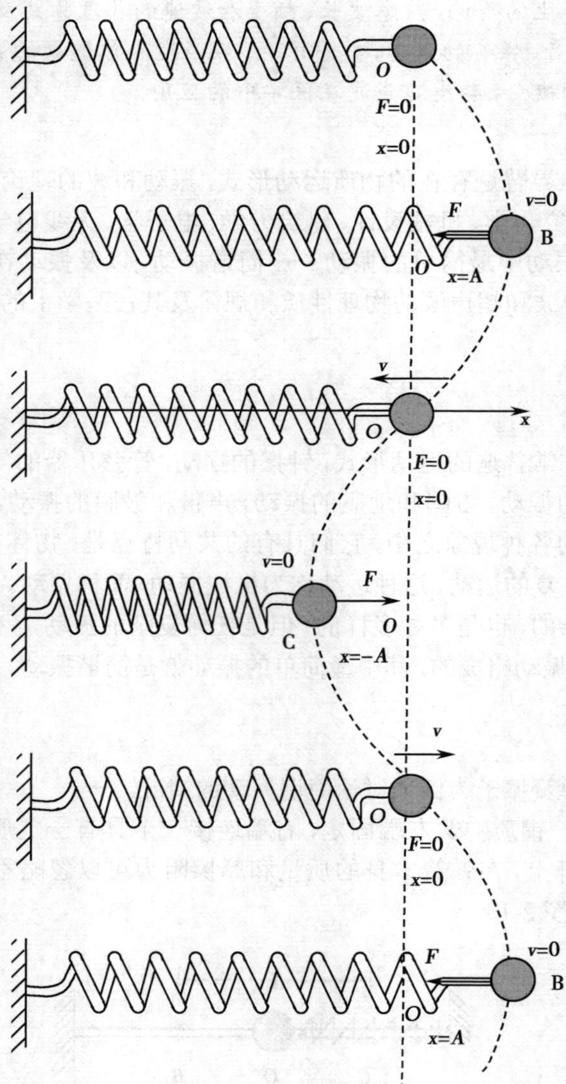

图 2-2　弹簧振子的振动

一位置，再次回到 B 点。这样振子就完成了一次全振动。以后振动将重复上述过程。如果没有任何阻力，振子将永远在 B、C 之间振动不止。

4．弹簧振子的位移和回复力（图 2-3）

（1）位移：位移的大小是振子在某一时刻离开平衡位置的距离，方向是从平衡位置指向振子所在位置。位移用 X 表示。

（2）回复力：振子在偏离平衡位置时总是受到一个与位移方向相反。使振子回到平衡位置的力，我们把这个力叫回复力。在弹簧振子的振动中回复力就是弹簧的弹力，用 F 表示。

5．简谐振动　根据胡克定律，在弹性限度内，振子所受回复力 F 大小与它的位移 X 成正比，而方向相反，即为：

$$F=-kX \tag{2-1}$$

式中 k 为弹簧的劲度系数，由弹簧本身的性质决定；负号表示回复力的方向与位移的方向相反。

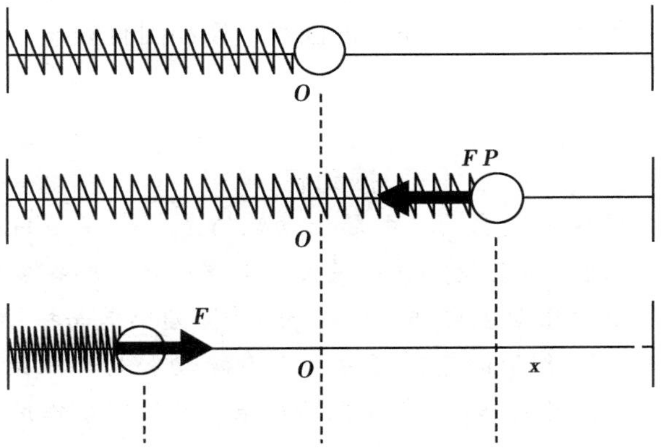

图 2-3　回复力

像这样，物体在受到大小与位移的大小成正比，而方向总相反的回复力的作用下的振动，称为简谐振动。

由牛顿第二定律公式 $F=ma$ 可得振动物体的加速度为：

$$a=\frac{F}{m}=-\frac{k}{m}X \tag{2-2}$$

上式表明：简谐振动中物体的加速度的大小总是与位移的大小成正比，而方向相反。可见，简谐振动是一种变加速运动，加速度的大小和方向在振动过程中都要发生变化。

二、振动的振幅、周期和频率

物体的振动常用振幅、周期和频率来描述。

1．振幅　振动物体离开平衡位置的最大距离，称为振动的振幅。用 A 表示，单位是米（m）。图 2-2 中的 OB 和 OC 都是弹簧振子的振幅。振幅是表示振动强弱的物理量。

2．周期　振动物体完成一次全振动所需要的时间，称为振动的周期。用 T 表示，单位是秒（s）。

弹簧振子的振动周期为：

$$T=2\pi\sqrt{\frac{m}{k}} \tag{2-3}$$

该公式也同样适用于其他简谐振动，在不同的简谐振动中，式中 k 的含义不同。

3．频率　振动物体每秒钟完成全振动的次数，称为振动的频率。用 f 表示，单位是赫兹(Hz)，简称赫。周期和频率都是表示振动快慢的物理量。

周期和频率互为倒数关系，即：

$$T=\frac{1}{f}\quad 或\quad f=\frac{1}{T} \tag{2-4}$$

弹簧振子的振动频率为：

$$f=\frac{1}{2\pi}\sqrt{\frac{k}{m}} \tag{2-5}$$

由式(2-5)说明，弹簧振子做简谐振动时，它的周期和频率是由弹簧的劲度系数 k 和振子的质量 m 决定的，而与振幅的大小无关。因此，对于一个确定的振动系统来说，周期和频率是由系统本身的特性来决定的，称为系统的固有周期和固有频率。

小链接

振动病

振动对人体也会造成不良影响。引起振动病的是频率在35Hz以上的振动，其中频率在100～250Hz之间的振动致病作用最大。频率越高、振幅越大，振动病的发生就越快。频率高而振幅小的振动主要作用于神经末梢，频率低而振幅大的振动会影响前庭器官。根据振动对人体作用的范围可分为全身振动和局部振动。全身振动是由地面和操作台通过下肢对全身的作用，局部振动是振动部件直接作用于人体某一部分。

三、单摆

摆动是一种常见的振动现象，例如钟摆的摆动、秋千的运动。其中最简单的是单摆运动。

在一根不能伸长的细线下面悬挂一个小球，线的另一端固定，如果线的质量可以忽略不计，这样的装置就称为单摆(图2-4)。

小球的平衡位置在A点，把小球自平衡位置偏离一个很小的角度后释放，在重力的作用下，小球就会在一个竖直面内来回摆动。当摆角小于5°时，小球受到重力 mg 和线的拉力 T 作用(其他阻力可以忽略不计)。重力沿切线方向的分力为 F，这个力总是指向平衡位置，并使小球回到平衡位置，可见，力 F 就是单摆振动的回复力。

当摆角很小($\alpha<5°$)时，忽略空气阻力和摩擦力，可以证明单摆的回复力为：

$$F=-\frac{mg}{l}x$$

l 为摆长；x 是小球离开平衡位置的位移，负号表示回复力 F 方向总是和位移 x 的方向相反。对于一个确定的单摆系统，m 和 l 都是确定的值，在同一位置，g 也是定值，即 $\frac{mg}{l}=k$ 为常数，因此上式可写成

$$F=-kx$$

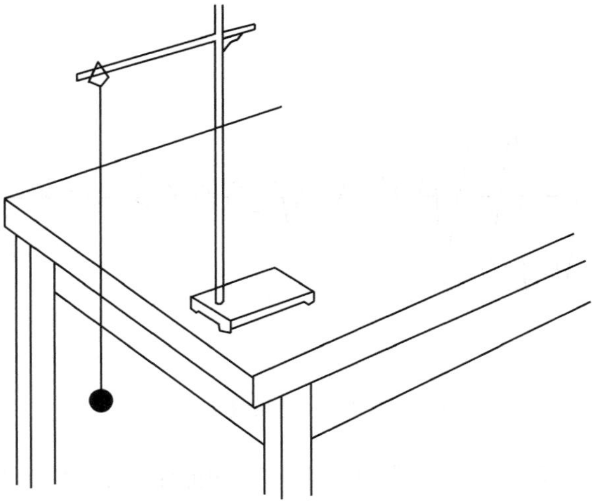

图 2-4　单摆

当单摆的摆角很小时，单摆振动的回复力大小与位移大小成正比而方向相反，所以单摆的振动是简谐振动。

把 $k=\frac{mg}{l}$ 代入简谐振动的周期公式 $T=2\pi\sqrt{\frac{m}{k}}$，得单摆的周期公式为：

$$T=2\pi\sqrt{\frac{l}{g}} \tag{2-6}$$

由此可见，单摆的周期与摆长的平方根成正比，跟重力加速度的平方根成反比，而与单摆的质量和振幅无关。这个结论称为单摆定律。

在摆角很小时，单摆的周期与振幅无关的性质，称为单摆的等时性，时钟就是利用单摆的等时性来计时的。

单摆的振动周期和摆长都可以用实验直接测量，所以利用单摆的周期公式来测定当地的重力加速度是一种简单而又准确的方法。

四、共振

1. 自由振动　前面我们讨论过的弹簧振子和单摆的振动都是在开始时，使振动物体偏离平衡位置，然后撤掉外力，振动物体就自行振动起来。物体在振动过程中，如果只受回复力的作用，这样的振动称为自由振动。

物体做自由振动的周期（频率），即物体的固有周期（固有频率），是由系统本身的性质决定的，与其他因素无关。如前面所学习的单摆的振动，所受阻力很小，在不太长的时间内，可以把它看成自由振动。

2. 阻尼振动　上面所讨论的简谐振动，是在不计摩擦力和媒质阻力情况下，振幅不随时间而变化，就是说，这种振动一旦发生就能够永不停止地以相同的振幅振动下去，即做等幅振动，这是理想的情形。实际振动时，阻碍作用是不可避免的，振动系统在振动过程中，将因克服阻力做功消耗能量而使振幅不断减小，直到最后振动停止。例如单摆摆动时，因在悬点处有摩擦力和空气的阻力作用，而使振幅逐渐减小，直到最后停止摆动。振幅随时间逐渐减小的振动称为阻尼振动（图 2-5）。

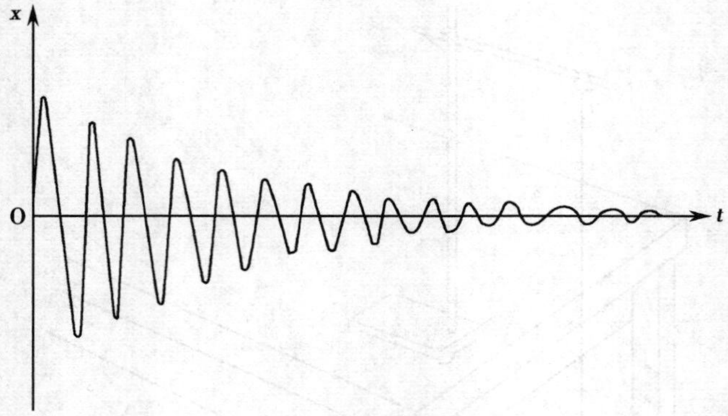

图 2-5 阻尼振动

在阻尼振动中，振动系统由于克服阻力而减少的能量，转变成为热能而耗散掉，所以阻尼振动不是简谐振动。

3．受迫振动 实际物体在振动过程中，要维持它的振幅不变，需要外界适时地给振动系统补充一定的能量，补充因克服阻力做功而损失的能量，才能使物体做等幅振动。

例如，要使单摆维持振幅不变，需要外界周期性地给予力的作用。这个周期性的外力称为策动力。物体在周期性策动力作用下的振动称为受迫振动。物体做受迫振动的频率等于策动力的频率，而与物体的固有频率无关。

4．共振 物体的固有频率和受迫振动有没有关系呢？我们用实验来说明这个问题（图 2-6）。

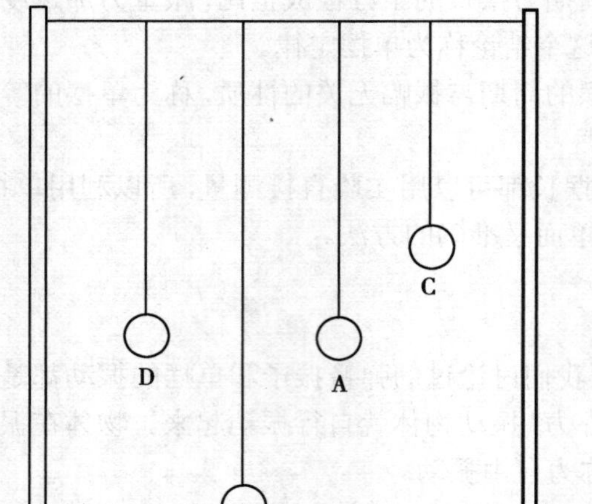

图 2-6 摆的共振

在一根张紧的绳子上挂几个摆球，开始时都静止不动。先让 A 球在竖直面内摆起来，然后我们发现其他各球也跟着摆起来。这是因为当 A 球振动时，通过张紧的绳子向其余各摆球施以周期性策动力，致使其他各球做受迫振动，受迫振动的频率等于策动力的频率，即各摆球和A球摆动的频率相等。

实验表明，摆线长度与A摆相等的摆振幅最大，摆线长度与A摆相差越多，振幅就越小。这说明，在受迫振动中，策动力的频率与物体的固有频率相等时，所引起振动的振幅最大，这种现象称为共振。

共振现象有着广泛的应用。

声音的共振称为共鸣，人发音就是口、喉、鼻腔的共鸣作用。许多乐器也是利用共鸣箱的共振，发出悦耳的声音。人耳的外耳道一端敞开，另一端封闭，其空腔的共振作用使人耳对频率为1～5kHz的声音最敏感。

共振原理在现代医学领域也有着广泛应用，例如听诊和叩诊、激光技术、核磁共振等。

共振现象也有危害，人体全身的共振频率约为3～14Hz，当外界与人体产生共振时，可刺激人体器官和内脏，使人出现恶心、呕吐、头昏等现象，严重者可损坏脏器以致死亡，“次声武器”就是利用了人体的共振现象。

因此在需要利用共振的时候，应该使策动力的频率等于或接近振动系统的固有频率，在需要防止共振危害时，应该设法使策动力的频率和固有频率尽可能相差大些。

第二节 波

一、机械波

【实验1】 石子落入水中，平静的水面就会形成一圈圈涟漪，向四周传开，形成水波。我们可以观察水面上的漂浮物，并不随波逐流，只在原处上下振动，这表明漂浮物下面的水也只在原处做上下运动。

【实验2】 绳子一端固定，用手拿着另一端做上下振动，绳子上就会出现一列凹凸相间的波，从左到右传播开去，在绳子的某一位置做一个标记，我们发现标记只做上下振动，而不随波迁移(图2-7)。

【实验3】 一轻质弹簧一端固定于墙上，另一端用手拉平，然后用手推一下弹簧，则靠手的一端出现了密部，再用手拉一下，弹簧靠近手的这一端又出现了疏部，如果用手做周期性的推拉，则弹簧的密部和疏部将不断地向另一端传递，于是在弹簧中出现了疏密相间的波。在弹簧某一位置做出标记，可以看到标记只做左右振动，不沿弹簧传播(图2-8)。

1. 波 上述实验中，水、绳子、弹簧等都是用以传播振动的媒介物，这种媒介物称为媒质。机械振动在媒质中的传播称为机械波，简称波。

2. 波动原因 振动为什么会在媒质中传播呢？我们可以把媒质看成是由大量质点组成的物质，它们之间存在着相互作用力，当媒质中一个质点发生振动时，就带动周围质点振动，这些质点又依次带动它们周围的质点跟着振动起来，这样振动就会在媒质中传播出去。

引起振动的初始振动物体称为波源(或振源)。可见，波源和媒质是产生机械波的必要条件，二者缺一不可。没有波源，当然不会引起媒质点的振动，没有媒质则振动无从传播。

3. 波动实质 通过上述实验可以看出，各质点只是在原来的平衡位置附近做往复运动，而不随波向前移动，表明：在波动过程中，传播出去的是振动形式，而质点本身并不随波迁移。

随着波的传播，原来静止的质点开始振动起来，表明它获得了能量，这能量是从波源通过前面的质点依次传来的，所以波在传播振动的同时，也将波源的能量传递出去。波是能量传递的一种方式。

4．**横波和纵波** 根据媒质质点的振动方向和波的传播方向之间的关系，把波分成横波和纵波。

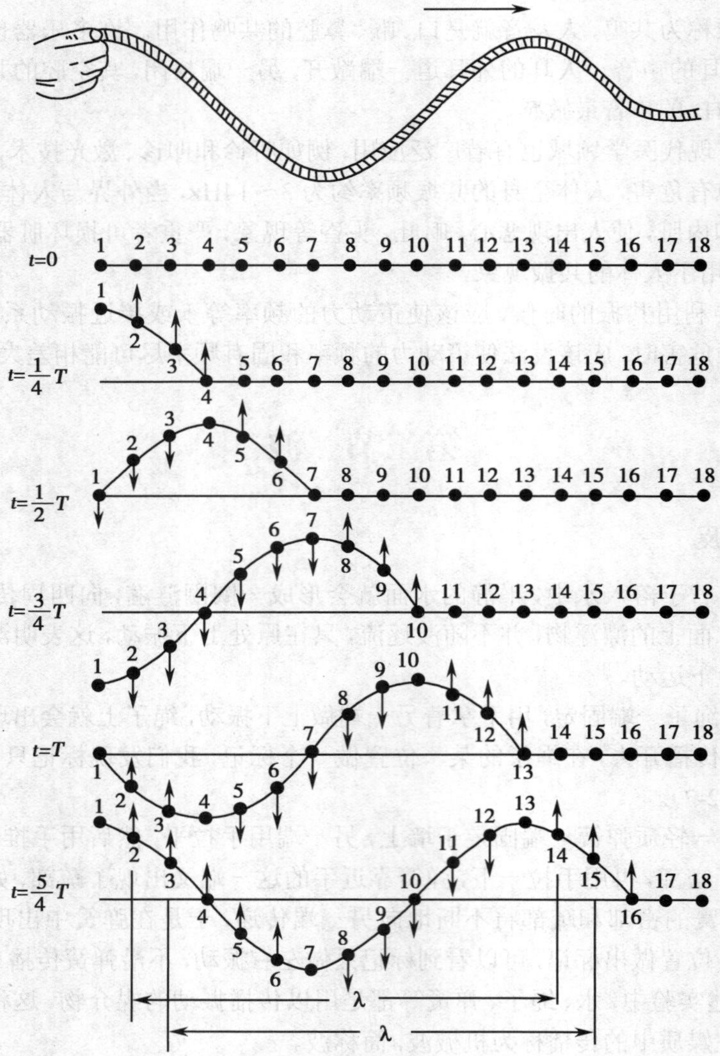

图 2-7 绳波的形成过程

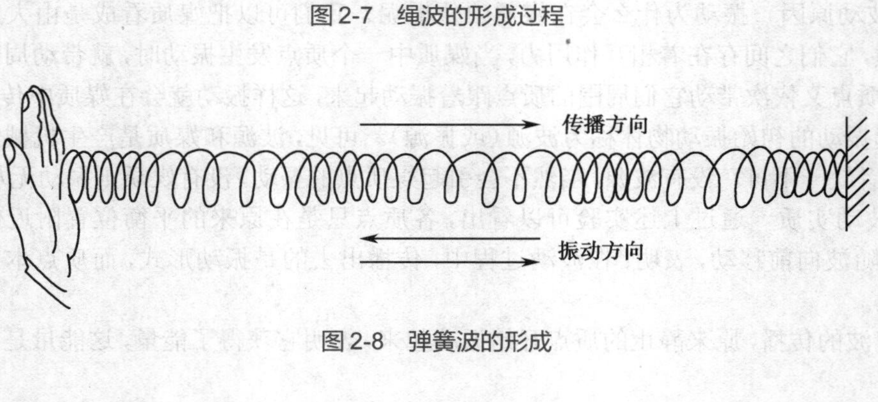

图 2-8 弹簧波的形成

振动方向和波的传播方向垂直的波称为横波，如绳子上的波（见图 2-7），横波的波形特征是凹凸相间，凸起的部分称为波峰，凹下部分称为波谷。

振动方向和波的传播方向在同一直线上的波称为纵波。如弹簧上的波（见图 2-8），纵波的波形特征是疏密相间。密集部分称为密部，稀疏部分称为疏部。

传播横波还是纵波是由媒质的性质决定的，纵波只能在液体和气体中传播（液面除外），而固体中横波和纵波都能传播。

二、波长、频率和波速的关系

在波动过程中，振动传播的速度称为波速，用 v 表示。波速的大小是由媒质本身的性质决定的，不同媒质中传播速度不同。

振动在一个周期内传播的距离称为波长，用 λ 表示，横波的两个相邻的波峰（或波谷）中央之间的距离，如图 2-7，纵波的两个相邻的密部（或疏部）的中央之间的距离都是一个波长，如图 2-8。

既然在一个周期 T 时间内，振动传播的距离为 λ，那么波速 v 就应该等于波传播距离 λ 和所用时间 T 之比，即：

$$v=\frac{\lambda}{T} \tag{2-7}$$

因为振动周期 T 和频率 f 之间互为倒数，波速公式可以写成

$$v=\lambda f \tag{2-8}$$

即波速等于波长和频率的乘积。上式同样适用于电磁波、光波等其他形式的波。

波的频率（或周期）是由波源决定的，某一频率的波在不同媒质里传播时，频率不变，都等于波源的频率。

【例 2-1】 频率为 680Hz 的波，在空气和骨头中的波长各为多少？已知空气中的速度是 340 米 / 秒，骨头中的速度是 3400 米 / 秒。

已知：$f=680\text{Hz}$，$v_1=340\text{m/s}$，$v_2=3400\text{m/s}$

求：λ_1、λ_2

解：根据波速公式 $v=\lambda f$ 得

$$\lambda_1=\frac{v_1}{f}=\frac{340}{680}=2(\text{m})$$

$$\lambda_2=\frac{v_2}{f}=\frac{3400}{680}=0.2(\text{m})$$

答：在空气和骨头中的波长分别为 2 米和 0.2 米。

第三节 声　　波

能够在听觉器官引起声音感觉的波动称为声波，通常也称声音。人耳能够听到的声音频率范围在 20Hz～20kHz；频率低于 20Hz 的声波叫次声波，如地震、台风、火山爆发、火箭起飞及人体胸膜内的脏器都伴有次声波；频率高于 20kHz 的声波称为超声波，蝙蝠、海豚和一些昆虫能够发出超声波。次声波和超声波都不能引起人耳的听觉，但是从物理学的观点来看，它们和频率在 20Hz～20kHz 范围的声波并没有本质的不同。

一、声音的传播

1. 声音在媒质中传播　声音和其他机械波一样，也是在媒质里传播的。传播声音的媒质可以是气体，也可以是液体和固体。例如，我们把一只正在响的电铃放在玻璃罩内，我们仍然能够听到它发出声音，如果抽去罩内的空气，就只能看到电铃的振动，而听不到它的声音了。再把空气重新放回罩内，又能听到它发出的声音。这个实验说明，电铃的声音就是通过空气传到人耳内的。伏耳在铁轨上，会听到远处火车驶近的声音；岸上的脚步声和说话声会把水中的鱼惊走，所以人们一般选择安静，人少的环境垂钓。总之，声音能在各种媒质里传播。

2. 声波是纵波　声波在空气中传播时，发声体把振动传递给紧挨着它的空气分子，使这些分子振动起来，这些空气分子又把振动传递紧挨着它们的距声源更远一些的空气分子……这样，在空气中就形成了从声源向远处传播的声波。因为空气分子的振动方向与波的传播方向在一条直线上，所以声波是纵波。

3. 声速　声音的传播速度叫声速，不同媒质中声音的传播速度不同。声速与媒质的性质和温度有关，表 2-1 列出了 0℃时一些媒质中的声速（米 / 秒）。

表 2-1　声波在不同媒质中的声速（0℃）

媒质	声速（m/s）	媒质	声速（m/s）
空气	332	颅骨	3860
水	1450	大脑	1540
钢	5050	肌肉	1568
脂肪	1400	肾、肝	1560～1570

气体中声音的传播速度受温度的影响较明显，通常空气的温度每升高 1℃，声速增大约 0.6 米 / 秒，在固体和液体中声速受温度影响很小，故常可以忽略不计。

二、声强和声强级

1. 声强　声音的强度简称声强，它是客观上表示声音强弱的物理量。我们把单位时间内通过垂直于声波传播方向上单位面积的能量称为声强，用 I 表示，则

$$I=\frac{E}{S\cdot t} \tag{2-9}$$

上式中，S 表示面积，t 表示时间，E 表示在 t 秒内垂直通过 S 平方米面积的能量。声强的国际单位是焦 / 米 ^{2}•秒或瓦 / 米 ^{2}（代号是 $J/m^2\cdot s$ 或 W/m^2）。理论和实验证明，声强的大小取决于声振动的振幅和频率。

2. 声强级　能够引起人们听觉的声波，不仅要求有一定的频率范围，而且要求有一定的声强范围。一定频率的声波引起听觉的声强有上、下两个限度，低于下限的声强太弱，不能引起听觉；高于上限的声强又太强，只能使人耳产生痛觉，也不引起听觉。例如：频率为 1kHz 的声波，能引起听觉的下限声强为 $10^{-12}W/m^2$，引起痛觉的上限声强为 $1W/m^2$。生理学的研究证实，人耳对声音的感觉，近似地与声强的常用对数成正比，因此，我们比较声音的强弱不是用声强，而是采用声强级来表示。

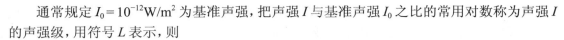

通常规定 $I_0=10^{-12}\text{W/m}^2$ 为基准声强，把声强 I 与基准声强 I_0 之比的常用对数称为声强 I 的声强级，用符号 L 表示，则

$$L=\lg\frac{I}{I_0}(\text{B})$$

声强级 L 的单位是贝尔，简称贝，代号为 B，贝尔这个单位太大，常用它的十分之一——分贝（dB）来表示声强级，所以上式可写成：

$$L=10\lg\frac{I}{I_0}(\text{dB}) \tag{2-10}$$

【例 2-2】 礼堂演讲的声强为 10^{-5}W/m^2，求它的声强级

已知：$I_0=10^{-12}\text{W/m}^2$，$I=10^{-5}\text{W/m}^2$

求：L

解：根据 $L=10\lg\frac{I}{I_0}$ 代入

得 $L=10\lg\frac{10^{-5}}{10^{-12}}=10\lg10^7=70(\text{dB})$

答：它的声强级为 70 分贝。

表 2-2 列出了一些常见声音的声强和声强级

表 2-2 几种常见声音的声强（W/m^2）和声强级（dB）

声源	声强	声强级	声源	声强	声强级
听觉阈值	10^{-12}	0	礼堂演讲	10^{-5}	70
正常呼吸	10^{-11}	10	交通要道	10^{-4}	80
水溪流水	10^{-10}	20	高音喇叭	10^{-3}	90
医院（静）	10^{-9}	30	地铁列车	10^{-2}	100
阅览室	10^{-8}	40	纺织车间	10^{-1}	110
阅览室	10^{-7}	50	柴油机车	10^{0}	120
日常交谈	10^{-6}	60	喷气飞机	10^{2}	140

三、乐音和噪音

声音按其性质可分为乐音和噪音。

（一）乐音

乐音是振源做有规律的周期性振动发出的声音。歌唱家的歌声，乐器演奏的声音，听起来悦耳动听，给人以舒适、优美的感觉，它们都是乐音。

乐音具有音调、响度和音品三方面的特性，称为乐音的三要素。

1. 音调 音调是指声音的高低，客观上决定于振动的频率。频率越高，音调越高，频率越低，音调越低。一般来说儿童的音调比成人高，女声的音调比男声高，这是因为人发声的声带在儿童时期比较窄、薄，气流冲出时，振动的频率快；经过发育，成人尤其是男性声带变宽、厚，振动频率低，所以音调低沉。

2. 响度 响度是反映声音强弱的物理量，它取决于声强。声强越大我们感觉声音越响；

声强越小，声音就越弱。频率不同的声波，即使声强相同，对人耳产生的响度也不相同。正常人耳最敏感的频率范围约在 1kHz～5kHz 之间。

3. 音品　音品又称音色，不同乐器演奏同一首曲子，我们总能把它们区分开，这是靠乐音的第三个特性——音品来区分的。音叉、钢琴，黑管等不同乐器发出的声音不同，音叉的振动是简谐振动，发出的声音听起来比较单纯，这种由简谐振动发出的声音称为纯音；钢琴和黑管发出的声音是由若干个频率和振幅不同的纯音组成的，这种由多个纯音组成的声音称为复音。复音中所含频率最低的纯音称为基音，其余的称为泛音，复音就是由基音和泛音组成的，复音的频率等于基音的频率。各种乐器发出的声音，由于其泛音的多少、频率的高低和振幅的大小各不相同，即音色不同。因此，有多种乐器同时演奏，人们能分辨出各种乐器的声音，就是它们的音色不同。嗓音的音色因人而异，对于我们熟悉的人，我们闭着眼睛也能听出谁在说话。

综上所述，乐音的音品，是由泛音的多少及各泛音的频率和振幅所决定的。也可以说音品是由声波的波形来决定的。

乐音能促进人的身心健康，平时多听一些悦耳动听的音乐，能使人的心情舒畅，通过音乐治疗能增进食欲，增强免疫系统功能和调节自主神经系统功能，由于它对一些疾病上有良好的治疗效果，而有“音乐医生”之称。

（二）噪音

噪音是声源作无规律的非周期性振动所发出的声音。噪音主要来源于交通运输工具（汽车、飞机等）、工业生产设备（车床、电锯等）、建筑机械（打桩机、搅拌机等）和社会生活（高音喇叭、燃放鞭炮等）等各个方面。通常把一切影响人们正常生活、工作、休息的声音都称为噪音。

噪音对人是一种不良刺激，它会使人的注意力难以集中，心情烦躁，影响正常工作和休息，有损于人体健康。人们如果长期在 80～90dB 以上的噪音环境中，会损伤听力导致疾病发生；超过 120dB 的噪音，会使人头晕、恶心、呕吐等；超过 140dB 的噪音能在短时间内引起鼓膜破裂、神志不清、休克甚至死亡。为了造就安静的生活和工作环境，保障人们身心健康，我国制定了环境噪声标准（表 2-3）。

表 2-3　我国城市区域环境噪音标准（dB）

适用区域	白天	夜间	适用区域	白天	夜间
特别安静区	35	30	市中心商业区	60	45
居民文教区	50	40	工业集中区	67	55
居民商业混杂区	55	45	交通干线两侧	70	55

为了人类的健康必须防止和消除噪音，通常可以从以下几个方面采取措施。

1. 控制和消除噪声源　如近几年我国许多城市制定的严禁燃放鞭炮，交通车辆禁鸣等规定，都是行之有效的措施。

2. 控制噪音的传播　如用隔音墙或隔音间、植树种花等控制噪音的传播。

3. 个人防护　如使用耳塞、耳罩、头盔等。

四、听诊和叩诊

听诊和叩诊是常用的诊断方法。

（一）听诊

听诊是以体内直接发出的声音来进行诊断的一种检查方法，如心音、呼吸音的听诊。心音是由心脏瓣膜的振动产生的，它以血液、心肌和胸壁为媒质，传到体表再向四周扩散，传到人耳时，声强已减弱到不能引起听觉的程度，因此需要借助听诊器。

听诊器由胸件、导管和耳塞三部分组成（图 2-9）。胸件有膜式胸件和钟式胸件两种，膜式胸件的膜片的面积、弹性和厚度使它具有一定的振动固有频率，对听取心脏的第一、二心音较有利。而第三、四心音频率较低，要求膜片应很厚，固有频率很低才能听到，这就需用钟式胸件。钟式胸件无膜片，听诊时，患者的皮肤和肌肉当成膜使用。由于人体皮肤和肌肉较厚，固有频率很低，钟式胸件轻压在患者体表，即可听到第三、四心音。

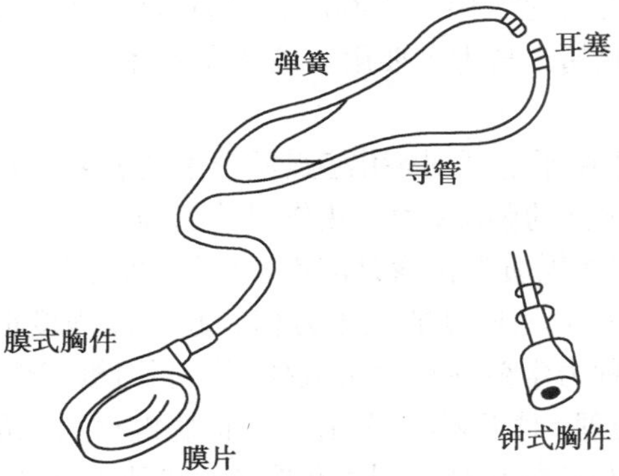

图 2-9 听诊器

（二）叩诊

叩诊是用手叩击身体的某一部位，引起该部位下面的脏器发出不同的共鸣音，并根据声音的特性来判断有无病变的一种检查方法。在临床诊断中，叩击体表或脏器时，所发出声音的强弱、音调及长短是不同的。

对于正常人，叩击肺部时，由于肺部含气量多，弹性大，出现一种音调较低、响度大、振动时间较长的声音叫清音；叩击肝脏、心脏（被遮盖部分）时，出现一种音调较高、响度弱、振动时间较短的声音叫浊音；叩击含气量较多的空腔，如胃肠时，会出现一种和谐的低音，称为鼓音；叩击不含气的脏器，心、肝、脾、肾、肌肉组织和骨骼等，会出现一种音调较浊音更高、响度更弱、振动时间更短的声音叫实音。通过对这些声音的分析，能够判断出脏器有无病变及病变情况。

第四节 超 声 波

频率高于 20kHz 的声波称为超声波。超声波和声波一样都是机械波，并具有与声波相同的性质：能在气体、液体和固体中传播；与声音的传播速度相同；在传播过程中，强度随着离开声源距离的增加而减弱，在空气中衰减很快；通过气体与固体或液体间的界面时，产生反射、折射、衍射等现象。反射在超声诊断中尤为重要。

一、超声波的性质

(一)超声波的特性

1. 方向性好　超声波频率高,波长短,衍射现象不明显,具有类似于光波的直线传播性质,即方向性好。频率越高,方向性就越好,便于定向集中发射。

2. 声强大　理论证明,声强与频率的平方成正比。频率越高,声强越大,所以超声波比振幅相同的声波的声强大得多。同一媒质中,1000kHz 的超声波是 1kHz 的声波强度的 100 万倍。

3. 对固体和液体的穿透性强　实验证明,超声波在空气中传播时衰减很快,如频率为 1MHz 的超声波,在空气中经过 0.5 米其强度就衰减为原来的一半。而在液体中传播时,若使其强度减半,所经距离约为空气中的 1000 倍。超声波对固体也有很强的穿透能力,能够穿透几十米长的金属,因此超声技术主要用于液体和固体中。

(二)超声波的作用

1. 热作用　超声波作用于媒质时,引起媒质分子的剧烈振动,通过分子之间的相互作用,使媒质温度升高。超声波的强度越大,热作用就越强。

2. 机械作用　超声波在媒质中传播时,使媒质质点发生高频振动,虽然振幅小,但由于频率高,致使加速度可达重力加速度的几千万倍。超声波强度很大,在媒质中可造成巨大的压强变化,超声波的这种力学效应称为机械作用。利用机械作用,可以对材料进行钻孔、切割、研磨、粉碎等超声处理,对于牙齿、陶瓷等硬而脆的材料,超声加工比较理想。

3. 空化作用　因为超声波的能量巨大,在液体中迅速引起液体内部的疏密变化,稠密区受压,稀疏区受拉。液体忍受拉力的能力较差,稀疏区会受不了拉力就会被拉断,产生一些近乎真空的微小空腔,而到压缩阶段,空腔受压而迅速闭合,产生局部的瞬时高温、高压和放电现象,这种作用称为空化作用。利用空化作用可杀灭细菌,制造乳剂和促进化学反应。

二、超声波在医学上的应用

现代医学的发展,使超声技术广泛应用于临床诊断、治疗当中。超声诊断已成为临床常规检查手段之一。它有很多的优越性:无损伤、无痛苦、无放射性、检查方便、成本低等。超声治疗也逐渐成为常规理疗方法。

(一)超声诊断仪

超声诊断仪主要由四部分组成:电源、高频信号发生器、探头和显示器(图 2-10)。高频信号发生器产生的高频电振动输送到探头,产生超声波。探头向人体内发射的超声波是不连续的(而是以脉冲的形式断续发射),在发射的间歇,可接收人体反射回来的超声波。超声诊断的基本原理就是,利用超声回波,获取人体内部的信息。

超声诊断仪分为 A 型,B 型、M 型等多种类型。它们的基本原理相同。本节简单介绍 B 型超声波诊断仪(简称 B 超)的工作原理。

图 2-11 是 B 超的工作原理图。检查时,探头与体表之间涂有耦合剂,以减少超声波的能量损失。当探头在被检体表沿某一方向移动时,探头边移动边发射超声波,反射波经同一探头变成电振动,放大后送到显示器,在荧光屏上显示出相应部位的截面声像图。

改变探头的位置和移动方向,就可以得到不同位置、不同方向的纵断面影像,便于对病情作出诊断。

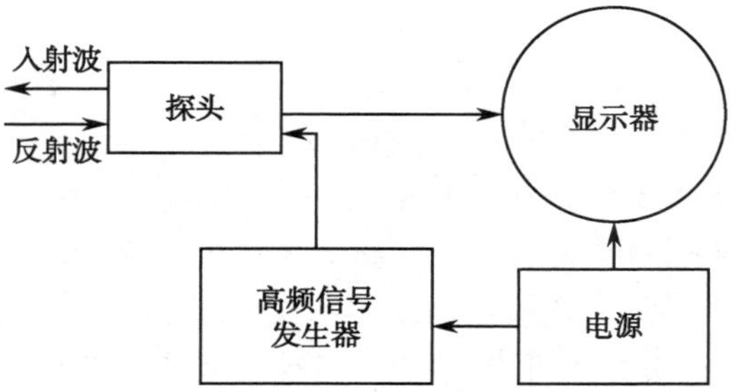

图 2-10 超声诊断仪结构方框图

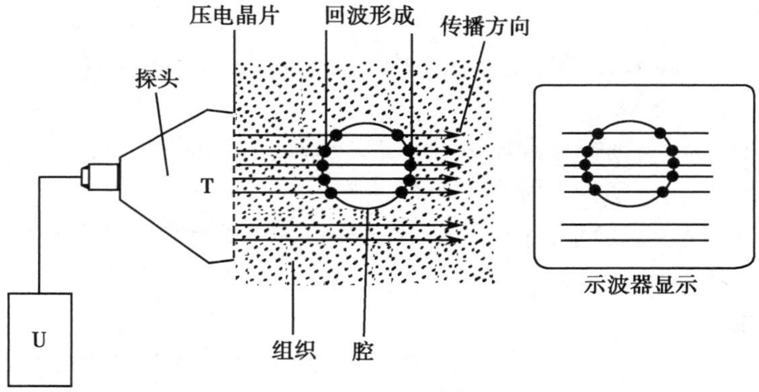

图 2-11 B 超的工作原理图

B 超可做静态观察，如对肝、脾、肾、胆、胰、子宫等部位的外形和内部结构等进行观察分析；还可以做动态观察，如观察心脏、大血管和胎儿的发育情况等。

近年来，在 B 超的基础上又研制出了彩色多普勒血流成像的彩色 B 超，简称彩超。彩超能以血流的不同色彩（红、蓝）、不同颜色的辉度（亮、淡、深红或深蓝）及多彩血流等来表示血流的方向、流速、范围及类型。这种彩超的色调，并非人体组织的原色，而是以其反射强度不同控制的人工彩色，又称假彩色。彩超因为有层次丰富的彩色对比，不仅色彩浓淡可调，而且颜色也可以随意更换，所以对比鲜明，容易鉴别疾病。

（二）超声治疗

1. 透热治疗　透热治疗是应用超声波的热作用，使人体局部温度升高，引起血管扩张，血流加快和组织的新陈代谢加强，达到治疗效果。透热治疗对一些疾病如关节炎、关节扭伤、腰肌疼痛等疗效较好。

2. 超声药物透入疗法　将药物加入耦合剂，使药物经皮肤或黏膜透入体内，透热治疗对恶性肿瘤、硬皮病、口周皮炎等疗效较好。

3. 超声雾化　利用超声波可得到一般喷雾器得不到的微细均匀雾状药滴，使它容易被吸入咽、喉、支气管、肺泡之中，用于治疗急慢性喉炎、咽炎和支气管炎。

4. 击碎结石　利用超声波的机械作用，可击碎人体内的各种结石（如人体内肾、膀胱、输尿管及胆囊等部位的结石），既可大大减轻病人的痛苦，又不会损伤结石周围的软组织。

此外，超声波在骨、脑神经、眼科等方面也有很好的应用。

小链接

次声波

频率小于20Hz的机械波称为次声波，它不能引起人的听觉。火山爆发、地震、台风、海啸、火箭发射、核爆炸等都会产生很强的次声波。由于次声波的频率与人体组织器官的固有频率很接近，容易是人体组织器官发生共振，使人感到头晕、恶心、呕吐、丧失平衡感等，严重的还会造成耳聋、昏迷、精神失常甚至死亡。

本章小结

一、振动

1. 简谐振动　物体在受到大小与位移的大小成正比，而方向总相反的回复力的作用下的振动，称为简谐振动。

2. 振动的振幅、周期和频率　振幅是表示振动强弱的物理量。周期和频率都是表示振动快慢的物理量。周期和频率互为倒数关系。

3. 共振　在受迫振动中，策动力的频率与物体的固有频率相等时，所引起振动的振幅最大，这种现象称为共振。

二、机械波

机械振动在媒质中的传播称为机械波，机械波分为横波和纵波两种。波长、频率、波速之间的关系：$v=\lambda f$。

三、声波

能够在听觉器官引起声音感觉的波动称为声波。人耳能够听到的声音频率范围在20Hz～20kHz。

四、超声波

频率超过20kHz的波称为超声波。

超声波在医学上的应用：

1. 超声诊断。

2. 超声治疗。

知识拓展

多普勒效应

在铁路旁听疾驶而过的火车的汽笛声，会发现当火车向你驶来时，汽笛的音调是不断升高的，而当火车离你远去时，汽笛的音调是不断降低的。这种当波源和观察者之间发生相对运动时，观察者感受到的频率发生变化的现象称为多普勒效应。

彩色多普勒超声诊断就是利用了多普勒效应。当超声发射体（探头）与反射体之间有相对运动时，回声的频率就会有所改变，其频率的变化量称为频移，而频移的大小与相对运动的速度有关。因此只要测出频移的大小，就可以知道被测对象运动的情况。

（王　璇）

目标测试

一、名词解释

1. 简谐振动　2. 共振　3. 波　4. 横波　5. 纵波
6. 声强　7. 声强级　8. 超声波

二、填空

1. 简谐振动的特点是质点的加速度与______成正比，而方向同______相反。所受作用力与______成正比，而方向同______相反。

2. 乐音的三要素是______、______、______。

3. 实际的振动系统不可避免地受到____力，系统的机械能就要随时间逐渐____，振动的振幅也随着逐渐____，这种振动称为______。

4. 波动的实质是，媒质质点只在原来的平衡位置附近做________，而质点本身并不随波______；从运动的角度看，传播的是______，从能量的角度看，传播的是______。

5. 形成机械波的两个必要条件是______和______，机械波可分为______和______两大类，声波是______。

6. 横波的传播方向与质点的振动方向__________，纵波的传播方向与质点的振动方向__________。

7. 横波的波形特征是__________，纵波的波形特征是__________。

8. 在同一媒质中传播的波，波速是一定的。波的频率越高，波长越____，波的频率越低，波长越____。

9. 根据声源振动频率的不同，把频率在________的波称为声波，频率低于________的波称为次声波，频率高于________的波称为超声波。

10. 超声波的______短，沿______传播性强，因而可定向集中发射。它对液体和固体的________都很强，超声诊断的基本原理是____________来获取人体内部的信息。

三、判断

1. 弹簧振子的振幅增大一倍，则其振动频率减小一半。（ ）
2. 作简谐振动的质点，它的加速度和位移的方向总是相反的。（ ）
3. 质点在回复力作用下的振动一定是简谐振动。（ ）
4. 受迫振动中振动系统的频率由策动力的频率决定。（ ）
5. 做机械振动的物体，周围一定有机械波存在。（ ）
6. 机械波的传播过程是媒质中各质点的迁移过程。（ ）
7. 机械波的振动方向一定和振动方向垂直。（ ）
8. 女声比男声的音调高，是因为女性的声带振动的频率比男性的高。（ ）
9. 乐音和噪音的区别，主要在于声源的振动是否是周期性的。（ ）
10. 超声波和声音的区分，主要是因为其振动的振幅不同。（ ）

四、单项选择

1. 关于简谐振动，下列说法正确的是

A. 回复力总是指向平衡位置

B. 速度的方向和位移的方向总相反

C. 速度的方向和位移的方向总相同

D. 加速度和位移的大小成正比且方向相同

2. 做简谐振动的物体通过平衡位置时，具有最大值的物理量是

A. 加速度　　B. 速度　　C. 位移　　D. 回复力

3. 做简谐振动的物体通过平衡位置时，其值等于零的物理量是

A. 加速度　　B. 速度　　C. 动能　　D. 振幅

4. 简谐振动的振幅为A，振动质点一周期的位移是

A. 0　　B. A　　C. 2A　　D. 4A

5. 一弹簧振子在一周期内通过8cm的路程，它的振幅是

A. 0　　B. 2　　C. 4　　D. 8

6. 弹簧振子的振幅增大时，它的周期将

A. 增大　　B. 减小　　C. 不变　　D. 不能确定

7. 简谐振动的性质是

A. 匀加速运动　　B. 匀变速运动

C. 变加速运动　　D. 匀变速运动

8. 振子A的周期是振子B的4倍，则振子A的频率是振子B频率的

A. 4倍　　B. 2倍　　C. $\frac{1}{4}$倍　　D. $\frac{1}{2}$倍

9. 弹簧振子从距离平衡位置2cm处由静止释放，10次全振动所需要的时间是5秒，该振动的振幅、周期和频率为

A. 8cm，5秒，10赫　　B. 4cm，0.5秒，2赫

C. 2cm，0.5秒，2赫　　D. 4cm，5秒，2赫

10. 振动物体发生共振的条件是

A. 物体受周期性变化的回复力作用

B. 物体受迫振动的频率等于策动力的频率时

C. 策动力的频率与振动物体的固有频率相等时

D. 以上说法都不对

11. 关于机械波，下面说法正确的是

A. 机械波只传播振动形式

B. 波速是指媒质中质点振动的快慢

C. 机械波可以把物质的微粒传递出去

D. 机械波的产生，除了有波源还要有传播机械振动的媒质

12. 机械波由一种媒质进入另一种媒质时，不变的物理量是

A. 波速　　B. 频率　　C. 波长　　D. 不能确定

13. 下面说法正确的是

A. 有了机械振动一定有机械波　　B. 有了机械波一定有机械振动

C. 媒质质点的迁移形成了机械波　　D. 波速就是振源的振动速度

14. 关于声波，下面说法正确的是

A. 声波是横波　　B. 声波是纵波

C. 声波在真空中也能传播　　D. 声波在不同媒质里传播时波速相同

15. 远方开来的火车，如果我们伏耳在铁轨上，听到两次同样的声音，一次是由铁轨传来的，一次是由空气传来的，但不是同时听到，这是因为

A. 媒质不同，波的频率不同　　B. 媒质不同，波的振幅不同

C. 媒质不同，波速不同　　D. 以上都不是

16. 两个作周期性振动的声源，其频率相同，那么它们发出的声音

A. 具有相同的音调　　B. 具有相同的响度

C. 具有相同的音品　　D. 具有相同的声强级

17. 从声源发出的声音在空气中传播时

A. 声波的波速逐渐减小　　B. 声波的频率逐渐减小

C. 声波的振幅逐渐减小　　D. 以上都不是

18. 不同频率的声波在同一媒质中传播时，下面说法正确的是

A. 波速不同，波长相同　　B. 波速相同，波长不同

C. 波速、波长都相同　　D. 波速、波长都不同

19. 一列波在第一种媒质中波长为 λ_1，在第二种媒质中波长为 λ_2，且 $\lambda_1=5\lambda_2$，那么波在这两种媒质中的频率和速度之比为

A. 5∶1，1∶1　　B. 1∶5，1∶1

C. 1∶1，5∶1　　D. 1∶1，1∶5

20. 物体发生共振时，下面表述正确的是

A. 策动力频率等于固有频率，振幅最小

B. 策动力频率等于固有频率，振幅最大

C. 策动力频率小于固有频率，振幅最小

D. 策动力频率大于固有频率，振幅最大

五、计算

1. 甲乙两船在水中相距 24 米，有一列水波在水面上传播，使船每分钟上下浮动 30 次，甲船位于波峰时，乙船位于波谷，两船之间还有一个波峰，求水波的波速。

2. 一束超声波在人体某组织中的传播速度为 1500 米 / 秒，其频率为 50 000 赫兹，它的波长是多少？

六、问答

1. 说出共振的利弊。

2. 简述乐音和噪音对人体的影响，如何防止和控制噪音。

3. 简述超声波的特性和作用。

4. 说出超声诊断的原理。

第三章　液体的流动与表面性质及应用

03章

学习目标

掌握连续性原理和液体流速与压强的关系，并能举例说明相关应用。

了解液体的黏滞性、血液流动的规律以及血压计的结构与测量原理。

熟悉液体的表面张力，了解浸润与不浸润现象、弯曲液面的附加压强、毛细现象及气体栓塞现象的产生和应用。

液体与固体最主要的区别之一是它能够流动。只要受到很小的外力作用，就可以引起内部各部分之间或各层之间的相对运动，这一性质称为流动性。具有流动性的物体称为流体，液体和气体都是流体。同时液体表面由于其特殊性，会产生一些特殊现象，反映其性质。这一章我们主要研究液体的流动与表面性质及应用。

第一节　理想液体的流动

一、基本概念

1．理想液体　流动性是液体流动的基本性质。影响液体流动的还有其他性质，例如黏滞性，有些液体黏滞性很大，比如甘油、血液……而另外一些液体黏滞性则很小，比如水、酒精……液体还有可压缩性，但液体的压缩性普遍很小，例如水在10℃时，每增加一个大气压，体积只减少原来体积的二万分之一。我们为了研究液体的流动性，忽略其压缩性和黏滞性，使问题得以简化，为液体建立一个理想模型，称为理想液体。

绝对不可压缩和完全没有黏滞性的液体称为理想液体。

2．稳定流动　液体流动的形式很多，其中最简单的是稳定流动。我们站在一条小河边观察流得较慢的河水，由于水是无色透明的，所以，请一位同学从上游隔一会儿往水面上放一片树叶作为标记，来代表水的流动，这样我们可以明显地观察河水的流动情况（图3-1）。如果我们注视水面上的某一点A，每片树叶流到A点时，快慢和方向都相同。再注视另一个点B观察时，每片树叶流到B时的快慢和方向又是另外一个相同的值。我们把液体微粒流过空间任何一个固定点时速度不随时间变化的流动称为稳定流动，简称稳流。

3．流量　如图3-2所示，若管的横截面积是S（m^2），液体的流速是v（m/s）。方向水平

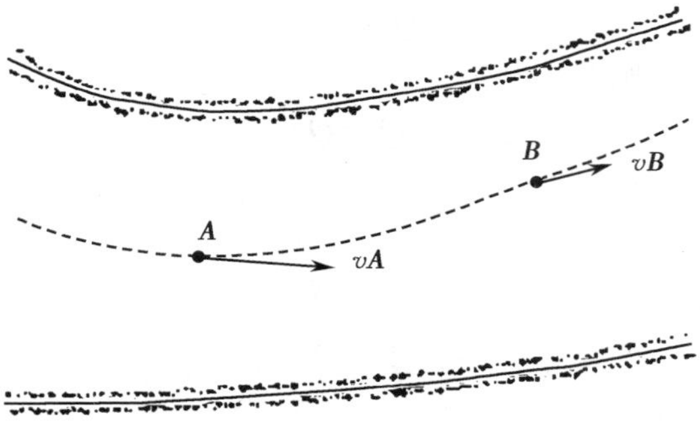

图 3-1 稳定流动示意图

向右。选定一个截面 S，那么 1 秒钟内，S 左侧 v 米内的液体都能通过这个截面，所以，1 秒内通过这个截面的液体体积等于截面积 S 与流速 v 的乘积。我们把单位时间内流过某一横截面的液体的体积称为该截面处的流量，用 Q 表示，单位是立方米/秒，符号为 m^3/s。因此，流量的定义式为

$$Q=\frac{V}{t}\ (m^3/s) \tag{3-1}$$

根据以上分析有

$$Q=Sv \tag{3-2}$$

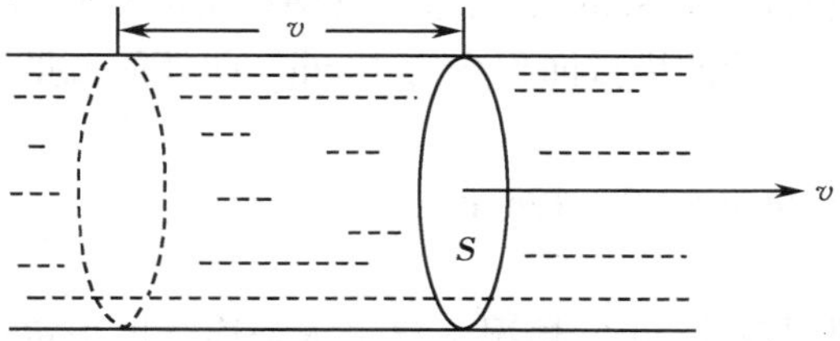

图 3-2 流量的解析

【例 3-1】 注射器针头处小孔面积为 $0.5\times10^{-2}cm^2$，如果该处的流速为 1m/s，问 $50cm^3$ 的药液注射完毕需要多少时间？

已知：$S=0.5\times10^{-2}cm^2$，$v=1m/s=1\times10^2cm/s$，$V=50cm^3$。

求：t。

解：由流量的定义可知

$$Q=\frac{V}{t}=Sv$$

$$t=\frac{V}{Sv}=\frac{50}{0.5\times10^{-2}\times1\times10^2}=100\ (s)$$

答：$50cm^3$ 的药液注射完毕需要 100s 时间。

二、连续性原理

实验表明：不可压缩的液体连续不断地在同一根管中稳定流动时，并在管子的侧壁没有液体流入流出，那么，管中任意一个横截面处的流量都是相等的，这一结论称为理想液体的连续性原理。如图 3-3 所示，即

$$Q = 常数$$

如果有两个参考截面，则有

$$Q_1 = Q_2 \tag{3-3}$$

由(3-2)式，有

$$S_1 v_1 = S_2 v_2 \tag{3-4}$$

或

$$\frac{v_1}{v_2} = \frac{S_2}{S_1} \tag{3-5}$$

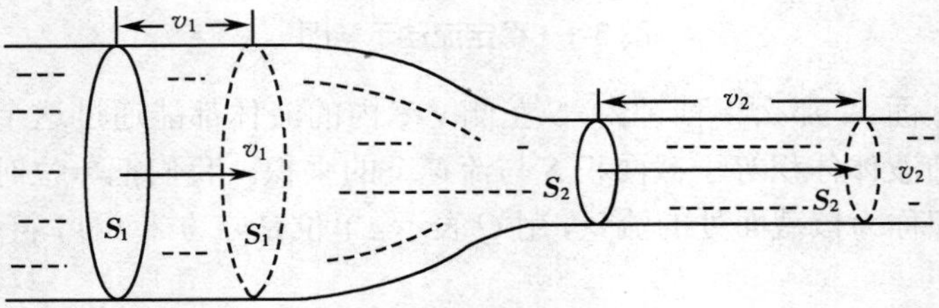

图 3-3 连续性原理示意图

可见，当液体在一根粗细不同的管中流动时，流速与管横截面积成反比，即截面小处流速大，截面大处流速小。

【例 3-2】 水在横截面积为 28cm² 的自来水管中稳定流动时，流速是 24cm/s，其流量为多大？在一个变径接头后面管的横截面积变为 12cm²，此处的流量又是多大？流速是多少？参照图 3-3。

已知：$S_1 = 28\text{cm}^2$，$v_1 = 24\text{cm/s}$，$S_2 = 12\text{cm}^2$。

求：$Q \quad v_2$

解：水可以看作是理想液体；正常情况下自来水是连续地稳定流动的，所以符合连续性原理。即 Q_1 与 Q_2 相等，是常量。

根据公式(3-2)，有

$$Q = Sv$$

则

$$Q = 28 \times 24 = 672\ (\text{cm}^3/\text{s})$$

又根据公式(3-4)，有

$$S_1 v_1 = S_2 v_2$$

$$v_2 = \frac{S_1 v_1}{S_2} = \frac{28 \times 24}{12} = 56\ (\text{cm/s})$$

答：水在两个位置的流量都是 672cm³/s，细处流速是 56cm/s。

三、伯努利方程

1738 年瑞士物理学家伯努利的研究表明：理想液体稳定流动时，任意处的单位体积液体的动能、势能和压强之和都是相等的。即

$$\frac{1}{2}\rho v^2 + \rho g h + p = 恒量 \tag{3-6}$$

液体水平流动或各处高度差别不大时，式(3-6)可表示为

$$\frac{1}{2}\rho v^2+p=恒量 \tag{3-7}$$

根据式(3-7)知，流速大处压强小；流速小处压强大。把管的截面积、流速、压强之间的关系归纳起来为：管子粗处，流速小，压强大；管子细处，流速大，压强小。如图 3-4 所示。

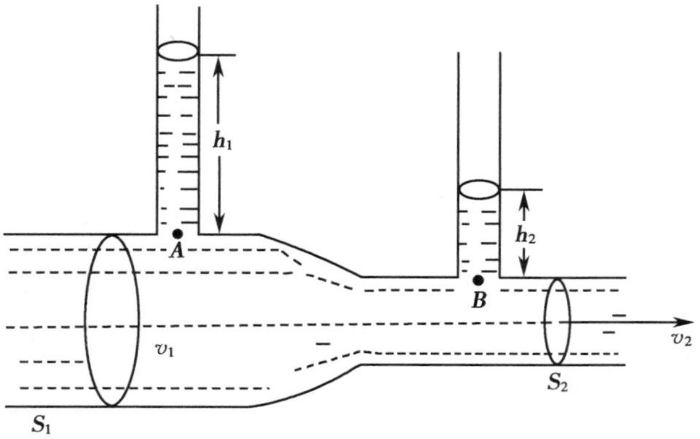

图 3-4　水平管中压强和流速的关系

喷雾器为什么能把水或者药液喷成雾状呢？如图 3-5 所示，用力向水平管推气，空气从狭窄处 A 通过，由连续原理可知，狭窄的 A 处流速较大压强较小，且 A 在竖直管 CB 的上方，CB 管上端压强小于下端压强时，药液就会沿着 CB 管上升，并且在细管出口处被气流吹成雾状。

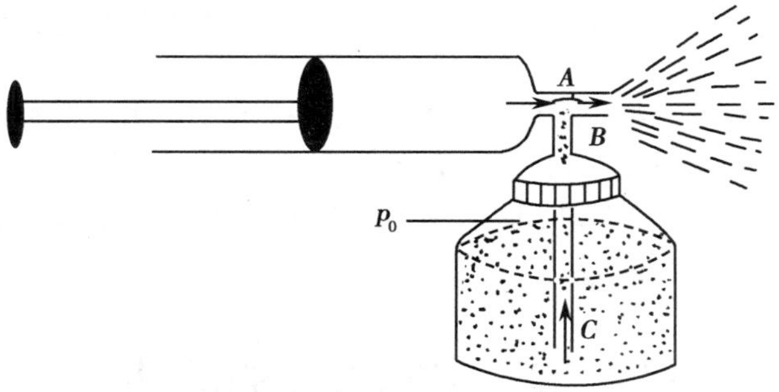

图 3-5　喷雾器原理图

水流抽气机为什么能把容器里的气体抽出来呢？如图 3-6 所示，自来水从水流抽气机内圆锥形竖直管流过，管 A 处粗 B 处细，由连续原理知，B 处的流速较大，压强较小，当小于容器中的气体压强时，气流不断地从 C 管中流出被水流带走。水流抽气机能够把被抽容器中的压强减到标准大气压的十分之一，在制药中常用它来作抽滤和减压蒸馏。

在正确分析了喷雾器和水流抽气机原理的基础上，也就不难理解雾化吸入器的原理。在临床上，用雾化吸入法治疗咽喉、呼吸道感染，消除炎症和水肿（用抗生素，如卡那霉素、庆大霉素、地塞米松等）；解痉（用如氨茶碱、舒喘灵等）；稀化痰液，帮助祛痰（如 a- 糜蛋白酶、乙酰半胱氨酸）等。氧气雾化吸入法是利用高速氧气气流，使药液形成雾状，再由呼吸道吸入，达到治疗的目的。

雾化吸入器原理如图 3-7 所示。一特制玻璃器，其 A、B、C、D、E 五个管口，在球形器内注入药液，A 端管口接上氧气，气流自 A 端管冲向 B 端管口出来，不起喷雾作用，但堵住 B 管口时，气流即被迫从 C 管口冲出，离得很近的 D 管口附近空气压强突然降低，形成负压，球内药液经 D 管吸出，当上升到 D 管口时，又被来自 C 管口的急速气流吹散，形成雾状微粒从管口 E 喷向呼吸道。

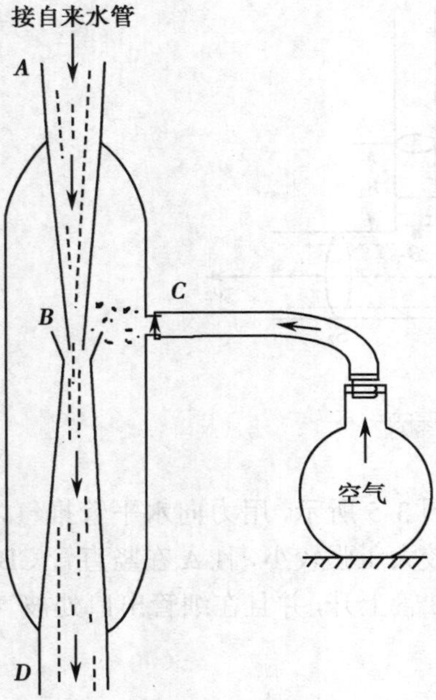

图 3-6 水流抽气机原理图

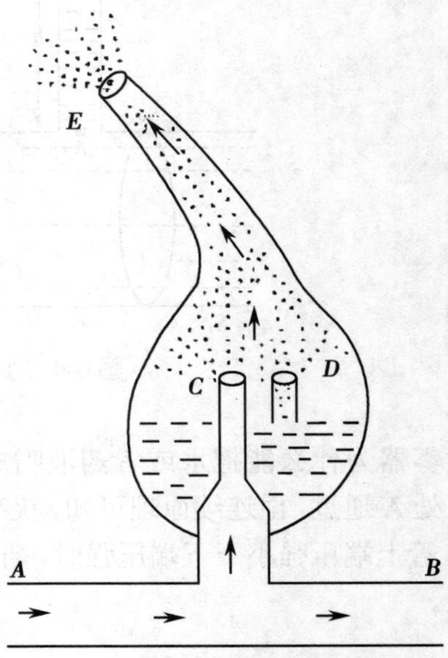

图 3-7 雾化吸入器原理图

目前，还有一种超声雾化吸入器，临床和家庭均可方便使用。其原理是用超声波声能，把药液变成细微的气雾，雾量大小可以调节，雾滴小而均匀（直径在 5μm 以下），药液随着深而慢的吸气被吸入终末支气管及肺泡，达到治疗目的。又因雾化器电子部分能产热，对雾化液有加温作用，使病人吸入温暖、舒适的气雾。

第二节 实际液体的流动

我们研究了理想液体的基本流动规律后，再来研究实际液体的流动。实际液体与理想液体的压缩性都很小，主要区别在于有无黏滞性。什么是液体的黏滞性呢？黏滞性液体流动时有什么规律呢？

一、液体的黏滞性

实际液体在流速不太大的时候，是分层流动的，称为层流。

下面我们做一个实验，把甘油放到一根竖直放置的滴定管内，再用吸管把着了色的甘油轻轻地放在无色甘油的上面，两部分甘油界限分明，圆形的分界面在管的侧面看呈一条直线（图 3-8）；当打开滴定管下面的活塞后，甘油缓慢地向下流动，一会儿，分界面变成了锥面，在管的侧面看呈舌形（图 3-9）。

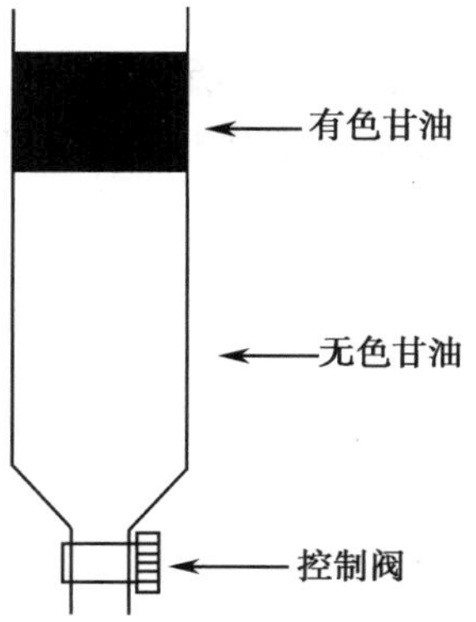

图 3-8 观察实际液体流动装置

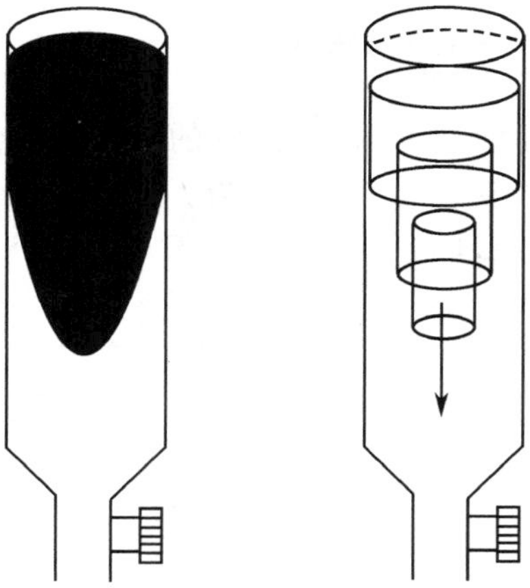

图 3-9 甘油的分层流动

这个现象说明，甘油是分层流动的，流层很薄，形状似圆筒形，各层的流速都不相同，越靠近轴心流速越大，越靠近管壁流速越小。液层之间因为有相对运动而产生摩擦力，速度大的液层给速度小的以拉力，速度小的液层给速度大的以阻力，因为这种摩擦力是在液体内部产生的，所以称为内摩擦力（也称黏滞力）。液体具有内摩擦力的性质称为液体的黏滞性。液体黏滞性的大小用黏滞系数 η 表示，临床上常称为黏度，它的单位是帕斯卡•秒，代号 Pa•S。表 3-1 中列出了几种常见液体的黏度数值。

表 3-1 常见液体的黏度数值

液体	温度（℃）	黏度（$\times 10^{-3}$Pa•s）	液体	温度（℃）	黏度（$\times 10^{-3}$Pa•s）
血液	37	2.5～3.5	水	0	1.8
血浆	37	1.0～1.4	水	37	0.69
血清	37	0.9～1.2	水	100	0.3
水银	0	1.68	酒精	20	1.2
水银	20	1.55	甘油	20	830

从表 3-1 中可以看出，液体的黏度与液体性质有关，与温度有关。

小链接

血液黏度

临床实践表明，血液黏度对于很多疾病的诊治具有重要意义。血液黏度增加的疾病占大多数。例如动脉粥样硬化、缺血性心脏病，特别是冠心病、高血压及恶性肿瘤是造成人类死亡的最大威胁，而这类疾病都会使人体血液黏度等血液流变特性发生变化，从而引起血液微循环障碍、组织灌流不足、缺血、缺氧及代谢障碍。对血液黏度等流变特性研究的另一重大意义在于，一些疾病在尚无临床症状时，血液黏度等指标已悄然发生了变化。因此血液黏度等血液流变学的检测可以给某些疾病的发生、发展提供预报性资料，利于疾病的早期预防和治疗。因此该类项目已成为心、脑血管疾病的重要检测手段和中老年体检的必要项目。现在各地大、中型医院已广泛采用。

二、泊肃叶方程

实际液体在流动时，它的黏滞性将会影响其流速和流量。如图 3-10 所示，当黏滞系数为 η 的实际液体，在一长为 L、半径为 r、管两端压强差为 Δp 的均匀管中匀速分层流动时，情况怎么样呢？

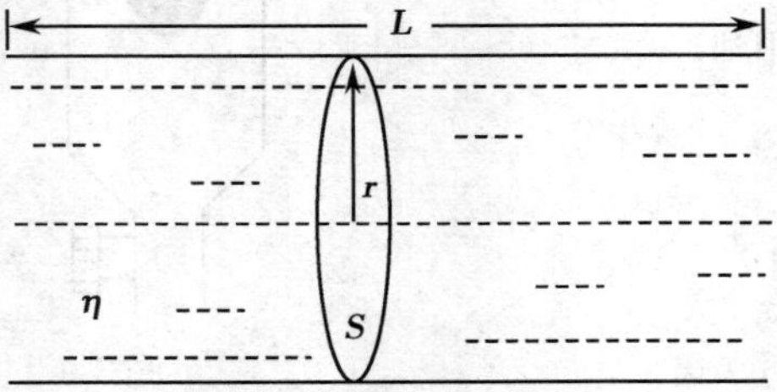

图 3-10 泊肃叶方程中各物理量

法国著名医生泊肃叶于 1846 年的研究指出，液体的平均流速为

$$v=\frac{1}{8\pi}\cdot\frac{S\cdot\Delta p}{\eta L} \tag{3-8}$$

把 $S=\pi r^2$ 代入(3-8)得：

$$v=\frac{r^2\cdot\Delta p}{8\eta L} \tag{3-9}$$

由上式可知，如果其他量保持不变，那么实际液体流动时，管两端压强差越大，流得越快；管越粗流得越快；液体越黏流得越慢；管越长流得越慢。

由式(3-2)和式(3-9)有

$$Q=Sv=\frac{\pi r^4\cdot\Delta p}{8\eta L}=\frac{\Delta p}{\left(\frac{8\eta L}{\pi r^4}\right)}=\frac{\Delta p}{R}$$

令

$$R=\frac{8\eta L}{\pi r^4} \tag{3-10}$$

则

$$Q=\frac{\Delta p}{R} \tag{3-11}$$

因此，泊肃叶方程可以表述为：黏滞性液体在粗细均匀的水平管中稳定流动时，其流量与管两端的压强差成正比，与流阻成反比。

式(3-10)中的 R 称为流阻，反映液体流动时遇到的阻碍作用。泊肃叶的实验研究表明，流阻与液体的黏度、管的半径以及管的长度有关，其关系为(3-10)可以看出，如果其他条件不变时，液体黏度越大、管子越细，流阻越大。值得指出的是，管子半径对流阻影响最大。假设其他条件相对固定，管子半径减小$\frac{1}{2}$，流阻将增大 16 倍，流量也将减小至原来的$\frac{1}{16}$。因此，在血液循环中，血管的收缩与舒张，或血管壁的变厚，即使血管内半径有较小的改变，也会对血液流量产生显著的影响。体循环中血液流阻主要来自于距离心脏较远的较细血管，称为外周阻力。小动脉和毛细血管中的流阻约占体循环中全部流阻的 70%，其中大部分来自小动脉，约占 52%，就是说，整个循环系统中，小动脉流阻最大。小动脉如果硬化，则会增大流阻，引起血压的异常变化。

静脉输液器中的输液管内药液流量的控制，就是用楔形控制阀改变管的直径来实现的，减小管的直径，流阻增大，药液的流量就会减小。

【例 3-3】 一根半径为 3mm 的小动脉被一块硬斑阻塞而变狭窄，阻塞处的有效半径减小到 2mm，求狭窄处的流阻是正常小动脉流阻的多少倍？

已知：$r_1=3\text{mm}$，$r_2=2\text{mm}$。

求：R_2 与 R_1 的比值。

解：由式(3-10)，有

$$R_1=\frac{8\eta L}{\pi {r_1}^4};\ R_2=\frac{8\eta L}{\pi {r_2}^4}$$

故有

$$\frac{R_2}{R_1}=\frac{{r_1}^4}{{r_2}^4}=\frac{3^4}{2^4}=\frac{81}{15}\approx 5$$

答：狭窄处的流阻约是正常处的 5 倍。

在心脑血管的研究中，常应用到泊肃叶方程。例如对于失血过多或心力衰竭的患者，因血流量 Q 的减少，将会引起血压下降；动脉硬化患者，心排血量 Q 虽然正常，但是因动脉硬化血管直径难以增大，血流受到较大的阻力，会引起血压的升高。利用泊肃叶方程还可以测量血液的黏度，奥氏黏度计就是根据泊肃叶方程求出待测液体黏度的。

第三节　血液的流动与血压计

一、血液的流动规律

血液在心脏和遍布全身的血管构成的循环系统中流动，血液在血管中的流动既不同于理想液体的流动，也区别于一般实际液体的流动，有着独特的生物学特征。所以，在这里我们运用流体力学的一般规律研究血液的流动，主要掌握其物理学性质，而且只作定性的讨论，更为详细的内容将在生理学中介绍。

1. 血液流动的特点　血液与一般均匀的黏滞性液体不同，它是一种特殊的悬浮液。血液由 45% 的血细胞和 55% 的血浆组成，血细胞不均匀地悬浮在血浆中；血管壁有弹性，而且血管有许多分支；血管的弹性和直径主要受神经的控制而发生变化。这些因素使得血液流动情况比较复杂，下面我们对血液流动的现象中相关的物理量作出定性的分析与解释。

2. 血管横截面积的分布状态　图 3-11 为心血管体循环物理模型，B 表示心脏；ab 表示主动脉；bc 表示大动脉及分支；cd 表示小动脉；de 表示毛细血管；ef 表示小静脉大静脉；fg 表示腔静脉。a、g 表示瓣膜，这里可看作是只能向右单方向打开的门。

心脏以约 75 次 / 分的频率收缩和舒张，心肌收缩时，心脏内的空间变小，压强变大，心脏内的血液会从左心室端冲开与动脉之间的瓣膜 a，血液被“压入”主动脉，流量约为 $90\text{cm}^3/\text{s}$，同时心脏与静脉之间的瓣膜 g 会被压闭，避免血液由此流向静脉。心肌舒张时，心脏内的空间变大，压强变小，心脏与动脉之间的瓣膜会被压闭，避免动脉血回流，同时静脉中的血液会冲开 g 端瓣膜进入心脏，这样以保证血液只沿单方向循环流动。

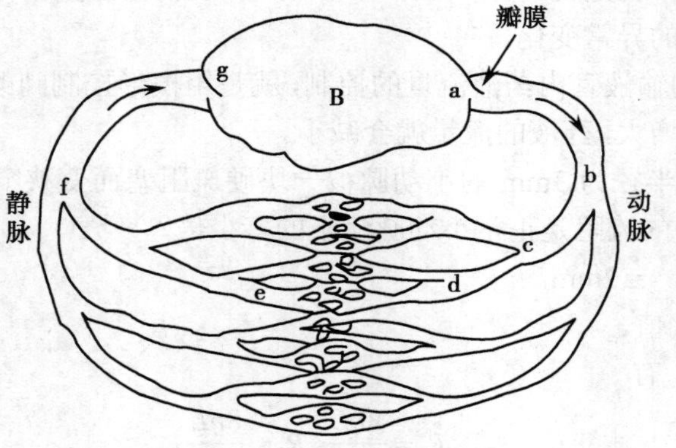

图 3-11　心血管体循环物理模型

起于心脏的主动脉血管的横截面积约 $2.7cm^2$，以后由大动脉到小动脉像树枝一样分支，血管逐渐变细数量增多，血管总横截面积逐渐增大。接下来的血管更多更细，称为毛细血管，虽然每根毛细血管很细，但毛细血管的数量巨大。有人做过估算，人体的毛细血管连接起来长度大约可达 10×10^4km。因此，毛细血管总的横截面积达到最大值，是主动脉的 800 倍左右。之后毛细血管又依次汇合成小静脉、大静脉及接近心脏的腔静脉，虽然每根血管越来越粗，但是血管的数量越来越少，总的横截面积变小。所以，从主动脉到毛细血管，血管的总截面积是增加的；从毛细血管到静脉，血管总截面积是减少的，最大值在毛细血管处（图 3-12 中的虚线）。

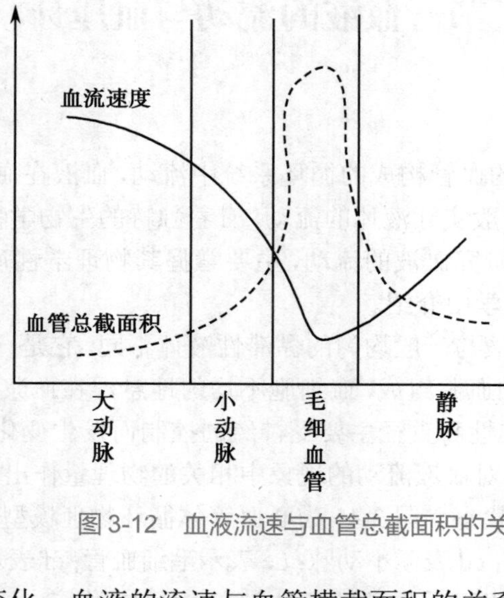

图 3-12　血液流速与血管总截面积的关系

3．血液流速的变化　血液的流速与血管横截面积的关系是否可以用第一节学习的连续性原理来讨论呢？连续性原理的适用条件是：不可压缩的液体，连续地稳定流动。血液的压缩性很小，可视为不可压缩；心脏收缩时向主动脉射血，舒张时停止（图 3-13）。那么，血液是否连续流动呢？

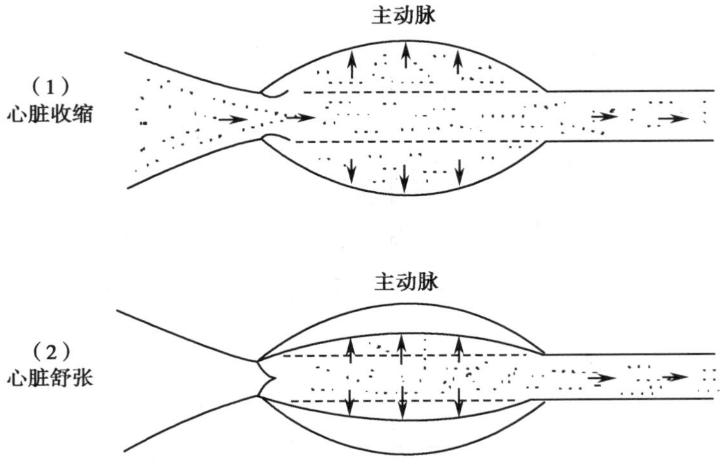

图 3-13 心脏断续射血与血液连续流动

通过以上的分析我们知道，心脏收缩时，向主动脉射血；心脏舒张时，不射血，如果血管没有弹性的话，血流将是时断时续的。而实际情况是怎样的呢？心脏收缩时，血液冲开瓣膜进入已经充盈着血液的主动脉，由于主动脉有很好的弹性，扩张形成囊包，储存了暂时流不走的血液；心脏舒张停止射血时，内部压强减小，瓣膜 a 被压闭，主动脉壁弹性回位，血管恢复原状，囊包里储存的血量可以维持血液的连续流动。所以，可以用连续性原理来分析血液流速与血管横截面积的关系。即：血管截面积小处，血液流速大；血管截面积大处，血液流速小（见图 3-12 中的实线）。

需要说明的是，血液流动只是近似地符合连续性原理，原因在于血液流动有着不同于普通的黏滞性液体在刚性管中流动的特点。

4．血压的变化趋势 血液在血管内流动时对血管壁产生的压强，称为血压。如无特别注明，均指肱动脉处的血压。心脏收缩时产生的最高压强称为收缩压。正常成年人在安静时的收缩压在 12.0～18.5kPa（90～139mmHg）范围内，平均为 16.0kPa；心脏舒张时产生的最低压强称为舒张压。正常成年人在安静时的舒张压在 8.0～11.9kPa（60～89mmHg）范围内，平均为 10.66kPa；收缩压与舒张压之差称为脉压，脉压差为 4.0～5.3kPa（30～40mmHg）范围内。

心脏收缩时，已充满了血液的主动脉又被压入许多血液，血液对血管壁的压强达到最大值，这个值就是收缩压；心脏舒张期，没有新的血液从心脏补充进来，主动脉壁回缩将血液逐渐注入分支血管，主动脉内血液减少，使血压降到最低值，这就是舒张压。随着心脏的收缩和舒张，主动脉瓣膜周期性的开放和关闭，因血管的弹性，动脉内的血容量和血压也作相同周期的变化，形成了脉搏，脉搏以一定速度沿血管向前传播，到离心脏较远的小动脉处脉搏消失。

在血液体循环中，血压的变化趋势见图 3-14 血压曲线。

从血压曲线看到，血压的波动幅度随着血管的延伸逐渐减小，到小动脉处消失。主动脉的平均血压约为 13.3kPa，到小动脉时降为 11.3kPa，到达毛细血管处变为 4.0kPa，在静脉处继续下降，到靠近心脏的腔静脉血压比大气压还低，降到 −2.7～0.8kPa。由此可见，从主动脉到毛细血管到静脉，血压是一直下降的。

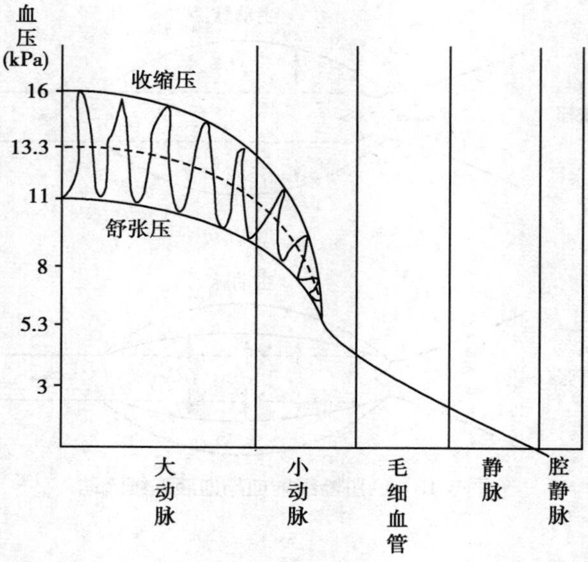

图 3-14 血压曲线

从血压下降的趋势看，小动脉处血压下降幅度最大，约 7.3kPa，下降的幅度几乎是大动脉或毛细血管的 3 倍，这是因为小动脉分支增多，摩擦面积增大，流速也不算小，所以摩擦力做功损耗的能量大，因此，血压下降幅度较大。由泊肃叶方程的学习可知，血流量不变时，小动脉流阻最大，因而血压下降幅度最大。毛细血管虽然摩擦面积增大，但血流得相当慢，平均 1 秒钟约流动 0.28mm，因此，血压下降幅度相对小一些。在血液循环中，血压的这种一直下降的分布态势，主要是因为血液的黏滞性较大，血液流动时要克服内摩擦力做功，损耗能量，距离越远，消耗的能量越多，血压越低。

作为生命体征之一的血压，是心脑血管疾病的重要检查指标之一。收缩压的高低与主动脉的弹性和该处的血容量有关，正常主动脉大动脉具有很好的弹性，半径变化幅度较大，可以缓解心脏收缩时血液大量输出产生的较大压强。如果动脉硬化了弹性减弱，半径难以增大，虽然心脏排血量正常，将会使收缩压升高，这是动脉硬化的显著特点。舒张压的高低与循环系统的外周流阻有关，流阻增大导致舒张压升高。

二、血压计

1. 血压计的构造　水银血压计由开管压强计、橡皮球、袖带等组成（图 3-15）。血压计是以大气压强值为血压的零压强。固定在盒盖内壁的玻璃管上刻有 0～300mmHg，最小分度值为 2mmHg，玻璃管上端和大气相通，下端和水银槽相通，槽内装有水银。橡皮球上端有调节空气压力的阀门。袖带上有两根橡胶管，一根连通打气球，另一根与压强计的水银槽相接。

2. 血压计测量血压的原理　测量时，把袖带缠绕在与心脏同高的左臂或右臂上的肱动脉处，使袖带内的压强通过肌肉施加在肱动脉的外表面，血液的压强是施加在肱动脉的内表面上的。听诊器胸件的感受面紧贴袖带下的肱动脉，可从听诊器听到的血流的声音，而感知血流的状态。

当挤压打气球时，气体通过两根管子同时进入袖带和水银槽，随着气体的增多，水银柱

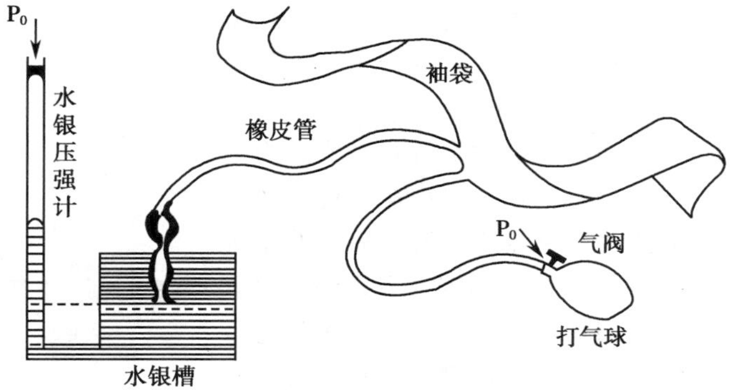

图 3-15　水银血压计

上升，同时袖带膨胀，当袋内气体压强大于收缩压后，肱动脉被压闭，血流中断；这时，缓慢地扭松打气球上的阀门，随着气体的泄出，袖带内的压强减小，同时水银柱下降，当袖带内的压强与收缩压相等时，血流冲过压闭的血管形成湍流，与血管壁摩擦发出较强的声音，由听诊器传入人耳。因为血压是周期性变化的，袖带压强等于收缩压但大于舒张压，心脏舒张期，血管又被压闭，因此，此时血流是断续的，相应的声音是很强的“咚、咚、咚……”声，所以当从听诊器中听到了第一个强音的时刻，水银柱显示的压强数值就是收缩压。

继续释放袖带内的气体，当袖带内的压强与舒张压相等的时候，血管正常张开，血流由断续流动恢复连续流动，由湍流变为层流，与此同时，听诊器中听到的搏动声突然变弱或者消失。所以，当从听诊器中听到了最后一个较强的声音的时候，对应水银柱显示的压强值就是舒张压。在测量血压过程中各项指标的一一对应关系，见表 3-2。

表 3-2　测量血压时各项指标关系

袖带状态	袖带压强	听诊声音	血液流动	计示压强
充气到最大	$P_{袖袋}>P_{收缩}$	无	中断	
放气 1	$P_{袖袋}=P_{收缩}>P_{舒张}$	第一声	断续	$P_{收缩}$
放气 1	$P_{袖袋}=P_{收缩}$	最后一声强音	连续	$P_{舒张}$

只有理解了血压测量的原理，才能够正确地使用血压计为患者测量血压。

临床上界定，收缩压高于 18.7kPa（140mmHg）和（或）舒张压高于 12.0kPa（90mmHg）视为高血压；收缩压低于 12.0kPa（90mmHg）、舒张压低于 8.0kPa（60mmHg）视为低血压。

3．电子血压计　一般医院使用的水银血压计也存在一些固有的缺点，一是确定舒张压比较困难；二是此法凭人的视觉和听觉，带有主观因素，除非专业医生，一般人很难测准血压。电子血压计（图 3-16）的出现使普通人能够测量自己的血压，了解自己的血压变化情况，早期发现问题，及时采取措施。电子血压计由充气袋、电动气泵、压力传感器、电磁气阀、微控制器、液晶显示器等构成。电子血压计操作简单，无需听诊器，血压与心率测量一次完成，从液晶屏数字显示，体积小重量轻，携带方便。

目前，国内外大多数电子血压计都采用示波法。示波法的测量过程中，与柯氏法类似，仍采用充气袖套来阻断上臂动脉血流。由于心搏的血流动力学作用，在袖带压力上将重叠与心搏同步的压力波动，即脉搏波。当袖带压力远高于收缩压时，脉搏波消失。随着袖套压力下降，脉搏开始出现。当袖带压力从高于收缩压降到收缩压以下时，脉搏波会突然增大。到平均压时达到最大值。然后又随袖带压力下降而衰减。

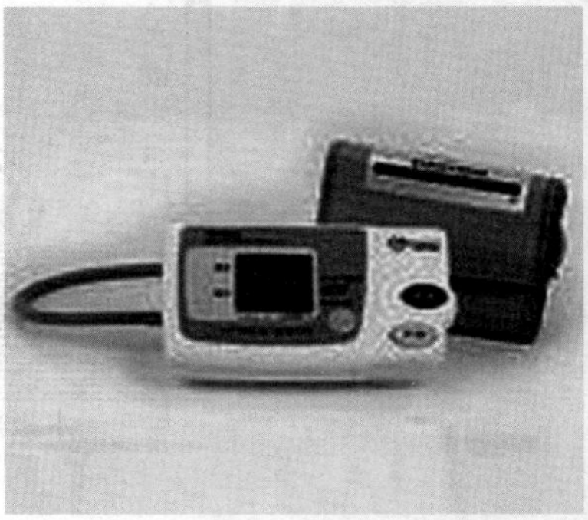

图 3-16 电子血压计

示波法血压测量就是根据脉搏波振幅与袖带压力之间的关系来估计血压的。与脉搏波最大值对应的是平均压，收缩压和舒张压分别对应脉搏波最大振幅的比例来确定。在开始测量前先由气泵将袖带压力升到一定值（这个值可以由血压计自动设定或人工设定）。然后逐步以每秒 4～5mmHg 速度放气，每次检测到的脉搏波的振幅（峰—峰值）及袖带的静压被送入 CPU 进行处理，并根据脉搏的频率计算心率，当检测到收缩压、平均压和舒张压后，打开气阀，使袖带全部放气，完成一次测量过程，并把测量结果保存。整个测量过程由微控制器控制并完成各种计算，最后在液晶显示器上用数字显示出收缩压和舒张压，并同时显示出心率。

4. 血压与高度的关系　伯努利方程是由理想液体得出的，实际上任何液体都很难同时满足方程的条件，在具体应用中往往近似地符合条件就可以利用方程来研究问题。前面提到，液体的压缩性普遍很小，血液也不例外。并且，在因高度的变化引起血压的变化中，血液的黏滞性影响不大，所以，可以应用伯努利方程分析血压与体位高度的关系。人在静息状态时，头部、心脏、足部的血流速度都较小，可以进一步忽略方程中的$\frac{1}{2}\rho v^2$ 项，此时，伯努利方程简写为

$$p+\rho gh=\text{常数}$$

此式表明，均匀管道中流动的液体，高处压强小，低处压强大。此结论在非均匀管道内流速的变化的影响可以忽略时，同样适用。因此可以解释血压与体位的关系。一组测量数据如表 3-3 所示。

表 3-3　人体血压与体位的关系　　单位：kPa

体位	血压	头部	心脏	足部
平卧	动脉压	12.7	13.3	12.7
平卧	静脉压	0.7	0.3	0.7
直立	动脉压	6.8	13.3	24.2
直立	静脉压	−5.2	0.27	12.4

从表中看出，人体由平卧到直立，心脏血压基本不变（动脉压不变，静脉压略低，仅低了 0.03kPa），其他部位，相对心脏的位置变高则血压变小，相对心脏的位置变低则血压变大。由平卧到直立，头部相对于心脏的位置升高了，动脉血压静脉血压都下降了 5.9kPa；足部相对于心脏的位置降低了，血压升高了 11.5～11.7kPa。需要指出的是，人平卧时，心脏、头、足基本在同一高度，但是头和足的动脉压比近心脏的平均动脉压低了 0.6kPa，这是因为血液从心脏流到头和足的过程中，由于血液的黏滞性损耗一些能量所致。测量血压时，需要考虑到测量部位及体位的影响。

小链接

直立性低血压

直立性低血压是老年人的常见病。平卧时血压正常，直立后血压迅速显著下降，称直立性低血压，也称直立性低血压。直立性低血压发生时，即从卧位转到直立位，在重力的作用下，血液回流就会减少，造成暂时的血压降低而出现头重脚轻、头晕、视物模糊甚至晕厥等脑供血不足的症状。

第四节　液体的表面性质及应用

一、液体的表面张力

1. 液体表面层的性质　物质从气态到液态，一个最大变化是分子间距离缩短，分子力作用显著增强，液体分子由于互相吸引，表现出气体所没有的内聚力。由于液体能够流动，所以大量液体在重力的作用下，体现出的形状与所盛液体容器的形状一致，而且液体的体积能基本保持不变，具有气体所没有的自由表面层。液体与气体接触的表面称为表面层。

较大的自由表面是一个平面。但是，少量液体的表面并不是平面，例如，荷叶上的小水滴、草叶上的露珠，都是近似于球形的。

在清洁水平玻璃板上，小的水银滴呈球形，大的水银滴却呈椭球形。这是因为，它们的形状受到重力的影响不同的缘故。如果设法消除重力对液体形状的影响，那么液体就会成为球形。

取一个烧杯，盛入三分之二的水，向杯内滴入几滴菜油，可以看到菜油是浮在水面上的。然后向杯里注入适量的酒精，同时加以搅拌，当水和酒精混合液的密度跟菜油的密度相等时，菜油受到的重力和浮力大小相等，方向相反，重力对它形状的影响完全消除，可以看到，这时菜油不再浮在液面上，而变成大小不同的球形油滴悬浮在混合液中（图 3-17）。

由于在体积相同的情况下，各种形状的物体以球形的表面积为最小。所以，上述实验表明，液体表面有收缩到最小面积的趋势。下面的实验可以证明这一结论是正确的。将一个棉线圈系在金属圆环上，把它浸入肥皂液中然后取出，环上就蒙上一层肥皂薄膜。这时薄膜上的棉线圈是松弛的，如图 3-18（1）所示。然后用热针刺破棉线圈内的那部分薄膜。由于棉线圈外面薄膜表面的收缩，使棉线圈张紧成为圆形，如图 3-18（2）所示。

实验表明，液体的表面层好像张紧的橡皮膜一样，具有收缩的趋势。

2. 液体表面张力　许多事例告诉我们，液体表面具有收缩的趋势。液体表面层内存在的促使液体表面收缩的力，称为表面张力。表面张力的大小与哪些因素有关呢？我们可以通过实验来说明。

M 是金属丝架，它的重量为 G，把 M 挂在弹簧秤下面，当 M 处在空气中时，如图 3-19（1）所示。弹簧秤的示数 $F_1=G$。

将金属丝 M 浸入液体中，然后慢慢匀速提起，让它从液体中逐渐露出来，如图 3-19（2）所示，可以看到弹簧秤的示数不再是 F_1，而是 F_2，且有 $F_2>F_1$。这表明，金属丝从液体中露出时，有附加力的作用。因为金属丝从液体中露出时，上面蒙上一层液膜，此液膜要收缩它的表面，从而使金属丝受到液膜对它的向下拉力，这个拉力就是表面张力。如果用 F 表示液膜断开的瞬间表面张力的大小，F_2 表示液膜断开的瞬间弹簧秤的示数，则

$$F=F_2-F_1$$

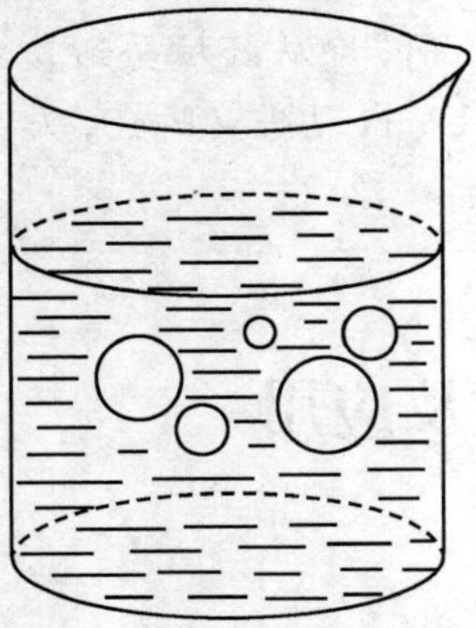

图 3-17 菜油在水和酒精的混合溶液中成球形

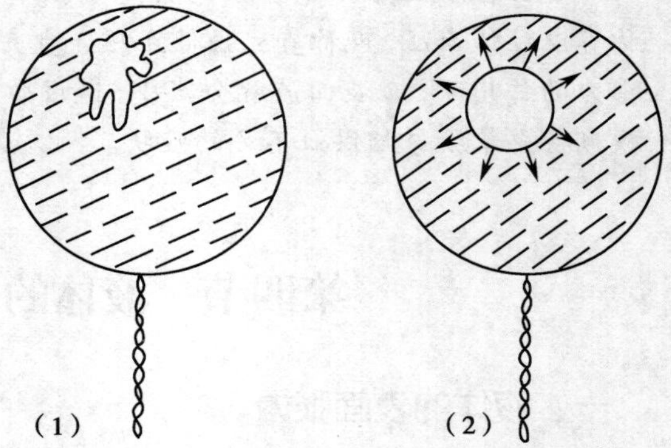

图 3-18 液体表面收缩使棉线圈成圆形

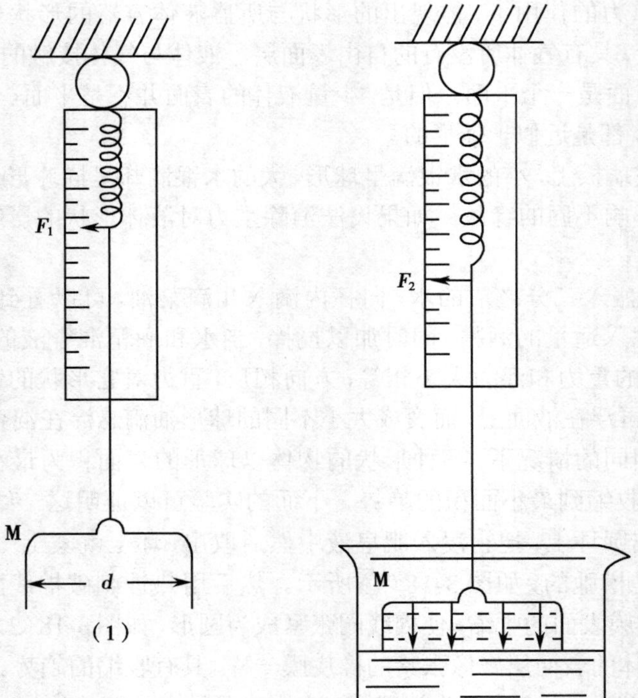

图 3-19 金属丝架从液体中露出时受到表面力的作用

如果保持金属丝的长度不变，用不同的液体来做实验，得到的结果不同。这说明液体表面张力的大小跟液体的性质有关。

就同一种液体，改变金属丝的长度，表面张力也不同。实验结果表明，表面张力的大小跟液面的分界线长度 L 成正比。也就是

$$F=\alpha L \tag{3-12}$$

式中 α 称为表面张力系数，单位由力和长度的单位决定。在国际单位制中，α 的单位是 N/m（牛 / 米）。由式（3-12）可知，α 在数值上等于作用在液体表面单位长度的分界线上的表面张力。因此，各种液体表面张力的大小，可用表面张力系数来衡量。表 3-4 是一些液体的表面张力系数。

表 3-4 几种液体的表面张力系数

液体	t（℃）	α（N/m）	液体	t（℃）	α（N/m）
水	0	7.56×10^{-2}	肥皂液	20	4×10^{-2}
水	20	7.28×10^{-2}	酒精	20	2.2×10^{-2}
水	40	6.96×10^{-2}	水银	20	47×10^{-2}
水	60	6.62×10^{-2}	血浆	20	6×10^{-2}
水	80	6.26×10^{-2}	正常尿	20	6.6×10^{-2}
水	100	5.89×10^{-2}	黄疸尿	20	5.5×10^{-2}

表 3-4 表明，a 的大小不仅跟液体的种类有关，还跟液体的温度有关。一切液体的表面张力系数都随着温度的升高而减小，随着温度的降低而增大。除此之外，表面张力系数还跟液体的纯度有关。

表面张力的方向与液面相切。如果液面是平面，表面张力就在这个平面内；如果液面是曲面，表面张力就在这个曲面的切面上。而且作用在任何一部分液面上的表面张力，总与这部分液面的分界线垂直。

二、浸润和不浸润现象

容器内的液体，一般情况下会出现两个特殊的液面。一个是与空气接触的表面层，另一个是与固体接触的液层，称为附着层。位于附着层上的液体分子和附着层附近的液体分子，它们与液体内部的分子所处状态不同，一方面受内部液体分子的作用，同时又受固体分子的作用，固体分子对附着层上液体分子的作用力称为附着力。液体分子对附着层上液体分子的作用力称为内聚力。

1．浸润现象 液体跟固体接触时，附着层面积趋于扩大，液体与固体相互附着的现象，称为浸润现象。其原因就是附着力大于内聚力，附着层的面积趋于扩大，出现浸润现象。把一块干净的玻璃片浸入水中再取出来，可以看到玻璃片的表面带有一层水膜；在干净玻璃板上滴一滴水，水就沿着玻璃表面向外扩展，附着在玻璃片上，形成薄层。同样，把一块干净的锌板浸入水银里再取出来，锌板表面带有一层水银；在干净的锌板上滴一滴水银，水银扩展附着在锌板上，形成薄膜（图 3-20（1））。

2．不浸润现象 液体跟固体接触时，附着层面积趋于缩小，固体与液体不能相互附着的现象，称为不浸润现象。其原因就是附着力小于内聚力，附着层的面积趋于缩小，出现不浸润现象（图 3-21（1））。把石蜡浸入水中再取出来，水不能附着在石蜡的表面；把水滴在石蜡上，水不但不扩展成薄层，反而呈球形。同样，把一块干净的玻璃板浸入水银里再取出来，

水银不能附着在玻璃板的表面；把水银滴在玻璃板上，水银不但不扩展成薄层，反而呈球形。

能够浸润固体的液体，称为浸润液体；不能浸润固体的液体，称为不浸润液体。

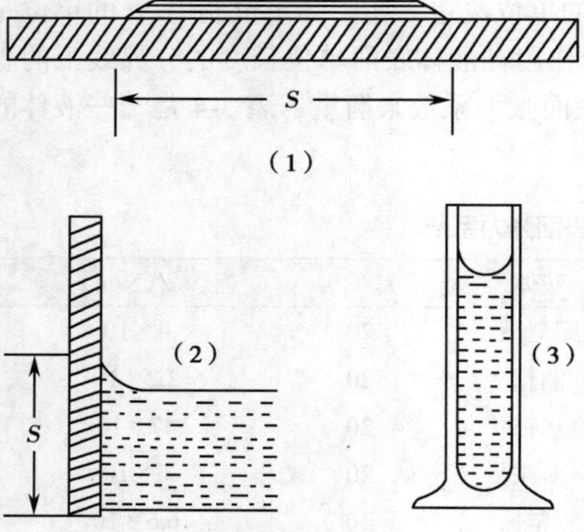

图 3-20 浸润现象

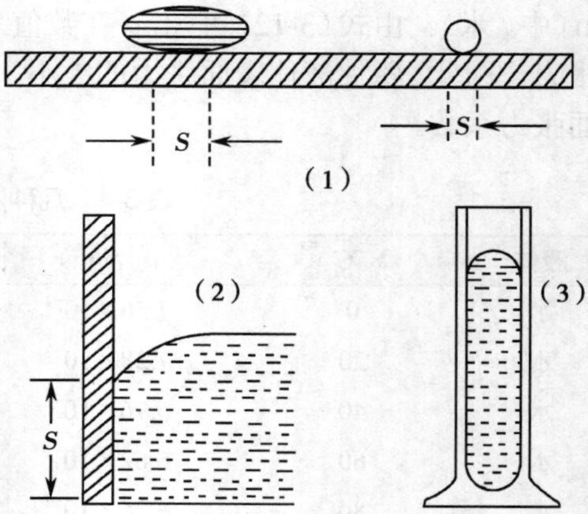

图 3-21 不浸润现象

小链接

浸润与不浸润的相对性

值得注意的是：水能浸润干净的玻璃，但不能浸润石蜡。水银能浸润干净的锌板，但不能浸润玻璃。液体能不能浸润固体，不是单纯由液体或固体单方面的性质来决定，而是由它们两者的性质共同决定。浸润和不浸润的现象，是由附着层的特殊情况决定的。

在附着层里，如果固体分子对液体分子的附着力，比液体分子之间的内聚力强，那么，附着层里分子的分布就会比液体内部的分子更密一些，分子之间的相互作用力表现为斥力，这时，附着层就有扩大的趋势，液体能够浸润固体。

在附着层里，如果固体分子对液体分子的附着力，比液体分子之间的内聚力弱，那么，附着层里分子的分布就会比液体内部稀疏，与表面层液体分子所处的状态相似，分子之间的相互作用力表现为引力，这时，附着层就有缩小的趋势，液体不能够浸润固体。

液体盛在容器里的时候，器壁附近的液面不是平面，而是弯曲的形状。如果液体是浸润器壁的，靠近器壁处的液面向上弯曲，在内径很小的管中现象比较明显，液面就呈凹形（图 3-20（2）（3））；如果液体是不浸润器壁的，靠近器壁处的液面向下弯曲，在内径很小的管中，液面就呈凸形（图 3-21（2）（3））。

三、弯曲液面的附加压强

1. 弯曲液面的附加压强　静止液体的自由表面，一般是水平面，但是，在靠近器壁处的液面则常成弯曲液面，在内径很小的容器里，液面则成弯月面。由于表面层相当于一个拉紧了的膜，弯曲液面与水平液面相比，弯曲液面上的表面张力有拉平液面的趋势，从而对液面下的液体产生了附加压强。

在静止的液体表面上，选一个面积为 S 的圆面作为研究的对象，此液面内外的压强分别用 $P_{内}$ 和 $P_{外}$ 表示，此液面所受到它周围液面对它作用的表面张力 F 的合力记作 $\sum F$。

如果液面是水平面，如图 3-22（1）所示，表面张力 F 也是水平的，当圆面平衡时，沿周界的表面张力相互抵消，即 $\sum F=0$（表示合力为零）。因而这时

$$P_{内}=P_{外} \tag{3-13}$$

对于凹面来说，如图 3-22（2）所示。由于表面张力垂直于弯曲液面的分力之和不为零且方向向上，即指向弯曲液面球心所在的那一边，此力所产生的附加压强 P_S 也指向弯曲液面的球心所在的那一边，因而有

$$P_{内}=P_{外}-P_S$$

与水平液面下的液体相比较，凹面下液体多受到一个负的附加压强的作用。即

$$P_{内}<P_{外} \tag{3-14}$$

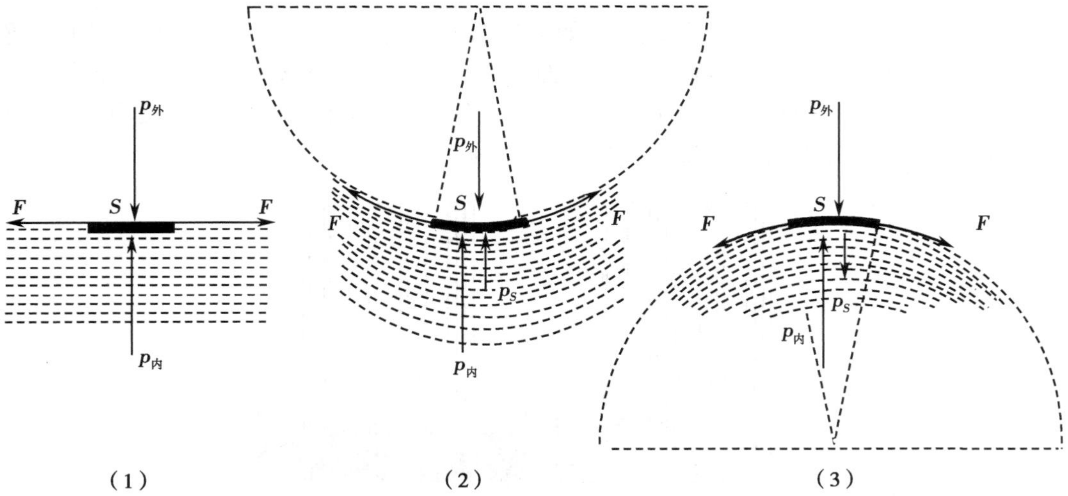

图 3-22 弯曲液面的附加压强

对于凸面来说，如图 3-22（3）所示。因表面张力方向与球面相切，其水平方向分力互相平衡，而垂直方向的分力互相叠加，即垂直方向的表面张力合力不为零，且方向向下，指向球心所在的那一边。此力所产生的附加压强 P_S 也指向弯曲液面的球心所在的那一边，因而有

$$P_{内}=P_{外}+P_S$$

与水平液面下的液体相比，凸面下液体多受到一个正的附加压强的作用。即

$$P_{内}>P_{外} \tag{3-15}$$

所谓附加压强，即当液面是弯曲液面时，由于表面张力的存在，所产生的作用于液体单位面积上的附加压力，我们把它称为附加压强。

综上所述，弯曲液面和水平液面相比，弯曲液面有附加压强产生，此压强的方向总是指向弯曲液面所在球面球心，从而使弯曲液面内外压强不相等。

2. 附加压强的大小　附加压强 P_S 大小与哪些因素有关呢？在图 3-22 中，设 S 面正好是一个半径为 R 的半球面，其液体的表面张力系数为 α。因为此时液面的周界线长 $L=2\pi R$，所以作用在整个周界线的表面张力都与半球液面相切并沿竖直方向，它们的合力也沿竖直

方向，其值为$\sum F=\alpha 2\pi R$。此力垂直作用在面积为πR^2的液体截面上，所产生的压强就是作用在这个面积下的液体的附加压强。因此有

$$P_S=\frac{2\alpha}{R} \tag{3-16}$$

式(3-16)说明，弯曲液面产生的附加压强的大小，与液体表面张力系数成正比，与弯曲液面的半径成反比。对于液滴来说，液滴内部液体压强比外部空气压强大$\frac{2\alpha}{R}$。对半径为R的液泡来说，泡内的压强比外部空气压强大$\frac{4\alpha}{R}$，因为液泡有两个表面层。

四、毛细现象

1. 毛细现象　把几根内径不同的玻璃细管插入水中，管内的液面比容器里的水面高。管子的内径越小，管内液面上升得就越高。如果把这些细玻璃管插入水银中，所发生的现象恰好相反，管内的水银面要比容器里的水银面低些。管子的内径越小，管内水银面就越低。如图 3-23 所示。像这种浸润液体在细管里液面上升和不浸润液体在细管里液面下降的现象，称为毛细现象。能够发生毛细现象的管子，称为毛细管。

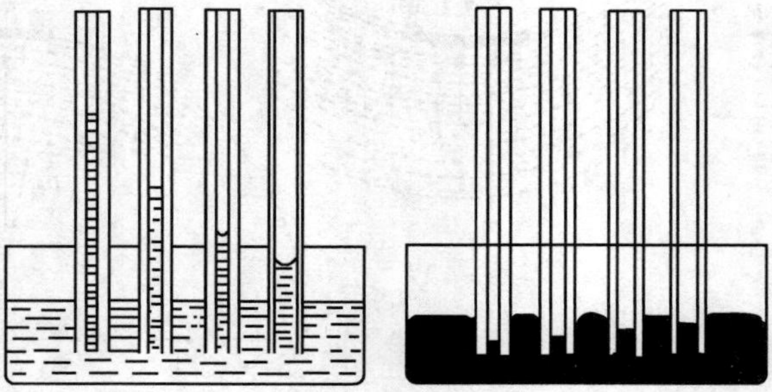

图 3-23　毛细现象

由于浸润液体与毛细管的内壁接触的附着层里存在着排斥力，这个排斥力就使附着层的液体沿着管壁上升。这部分液体上升又引起了液面的弯曲，使液体表面变大。但由于表面层的表面张力的收缩作用，管内液体也随着上升，以减小液面的面积，直到表面张力向上的牵引作用与管内升高的液柱所受的重力相等时，管内的液体才停止上升，达到平衡。

利用同样的分析方法，也可解释不浸润液体在毛细管中下降的现象。

2. 毛细管中的液柱高度计算　如图 3-24，假定弯曲液面是半径为 R 的半球面，这时管内弯曲液面产生的附加压强为$P_S=\frac{2\alpha}{R}$，是向上的，因而液面下的压强P大于大气压P_0，所以液体要上升，直到升高的液柱产生的压强ρgh与附加压强相等时为止，从而有

$$\rho gh=\frac{2\alpha}{R}$$

由此得到

$$h=\frac{2\alpha}{\rho gR} \tag{3-17}$$

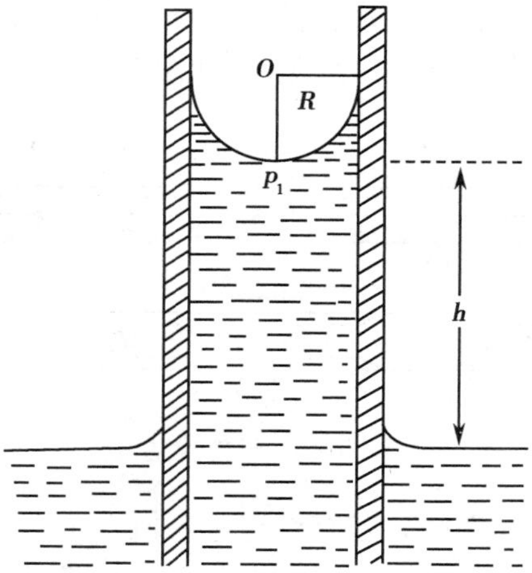

图 3-24 浸润液体在毛细管中上升的示意图

此式说明，在毛细管内浸润液体上升的高度与表面张力系数成正比，与毛细管内部的半径和液体的密度成反比。

关于不浸润液体在毛细管里下降的高度，式(3-17)同样适用，只不过 h 表示的是液体在毛细管里下降的高度。

毛细现象不仅在细管中可以看到，在日常生活中，也有很多具有毛细管的物质，例如毛巾、毛笔、棉布汗衫等。

毛细现象在农业上有很重要的意义。土壤里有很多毛细管，地下的水分会沿着这些毛细管上升到地面蒸发掉。如果要保存地下的水分来供植物的根部吸收，应当锄松地面附近的土壤，破坏这些土壤里的毛细管，减少水分的蒸发。相反，如果想把地下的水分引上来，不但需要保存土壤里的毛细管，还要使它变得更细更多，这时就要用滚子来压紧土壤。毛细现象在医学上也有很重要的意义。例如，用脱脂棉擦去创伤面的污液，就是利用棉花纤维间的毛细作用；外科手术用的缝合线，必须经过蜡处理，其目的就是为了封闭线中的缝隙，以杜绝因毛细作用而引起细菌感染。

五、气体栓塞

浸润液体在细管中流动时，如果管中有气泡，液体的流动将受到阻碍，如果管中有一连串的气泡，管中液体可能完全被堵塞，这种现象称为气体栓塞。

气体栓塞的产生是由于弯曲液面有附加压强。下面我们用血液在血管中的流动来说明这一问题。

在一段平直的血管中，浸润液体——血液自左向右流动。假如由于某种原因血管中进入气泡，在气泡刚进入血管时，气泡两端的弯曲液面弯曲程度相同，左侧弯曲液面产生的向右的附加压强 P_{AS} 与右侧弯曲液面产生的向左的附加压强 P_{BS} 大小相等、方向相反，刚好抵消，此时气泡对血液流动没有阻碍作用，如图 3-25(1)所示。当气泡随着血液向右流动起来后，其两端弯曲液面的弯曲程度发生变化，左侧弯曲液面弯曲程度减小，而右侧弯曲液面弯曲程度增大，从而导致左侧弯曲液面产生的向右的附加压强 P_{AS} 小于与右侧弯曲液面产生的向左的附加压强 P_{BS}，这个气泡产生的总的附加压强为 $\Delta P_S = P_{BS} - P_{AS}$，方向向左，对血液的流动产生阻碍作用，如图 3-25(2)所示。当血管中出现多个气泡时，每个气泡都产生 ΔP_S

的附加压强阻碍血液流动，如果血管两端的压强不足以抵消血液中所有气泡产生的总的附加压强，血液就会停止流动，发生气体栓塞现象，如图 3-25（3）。

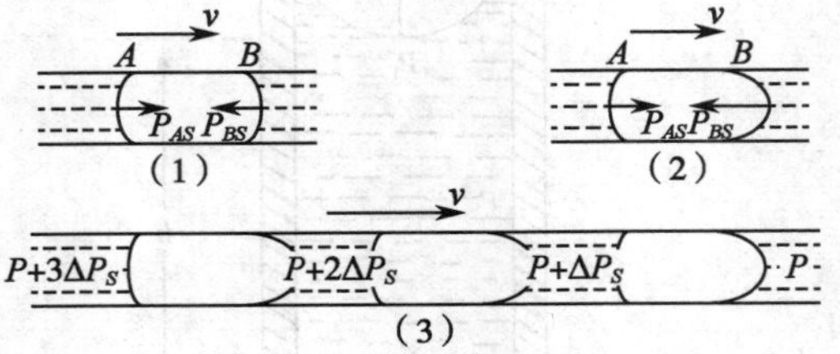

图 3-25 气体栓塞

血管里是不允许有气泡存在的。若有气泡进入血管，气泡很小，可以被血液带入肺内经肺排出，若气泡大于血管的内径时，气泡对血管内的血液流动就有明显的阻力，如果有一连串气泡，就会把血管完全堵塞，使血液循环完全停止，甚至使血管发生破裂。

小链接

血管中出现气泡的情况

人体血管中出现气泡有四种可能：①静脉注射时，空气有可能随药液一起进入血管，在注射前注射器及输液管内的排气就是为了避免这种可能情况的出现；②颈静脉受伤时，由于该处的静脉压低于大气压，空气可能自行进入血液中；③外科手术时空气有可能进入血管；④由于气压的突然下降，原来溶于血液中的氮气因释放太快而形成气泡在血管中析出，若微血管中析出的气泡过多，就会阻碍血液的流动，出现气体栓塞。故处于高压环境中的人员是不能过快地回到低压环境中来的。

六、表面张力在呼吸中的作用

弯曲液面产生的附加压强，对于理解肺泡的正常生理功能有一定帮助。肺是人体呼吸器官的一个主要部分，它内部含有许多肺泡，肺泡是气体交换场所。肺泡膜上有肺泡孔，这些肺泡孔能使邻近肺泡之间相通。肺泡的内表面具有一层液体与肺泡内气体形成表面层，使肺泡表面产生附加压强，肺泡内压强比肺泡外大。肺泡形状大小不一，为什么肺泡间能处于压强平衡，小肺泡不萎缩呢？

肺泡的半径在吸气开始时约为 0.05～0.1mm。它的内壁附有一层黏性组织液。这种液体在正常情况下的表面张力系数约为 0.05N/m。把肺泡看作是球状，这层液膜产生的附加压强是

$$P_S=\frac{2a}{R}=\frac{2\times 0.05}{0.05\times 10^{-3}}=2\times 10^3\text{Pa}=15\text{mmHg}$$

这就是说，要使肺泡能扩张吸气，肺泡内外的压强差最低要达到 15mmHg。通常在吸气时，肺泡内的压强应比大气压强低 3mmHg，使空气可以通过气管进入肺泡。肺泡外的压强应该比大气压低 18mmHg。但实际上肺泡外胸腔的负压只有 4mmHg，肺泡内外的压强差只有 1mmHg，比要求的数值低。这一实际问题是怎样解决的，我们来进一步分析。

肺表面活性物质的作用在呼吸过程中，上述这个困难是通过降低肺泡壁的表面张力来

克服的。肺泡壁分泌一种表面活性物质(磷脂类物质),它可以使肺泡的表面张力下降,这就可以使肺泡在胸腔的负压下正常吸气。另外应该指出的是,肺泡的表面张力是随肺泡的大小发生变化的。肺泡内的表面活性物质的量是保持一定的。当肺泡扩张时,肺泡内表面积增大,单位面积上表面活性物质的浓度相对减小,表面张力系数增大,以保持附加压强的相对稳定。在肺泡缩小时,肺泡内表面积减小,单位面积上表面活性物质的浓度相对增大,表面张力系数减小,所产生的附加压强不变。如果不是这样,假定肺泡的表面张力保持不变,则当肺泡扩大时,附加压强由于半径增加而越来越小,扩大将继续进行直至肺泡破裂为止。反过来当肺泡缩小时,附加压强不断增加,肺泡最后完全闭合。这就会使正常的呼吸无法进行。

人的肺泡总数约为3亿个,各个肺泡大小不一,且同一气室内的肺泡有些是相通的。当两液泡的表面张力系数相等时,小泡内的压强大于大泡内的压强,小泡内的气体将不断地流向大泡,直至使小泡趋于萎缩。但是这种情况在肺泡里并没有出现,原因也是上述表面活性物质的作用。表面活性物质在呼吸过程中调节着大小肺泡的表面张力系数,从而稳定大小肺泡内的压强,使小肺泡不致萎缩,而大肺泡又不致过分膨胀。如果表面活性物质缺乏,则很多肺泡将因大小不等而无法稳定,表面张力增大,功能就发生障碍,易于发生肺部不张症。

子宫内胎儿的肺泡为黏液所覆盖,附加压强使肺泡完全闭合。临产时,肺泡壁分泌表面活性物质,以降低黏液的表面张力系数。但新生儿仍需以大声啼哭的强烈动作进行第一次呼吸来克服肺泡的表面张力,以获得生存。

本章小结

一、理想液体的流动

1. 连续性原理　不可压缩的液体连续不断地在一根管中稳定流动时,并且在管子的侧壁没有液体流入流出,那么,管中任意一个横截面处的流量都是相等的,这一结论称为理想液体的连续性原理。

2. 压强与流速的关系　理想液体连续在水平管中稳定流动时,流速大处压强小,流速小处压强大。

二、实际液体的流动

1. 黏滞性　液体具有内摩擦力的性质称为液体的黏滞性。

2. 泊肃叶方程　黏滞性液体在粗细均匀的水平管中稳定流动时,其流量与管两端的压强差成正比,与流阻成反比

$$Q=\frac{\Delta p}{R}$$

三、血液的流动(血压计)

1. 血液的流动规律

2. 血压计

四、液体的表面性质及应用

液体表面有收缩到最小面积的趋势。促使液体表面收缩的力,称为表面张力。当液面是弯曲液面时,由于表面张力的存在,所产生的作用于液体单位面积上的附加压力,我们把它称为附加压强。

知识拓展

冠状动脉支架植入术与冠状动脉旁路移植术

在心血管中，如果由于内壁出现斑块等原因而造成狭窄，导致血流不畅，供血不足，影响健康甚至生命。现在临床上常用冠状动脉支架植入术与冠状动脉旁路移植术来进行治疗。

冠状动脉支架植入术是经皮冠状动脉介入治疗（PCI）中的一种技术，是指用经皮穿刺的方法，即穿刺大腿窝部的股动脉或手腕部的桡动脉部位，将带有球囊的扩张管插入到冠状动脉狭窄部位，然后充气加压，使球囊扩张，通过对冠状动脉壁上粥样斑块的机械挤压及牵张作用，减少血管狭窄的程度。少部分患者的被扩张的冠状血管因血管弹性回缩、血管内膜增生、血栓形成等各种原因导致血管重新发生狭窄，即再狭窄，从而导致胸痛、胸闷症状再出现。

为减少再狭窄及一些并发症的发生，在狭窄血管被扩张后，于被扩张的血管部位再放置一个支架。支架多是由合金制成的非常精细的呈网状管柱样，支架的直径和长度根据狭窄病变的血管直径和长度而决定。随着设备、材料和技术的提高，有的情况下可以不进行血管扩张，直接把支架放置到血管狭窄部位。为预防支架内狭窄，近年来研制出药物涂层支架，在支架的表面涂有一种特殊药物，可防止或减少支架内再狭窄的发生。

冠状动脉旁路移植术又被形象地称为心脏搭桥手术。冠状动脉狭窄多呈节段性分布，且主要位于冠状动脉的近中段，远段大多正常。心脏搭桥手术就是当冠状动脉中段发生了狭窄时，在患者身上取下一段血管，两端分别缝合在近段和远段动脉上，使血液绕过狭窄的中段而从“桥”上通过，维持血液的正常循环。根据病情，有的需要在被当作“桥”的血管上同时开几个侧孔，分别与几支冠状动脉缝合，这就是所谓的序贯搭桥或蛇形桥。还有的患者需要建立多支“桥”，以全面改善心肌缺血状况。

心脏搭桥术后良好的血液供应被重新建立，对冠心病患者起到缓解症状、预防猝死、提高生活质量的目的。

（余　艳）

目标测试

一、名词解释

1. 稳定流动　　2. 流量　　3. 浸润现象　　4. 气体栓塞

二、填空

1. 水在一条宽度相同的河里流动，河水流速大的地方一定__________，河水流速小的地方一定__________。

2. 雾化吸入器、喷雾器、水流抽气机都是根据__________的原理制成的仪器。

3. 浸润液体在细管里液面__________和不浸润液体在细管里液面__________，称为__________。

4. 球形液膜内的压强__________球形液膜外的压强。

三、单项选择

1. 关于液体的表面张力，下列叙述正确的是
   A. 表面张力只有大小，没有方向
   B. 同一种液体，温度升高，表面张力增大
   C. 表面张力的大小与液体的纯度无关
   D. 表面张力的大小与分界线的长度成正比
2. 表面张力系数的单位是
   A. N/m　　B. N/kg　　C. N/m^2　　D. m^{-2}
3. 液体内部分子对附着层上液体分子的作用力称为
   A. 表面张力　　B. 附着力　　C. 吸引力　　D. 内聚力
4. 关于表面张力系数大小叙述正确的是
   A. 仅与液体的种类有关　　B. 随温度的升高而增大
   C. 决定于液体种类、温度和纯度　　D. 掺入杂质后液体表面张力系数增大

四、判断

1. 消防水管的喷口变小的目的是加快水的流速。(　)
2. 平躺睡眠时，头部和脚部的血压改变，但主动脉的血压不变。(　)
3. 液体表面有收缩到最小面积的趋势。(　)
4. 液体的表面张力系数随着温度升高而增大。(　)
5. 附加压强的方向指向弯曲液面的球心。(　)
6. 润湿液体在细管内液面下降。(　)

五、计算

1. 自来水管两处截面直径比为$\frac{d_1}{d_2}=\frac{1}{2}$，细管处的流速为2m/s。求粗管处的流速是多少？

2. 试求水在直径为0.2mm的清洁玻璃管中，水面上升的高度（水的表面张力系数 $a=7.2\times10^{-2}$N/m，水的密度 $\rho=1\times10^3$kg/m^3，$g=9.8$m/s^2）。

六、问答

1. 理想液体稳定流动时，其流速、压强与管的横截面积有什么关系？
2. 实际液体稳定流动时，遵循什么规律？

第四章　热学基础及应用

学习目标

掌握理想气体的状态参量，会用状态参量描述理想气体的状态；了解理想气体状态方程，能进行简单的计算；了解分压定律及其在医疗实践中的应用。

熟悉大气压、虹吸现象，了解正压、负压的含义及在医疗中的应用。

了解饱和汽的形成和饱和汽压的概念及影响因素；了解干湿泡湿度计的组成，熟悉湿度的概念、测量及计算。

人类与热现象有着千丝万缕的联系，热现象无处不在，与人们的生活息息相关。如电视台每天预报天气情况（如晴雨、气温、风力），有时还会预报气压、相对湿度、舒适度等。复杂多变的天气是大气运动造成的，天气预报需要对大气的运动、变化进行测量和分析，这就需要掌握气体的状态及其变化规律。本章我们将从气体状态参量入手，着重介绍理想气体状态方程，道尔顿分压定律，大气压、正压、负压的应用，空气的湿度及其对人体的影响等几个与医学联系紧密的热学问题及其规律。

第一节　气体状态参量

气体的状态可以用体积 V、压强 P、温度 T 等来描述，它们能够反映气体所处的状态，所以，我们把气体的体积 V、压强 P 和温度 T 等物理量称为气体的状态参量。

一、温度、体积和压强

（一）温度

温度是表示物体冷热程度的物理量。气体的温度是表示气体冷热程度的物理量，是气体分子热运动剧烈程度的量化反映。要定量地确定温度，必须有具体的数值，温度数值的表示方法称为温标。温标是对温度的零点和分度法所作的规定。我国目前常用的温标有摄氏温标和热力学温标。

1. 摄氏温标　日常生活中常用的温标是摄氏温标。摄氏温标的规定是：在标准大气压（1.013×10^5Pa）下，冰的熔点为0℃，水的沸点为100℃，中间分为100等份，每份为1℃。用摄氏温标表示的温度称为摄氏温度，用 t 表示，单位是摄氏度（℃），如人的正常体温为37℃，读作37摄氏度。

2. 热力学温标　在科学研究中，使用热力学温标更为方便，因此在国际单位制中，用热

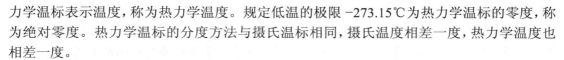

力学温标表示温度，称为热力学温度。规定低温的极限 −273.15℃为热力学温标的零度，称为绝对零度。热力学温标的分度方法与摄氏温标相同，摄氏温度相差一度，热力学温度也相差一度。

热力学温度用 T 表示，单位是开文尔（K），简称开。

热力学温度 T 与摄氏温度 t 在数值上的换算关系是

$$T = t + 273.15 \tag{4-1}$$

当 $t = -273.15$℃时，$T = 0$K 即 0K = −273.15℃

为了简便计算，可近似取 −273℃为绝对零度，由此，上式可写成

$$T = t + 273$$

温标还有其他的规定方法，比如在英、美等国家比较普遍使用的是华氏温标。

3．温度计　能够测定物体温度的仪器叫温度计。我们常用的温度计是填充液体式温度计，它有酒精温度计、水银温度计和煤油温度计三种。它们的构造都是一根两端封闭的玻璃管，一端有内腔较大的但仍和玻璃管身相通的玻璃泡，玻璃泡中盛满酒精、水银或煤油，管身内径很小，极均匀，且抽成真空。它们测量温度的原理都是利用物质热胀冷缩的特性。

用来测量人体温度的温度计称体温表，它是水银温度计。它的结构特点是玻璃管内径特别细，不足 0.1mm，尤其是玻璃泡接口处更为狭窄。此外，管身外表一侧有一层不透明物质，其对侧面的曲率比较大。白色不透明物质做背景有衬托水银柱的作用，其对侧较大的曲率能使水银柱有较大的可视度。接口处特别狭窄，使测量体温时水银柱一旦升上去，离开人体后由于冷却收缩，接口处与玻璃泡中水银断开，细管内水银就留在了管中，无法返回玻璃泡，显示的就是当时人体的温度。要使管中水银柱返回玻璃泡，可握住体温计上方，用腕力向下轻甩。认读体温表的正确方向，是从透明侧向白色物质看过去。测量前，须看体温表中的水银柱是否全在泡中，若管中有水银线，就向下甩至泡中再用，否则，可能导致测量不准。一般体温表的读数范围是 34～42℃，可精确到 1/10℃。

（二）体积

由于气体分子间的作用很小，分子的热运动使气体总是要充满整个容器，所以气体的体积就是容器的体积，可见气体的体积是由容器的容积决定。

在国际单位制中，体积的单位是立方米（m^3），常见的单位还有升（L）、毫升（ml）等。

$$1L = 1000cm^3$$

$$1ml = 1cm^3$$

因此

$$1m^3 = 10^3L = 10^6ml$$

（三）压强

气体对器壁有压力的作用，这是气体分子频繁地碰撞器壁而产生的。用打气筒把空气打到自行车的车胎里去，会把车胎胀的很硬，就是因为空气对车胎有压力。气体作用在器壁单位面积上的压力称为气体的压强。

国际单位制中，压强的单位是帕斯卡（Pa），简称帕，$1Pa = 1N/m^2$。压强的单位还有毫米汞柱（mmHg）和标准大气压（atm）。

$$1atm = 760mmHg = 1.013 \times 10^5Pa$$

二、理想气体状态方程

日常生活中，我们会见到这样的现象：夏天自行车轮胎放在太阳光下曝晒很容易胀破；

气不是很足的篮球，放在烈日下晒一晒，感觉气要足一些，这说明车胎和篮球内的气体温度升高时，压强增大了；踏瘪了的乒乓球放在沸水里泡一泡，它就会重新鼓起恢复原状，这说明球内的一定量气体受热温度升高后，体积膨胀了；生活中的许多现象都表明，温度、压强、体积这三个描述气体状态的物理量是有密切关系的。对一定质量的气体来说，温度、压强和体积中任何一个状态参量发生变化，都会引起其他状态参量的变化。

分子运动理论告诉我们，分子有大小，分子间还存在相互的作用力。为了研究问题方便，我们将分子间作用力和分子体积完全可以忽略的气体称为理想气体。理想气体是一种理想化模型，真正的理想气体实际中是不存在的。但是，实际气体在密度很小和温度不太低时，都可近似地看作理想气体。

对于一定质量的气体来说，如果温度、压强和体积这三个量都不改变，我们就说气体处于平衡状态中，当气体的状态发生变化时，通常是这三个物理量同时发生变化。通过实验研究得出：

一定质量的气体，其压强和体积的乘积与热力学温度之比，在状态变化中始终保持不变，即

$$\frac{PV}{T}=\text{恒量} \tag{4-2}$$

我们把这个公式称为理想气体的状态方程。

一定质量的气体从初状态(P_1, V_1, T_1)变到末状态(P_2, V_2, T_2)上式可表示为

$$\frac{P_1V_1}{T_1}=\frac{P_2V_2}{T_2}$$

这是理想气体状态方程的另一种表达形式。

如果压强、体积、温度中有一个量不变，其余两个量间的关系，也可以由上式推导出：

1．气体的等温变化（等温过程） 玻意耳—马略特定律：一定质量的气体在保持温度不变时，气体的压强跟体积成反比。即

$$PV=\text{恒量} \quad \text{或} \quad P_1V_1=P_2V_2=\cdots=P_nV_n$$

小链接

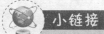

玻意耳—马略特定律 $PV=C$（恒量），其中恒量 C 不是一个普通恒量，它随气体温度的升高而增大，温度越高，恒量 C 越大。

2．气体的等压变化（等压过程） 盖•吕萨克定律：一定质量的气体，在压强保持不变时，气体的体积与热力学温度成正比。即

$$\frac{V}{T}=\text{恒量} \quad \text{或} \quad \frac{V_1}{T_1}=\frac{V_2}{T_2}=\cdots=\frac{V_n}{T_n}$$

3．气体的等容变化（等容过程） 查理定律：一定质量的气体，在体积保持不变时，气体的压强与热力学温度成正比。即

$$\frac{P}{T}=\text{恒量} \quad \text{或} \quad \frac{P_1}{T_1}=\frac{P_2}{T_2}=\cdots=\frac{P_n}{T_n}$$

上述三个气体实验规律都是在压强不太大、温度不太低的情况下总结出来的。压强很大或温度很低时，气体都已液化，甚至变成固体，气体的实验定律就不再适用。

三、混合气体的压强

（一）道尔顿分压定律

混合气体与人体的生存活动有密切关系，在实际中常常见到由多种气体构成的混合气体，如空气，通常把混合气体中的每一种气体称为组分气体。如果组分气体之间不发生化学作用，则组分气体各自充满整个容器，并对器壁施加压力，产生各自的压强。

1801 年英国科学家道尔顿指出：混合气体的总压强 P 等于各组分气体的分压强 P_i 之和。这就是道尔顿分压定律。即

$$P=P_1+P_2+P_3+\cdots+P_n \tag{4-3}$$

式中的 P 表示混合气体的压强，P_1、P_2、$P_3\cdots P_n$ 分别表示各组分气体的分压强。

某种气体的分压值大小与它在混合气体中分子数所占的百分比成正比关系，同温、同体积，气体的压强之比等于分子数之比。

实验表明，混合气体中任何一种气体都是从其高分压处向低分压处扩散，即其扩散流动的方向只取决于该气体的分压，而与总压强及其他气体的分压强无关。

（二）分压在呼吸过程的作用

呼吸的过程是气体交换的过程。气体交换包括肺换气和组织换气，都是以单纯扩散方式实现的，气体总是由分压高处向分压低处扩散，直至动态平衡。因此，存在于生物膜两侧的各气体分压差是气体交换的动力，并决定气体扩散的方向。

1. 肺换气　如图 4-1 所示。当静脉血流经肺毛细血管时，肺泡内 O_2 分压（表 4-1）高于静脉血中 O_2 的分压，所以 O_2 由肺泡扩散进入静脉；静脉血中 CO_2 分压高于肺泡内 CO_2 的分压，CO_2 由静脉向肺泡扩散。O_2 和 CO_2 的扩散都极为迅速，仅需约 0.3 秒计可达到平衡。经过气体交换后，静脉血变成动脉血。

表 4-1　肺泡、血液及组织内氧和二氧化碳的分压（kPa）

位置	O_2	CO_2
肺泡中	13.6	5.3
静脉血	5.3	6.1
动脉血	13.3	5.3
组织中	4.0	6.7

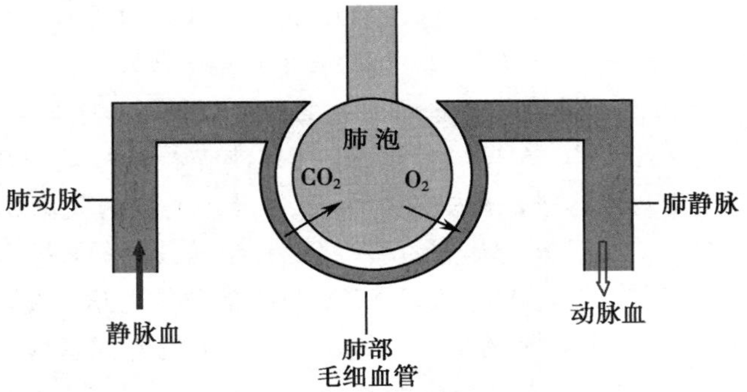

图 4-1　肺泡内气体交换示意图

2．组织换气　如图 4-2 所示。在组织处由于组织细胞在新陈代谢过程中不断消耗 O_2 和产生 CO_2，使组织内 O_2 分压低于动脉血中的 O_2 分压，于是动脉血中 O_2 向组织扩散；同时组织中 CO_2 分压高于动脉血 CO_2 分压，CO_2 由组织扩散进入血液，经过组织换气使动脉血变成静脉血。

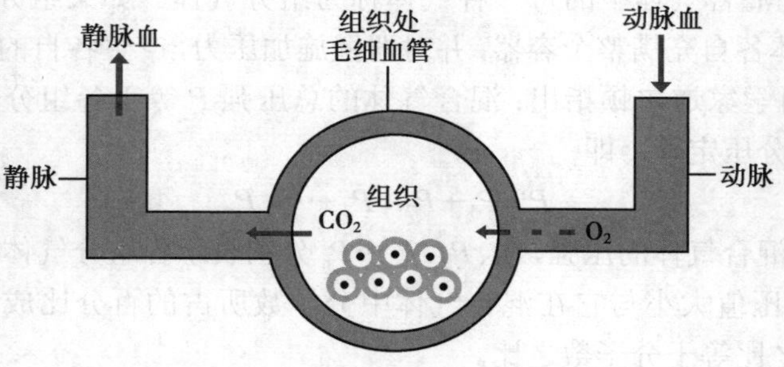

图 4-2　组织内气体交换示意图

第二节　大气压、正压和负压

一、大气压与虹吸现象

1．大气压　地球周围包围着一层厚厚的空气，称为大气，是一种混合气体。它产生的压强称为大气压强，常用 P_0 表示。地球上的一切物体都要受到大气压的作用。我们把 0℃时，北纬 45° 的海平面上的大气压强称为标准大气压强，其符号是 atm。一个标准大气压相当于 760mmHg 所产生的压强，即

$$P_0 = \rho gh = 13.6 \times 10^3 \times 9.8 \times 0.76$$

所以

$$P_0 = 101.3\text{（kPa）}$$

小链接

如果没有大气压

人类要飞出地球、离开大气的海洋，首先要克服失掉大气压的威胁。人类一直生活在大气压的包围之中，身体的各个部分都与体外的大气保持紧密联系。如果人体突然暴露在没有大气压的空间，会造成什么样的危害呢？

首先是“爆炸性缺氧”。由于这时体内的压强比外界压强高好几倍，人不但吸不进氧气，反而因为体内的氧气压力极高，氧气被呼出了。一旦缺氧。十余秒钟之内，大脑就会失去一切活动能力。而要在这十余秒之内自救，几乎是不可能的。

紧接着就是“气势胀人”。人体内的水分、气体都保持着一定的压强，与大气压相平衡。一旦失压，气体马上膨胀，体内空腔扩张，像升入高空的气球爆炸一样。接着就是大量水分变成了蒸汽，皮下形成大量水汽，把皮肤胀的鼓鼓的，成了“水膨人”。

航天实践证明，人可以在失重情况下生活，却连半秒钟失压也受不了，只能生活在标准大气压中。为了保证宇航员的安全，宇宙飞船的主舱都是密封舱，里面用人工制造一个大气环境。如果宇航员要进行舱外活动，例如登上月球表面，就需要穿宇航服。

宇航服是一种多层次、多性能的服装，有气密层和限制层，就像车轮胎的内胎和外胎，保证服装不漏气，加压不爆破。为了以防万一，有时在密封舱内也要穿宇航服。宇航员的头部有特制的头盔与外界隔绝，这一身的行头虽然在地球上很重，但上天以后，由于处于失重状态，也就没有重量了。

2．虹吸现象　如图4-3所示的装置里，由于大气压的作用，液体从液面较高的容器A里通过曲管越过高处流到液面较低的容器B里去，这个现象称为虹吸现象。液体流过的那根管子称为虹吸管。用的时候，先在管子里装满液体，用手按住两端的管口，然后倒过来，把短臂那端放在容器A里，长臂那端放在容器B里，放开管口后，液体就开始从容器A经虹吸管流入容器B里，这样，不用把容器A倾倒，就能使容器A里的液体移到容器B里。

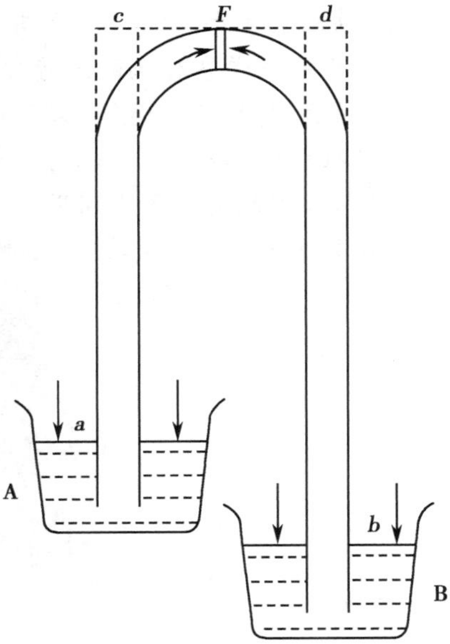

图4-3　虹吸现象

虹吸现象是由于大气压强的作用而产生的。我们可以设想在虹吸管的最高点F处有一个竖直的液片，这个液片的左面所受的向右的压强等于大气压强减去液柱ca的压强，液片右面所受到的向左的压强等于大气压强减去液柱db的压强。因为液柱db的高度比ca大，所以液片右面所受到的压强比它左面所受到的小。这样，液片就向右移动，也就是液体从容器A里向容器B里流，一直到A和B里的液体相平为止。显然，ca的高度不能超过大气压所能支持的液柱高度，例如，就水银而言，不能超过76cm；如果超过了，大气压强就不能使液体到达虹吸管理的最高点，虹吸管也就失去了作用。

虹吸现象在工农业生产上、生活上、医学上都有广泛的作用。

二、正压和负压

1．正压　以当时当地的大气压强为标准，凡是高于当时当地大气压强的压强称为正压。给自行车或汽车轮胎打气时，打气筒或打气泵的出气端产生的就是正压。正压在临床上应用很广，例如静脉输液和高压氧舱、输氧等是利用正压将药液和氧气输入人体的。如图4-4所示，输液时，可直接将输液管插入瓶子上的橡皮塞内，将瓶倒放，由于静脉血压略高于大气压，如果输液瓶与病人一样高，输液就无法进行。一般将输液瓶高高吊起，与病人保持一个高度差，这样依靠药液自身液柱产生的正压将药液输入人体。但是随着药液的外流，瓶内上空将出现愈来愈大的负压，这会妨碍输液的进行，因此，又在橡皮塞上插入另一个与大气相通的带针头的橡皮管，使得液体外流时不断有气体输送到输液瓶内上空，保证输液的正常进行。

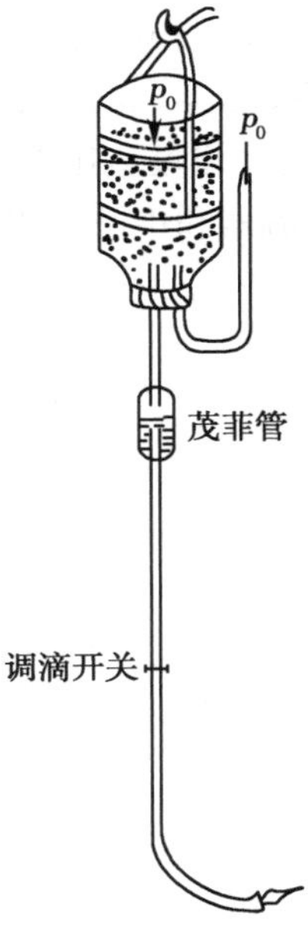

图4-4　输液装置

小链接

正压通气机

打鼾时的人以前认为是睡得香，但现在人们已经逐渐认识它可能是一种病态。打鼾者的气道比正常人狭窄，严重时气道可以完全阻塞，发生呼吸暂停，呼吸暂停时气体不能进入肺部，造成体内缺氧和二氧化碳潴留。严重者可导致高血压、心脏病、心律失常、脑血管意外、糖尿病、肾病、甲状腺功能减退等，甚至发生睡眠中猝死。

目前医学界公认的治疗睡眠呼吸暂停的首选方法是使用气道正压通气机。如图4-5所示，持续正压通气机（CPAP）的主要原理是：睡眠时戴一小型CPAP机，使面罩与呼吸机相连，类似吹气球的原理，将咽部狭窄的部分扩大。每一个病人需要的压力是不同的，因此需要医生利用多导睡眠图检查来确定一个合适的压力。CPAP机可以明显提高血中氧的含量，适用于重度打鼾及其他治疗方法失败的病人。

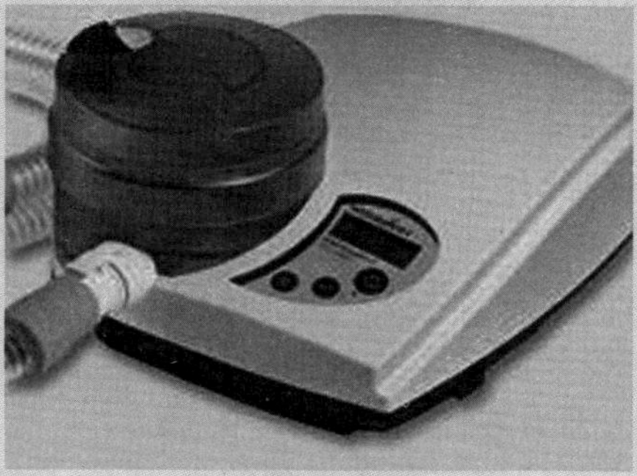

图4-5 CPAP呼吸机

2. 负压　以当时当地的大气压强为标准，凡是低于当时当地大气压强的压强称为负压。用管子喝饮料时，管子里就是负压；用来挂东西的吸盘内部，也是负压。负压在临床上也有很广泛的应用，例如胃肠机减压器（图4-6）是用一个容器，将里面的空气抽出，医生使用时把减压器上的一根管子，插入病人的胃肠，这样在减压器内形成“负压”，低于病人的胃肠处压强，通过负压的抽吸作用，就会把胃肠中不需要的气体、液体吸进减压器。另外，吸痰器、引流器和中医拔火罐等都是利用负压原理制作的器械。

图4-6 胃肠减压器

第三节 空气的湿度

一、饱和汽与饱和汽压

蒸发是在液体表面发生的汽化过程。由于分子本身的热运动和空气的流动，从液体中跑出来的分子会逐渐扩散到周围空间中去。因此，盛在敞开容器里的水会不断地进行蒸发，一直到所有的水蒸发完为止。但是，如果把水盛在密闭容器里，情况就不同了。开始时，飞出液面的分子数多于回到液体中的分子数，容器上方汽的密度逐渐增大。汽的密度变大了，回到液体中的分子数也就增多。最后，当单位时间内从液面飞出的分子数等于飞回到液体的分子数时，液面上汽的密度就不再增加，但蒸发并没有停止，而是汽和液体之间达到了动态平衡（图 4-7）。所以盛在密闭容器里的水不会完全蒸发掉。我们把与液体处于动态平衡时的汽称为饱和汽。没有达到饱和状态的汽称为未饱和汽。饱和汽的压强称为饱和汽压。饱和汽压的大小与温度和液体的种类有关。

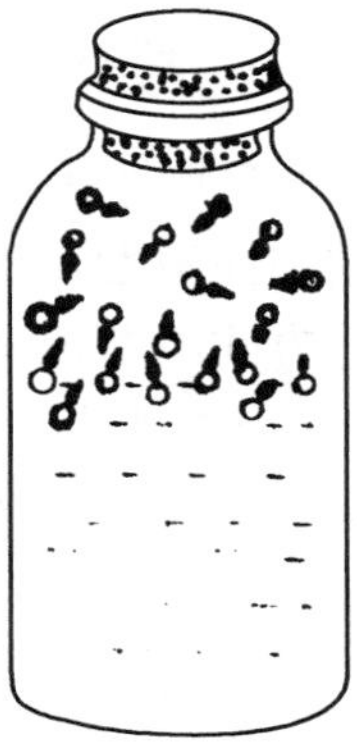

图 4-7 密闭容器的蒸发

1．在相同温度下，液体的饱和汽压跟液体的种类有关 由表 4-2 可知，越容易挥发的液体饱和汽压越大。

表 4-2 几种液体在 20℃时的饱和汽压

液体	压强（kPa）	液体	压强（kPa）
乙醚	5.87	酒精	5.93
水	2.34	水银	0.000 016

2．同一种液体的饱和汽压与温度有关 饱和汽压随温度的升高而增大。表 4-3 是水在不同温度下的饱和汽压。

表 4-3 水在不同温度下的饱和汽压（单位 kPa）（温度℃）

温度	饱和汽压	温度	饱和汽压	温度	饱和汽压	温度	饱和汽压
−20	0.10	7	1.00	21	2.48	35	5.61
−10	0.26	8	1.07	22	2.64	36	5.93
−5	0.40	9	1.15	23	2.80	38	6.61
−4	0.44	10	1.23	24	2.98	40	7.36
−3	0.48	11	1.31	25	3.16	50	12.30
−2	0.52	12	1.40	26	3.35	60	19.87
−1	0.56	13	1.50	27	3.56	70	31.08
0	0.61	14	1.59	28	3.77	80	47.23
1	0.66	15	1.70	29	4.00	90	69.93
2	0.70	16	1.82	30	4.23	100	101.3
3	0.76	17	1.94	31	4.48	101	104.96
4	0.81	18	2.06	32	4.74	102	108.7
5	0.87	19	2.20	33	5.02	103	112.6
6	0.93	20	2.34	34	5.31	104	116.6

3. 在一定温度下，液体的饱和汽压与体积无关 温度不变，当体积增大时，容器中汽的密度减小，原来的饱和汽变成了未饱和汽，于是液体继续蒸发，直到汽达到饱和状态，即重新达到动态平衡。由于温度没有变化，新的饱和汽的密度没有变，所以压强也不改变。体积减小时，容器中汽的密度增大，飞回液面的分子数多于飞出液面的分子数，于是一部分汽变成液体，直到汽的密度减小到等于该温度下饱和汽的密度为止；由于温度也没变，饱和汽的密度不变，压强也不变。

采用降低温度和增大压强的方法可以把未饱和汽变成饱和汽。

二、湿度和湿度对人体的影响

空气中含有水分，这些水分来自于不同的地方，有江、河、湖、海的蒸发，有其他含有水分的陆面蒸发，还有植物体表水分的蒸发，当然也包括人和动物通过呼吸或者通过体表蒸发等方式不断地向空中散发的水分，所以，大气中总含有水汽。在一定体积和温度的空气中，含有的水蒸气越多，空气就越潮湿；含有的水蒸气越少，则空气越干燥。我们把空气中含有水蒸气的密度称为空气的湿度。由于空气中的水汽分子的多少不易测量，而水汽的压强却易测得，且水汽的密度与水汽的压强有着一一对应的关系，所以可以用水汽的压强来表示空气的湿度。我们把某一温度时，空气中所含水汽的压强称为这一温度下的绝对湿度。

由于水分的蒸发随温度的升高而加快，所以空气的绝对湿度随温度升高而增大。一天之中，通常中午的绝对湿度比早晨和傍晚要大。

既然一天中，午间的绝对湿度比早、晚大，为什么我们并不感觉到中午的空气特别潮湿呢？原来，我们人的感觉，并不是由空气的绝对湿度决定，而是跟空气中水汽的含量距离其饱和状态的远近相关。例如，空气的绝对湿度都是 1.7kPa，在 35℃时任感觉比较干燥，这是因为 35℃时水的饱和汽压为 5.61kPa（见表 4-3），空气中水汽含量离饱和状态较远，水分容易蒸发；而当气温是 20℃时人会感觉湿润，这是因为 20℃时水的饱和汽压为 2.34kPa，此时空气中水汽含量离饱和状态较近，水分难以蒸发。因此，为了表达空气中的水汽离饱和状态的远近程度，反映与人感觉相一致的干湿程度，物理学中引入相对湿度的概念。其定义为：某一温度时，空气中的水汽压强（绝对湿度）与同温度下水的饱和汽压的百分比称为当时空气的相对湿度。设空气中某温度的绝对湿度为 P，饱和汽压为 $P_{饱}$，用 B 表示此时的相对湿度，则上述定义用数学公式表示为

$$B=\frac{P}{P_{饱}}\times 100\% \tag{4-4}$$

式（4-4）中 B、P、$P_{饱}$三个量中已知其中的两个可求出第三个量。$P_{饱}$可由表 4-3 查得。

【例 4-1】 测得室温 35℃时，空气的绝对湿度 $P=1.7\text{kPa}$，求此时空气的相对湿度是多少？

已知：$P=1.7\text{kPa}$

求：B

解：从表 4-3 可知 35℃时，$P_{饱}=5.61\text{kPa}$，则

$$B=\frac{P}{P_{饱}}\times 100\%=\frac{1.7}{5.61}\times 100\%=30.30\%$$

答：这时空气的相对湿度为 30.30%。

【例 4-2】 上题中，求室温 20℃时空气的相对湿度。

已知：$P=1.7\text{kPa}$

求：B

解：从表 4-3 可知 20℃时，$P_{饱}=2.34\text{kPa}$，则

$$B=\frac{P}{P_{饱}}\times 100\%=\frac{1.7}{2.34}\times 100\%=72.65\%$$

答：这时空气的相对湿度为 72.65%。

从上面两例可以看出即使绝对湿度相同，但如果温度不同，相对湿度的差别会很大。例题 4-1 中的空气让人感觉干燥，但例题 4-2 中的空气则使人感觉潮湿。

空气的干湿程度与人类的生活、工作和健康有着密切的关系。空气太潮湿，人会感到胸闷、窒息，尿液输出量增大，肾脏负担加重。这是因为湿度大，人体的皮肤水分蒸发慢，热交换的调节作用受到阻碍的缘故。此外，湿度大，药品易受潮霉变，设备易生锈等。空气太干燥，人体皮肤蒸发加快，失去水分多，会造成口、鼻腔黏膜干燥，引起口渴、声哑、嘴唇干裂，对呼吸道疾患或气管切开患者和烧伤病人等则尤其不利。人体比较适宜的相对湿度是 60% 左右。

为了得到适应的空气湿度，可以采用人为调节的办法。室内湿度小，可以在地面洒水，冬天在暖气上放湿毛巾等，利用蒸发增加空气中的水汽。对呼吸道疾患、手术病人和外伤、烧伤患者则可在其嘴唇上和其他部位敷以浸湿的纱布来缓解干燥。湿度过大时，最简单的办法就是打开门窗，加强通风。如果使用空气调节器，效果则更为理想。

三、湿度计

用来测量空气湿度的仪器称为湿度计。湿度计主要有三种类型：干湿泡湿度计、露点湿度计、毛发湿度计。

我们以干湿泡温度计（图 4-8）为例，学习测量湿度的方法，这种湿度计由两支相同的温度计组成。一支温度计整个裸露在空气中称为干泡温度计；另一支温度计的玻璃泡上包着纱布，纱布的下端浸入水中，水沿纱布上升，使玻璃泡总是湿润的，称为湿泡温度计。由于水的蒸发吸热，湿泡温度计指示的温度总要低些。空气的相对湿度越小，玻璃泡上的水分蒸发越快，两个温度计指示的温度差就越大；空气的相对湿度越大，玻璃泡上的水分蒸发较慢，两个温度计指示的温度差就越小。所以，根据两个温度计的温度差，就可以确定相对湿度的大小。

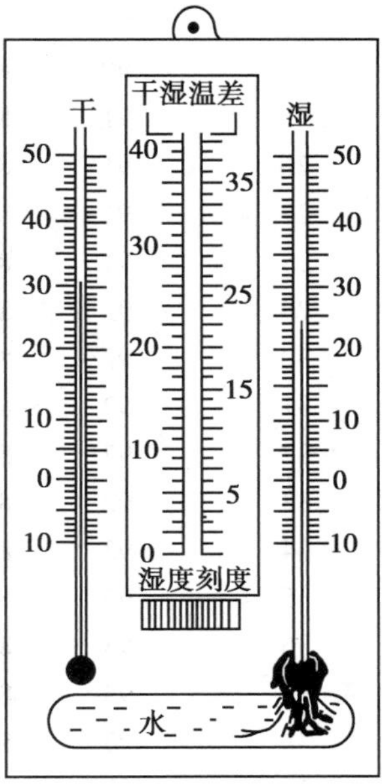

图 4-8 干湿泡湿度计

表 4-4 列出了干湿泡温度计温度差在 0～10℃时所对应的相对湿度值。例如湿度计上干泡温度计的温度是 28℃，湿泡温度计上的示数是 22℃，温差为 6℃，先从湿泡温度计所示温度中找到 22℃，再从干、湿泡温度计的温度差中找到 6℃，它们各自横行和竖列的相交处就是这时的相对湿度 51%。

表4-4 相对湿度表(%)

湿泡温度计所示温度(℃)	干、湿泡温度计的温度差Δt(℃)									
	1	2	3	4	5	6	7	8	9	10
0	75	53	33	16	1					
1	76	55	37	20	6					
2	77	57	40	24	11					
3	78	59	43	28	15	3				
4	80	60	45	31	19	8				
5	81	63	48	34	22	12	2			
6	81	65	50	37	26	15	6			
7	82	66	52	40	29	19	10	2		
8	83	68	54	42	32	22	14	6		
9	84	69	58	45	34	25	17	10	3	
10	84	70	58	47	37	28	20	13	6	
11	85	72	60	49	39	31	23	16	10	
12	86	73	61	51	41	33	26	19	16	5
13	86	74	63	51	43	35	28	22	16	8
14	87	75	64	54	45	38	31	24	18	11
15	87	76	65	57	47	40	33	27	21	16
16	88	77	66	58	49	42	35	29	23	18
17	88	77	68	59	51	43	37	31	26	21
18	89	78	69	60	52	45	39	33	28	23
19	89	79	70	61	54	47	40	35	30	25
20	89	79	70	62	55	48	42	36	31	26
21	90	80	71	63	56	50	44	38	34	29
22	90	81	72	64	57	51	45	40	35	30
23	90	81	73	65	58	52	46	41	36	32
24	90	82	74	66	60	53	48	43	38	34
25	91	82	74	67	61	55	49	44	39	35
26	91	83	75	68	62	56	50	45	41	36
27	91	83	76	69	62	57	51	46	42	38
28	91	83	76	69	63	58	52	48	43	39
29	92	84	77	70	64	58	53	49	44	40
30	92	84	77	71	65	59	54	50	45	41
31	92	85	78	71	65	60	55	51	46	42
32	92	85	78	72	66	61	56	51	47	43
33	92	85	79	73	67	62	57	52	48	44
34	93	86	79	73	68	62	58	53	49	45
35	93	86	79	74	68	63	58	54	50	46
36	93	86	80	74	69	64	59	55	51	47
37	93	86	80	75	69	64	60	56	52	48
38	93	87	81	75	70	65	60	56	52	49
39	93	87	81	76	70	65	61	57	53	49
40	93	88	81	76	71	66	62	58	54	50

本章小结

一、气体状态参量

1. 气体状态参量 温度、压强、体积。

2. 一定质量理想气体的状态方程 $\frac{PV}{T}=$恒量 或 $\frac{P_1V_1}{T_1}=\frac{P_2V_2}{T_2}$。

3. 混合气体的压强

(1) 道尔顿分压定律：混合气体的总压强P等于各组分气体的分压强P_i之和。即

$$P=P_1+P_2+P_3+\cdots+P_n$$

(2) 人的呼吸过程中分压的作用

肺换气：
- 肺泡 $\xrightarrow{O_2}$ 静脉血
- 静脉血 $\xrightarrow{CO_2}$ 肺泡

组织换气：
- 动脉血 $\xrightarrow{O_2}$ 组织
- 组织 $\xrightarrow{CO_2}$ 动脉血

二、大气压、正压和负压

1. 大气压 地球周围的大气产生的压强称作大气压。

2. 虹吸现象 液体能够从液面较高的容器通过曲管越过高处流到液面较低容器，这种现象称为虹吸现象。

3. 正压和负压 以当时当地的大气压强为标准，高于当时当地大气压强的压强称为正压；低于当时当地大气压强的压强称为负压。

三、空气的湿度

1. 饱和汽 与液体处于动态平衡的汽称为饱和汽。

2. 饱和汽压 某种液体的饱和汽所具有的压强称为饱和汽压。饱和汽压的大小与温度和液体的种类有关，而与体积无关。

3. 湿度

绝对湿度：某一温度时，空气中所含水汽的压强称为这一温度下的绝对湿度。

相对湿度：某一温度时，空气中的水汽压强（绝对湿度）与同温度下水的饱和汽压的百分比称为当时空气的相对湿度。

相对湿度公式：$B=\frac{P}{P_{饱}}\times100\%$

4. 湿度计 用来测量空气湿度的仪器称为湿度计。

知识拓展1

高原反应

美丽的布达拉宫、神秘的四姑娘山、雄伟的珠穆朗玛峰，是每个喜爱登山运动的山友向往的地方，在欣赏壮丽风景、突破自我极限的同时，高原反应也伴随着每一次登山

活动。随着青藏铁路的开通，越来越多的人可以轻松抵达高海拔地区，也将会有越来越多的人遭受高原反应的煎熬。

高原反应是人到达一定海拔高度后，由于稀薄空气中氧分压低而引起的缺氧症状。要解除症状、提高氧分压即可，不一定要提高总气压。一般海拔高度达到2700米左右时，就会有高原反应。高原反应的症状一般表现为：头痛、气短、胸闷、厌食、微热、头昏、乏力等。

对于高原反应，我们既不必谈之色变，也不能轻视它带来的危害。

进入高原前应注意做到：①做一次体检，因为患有某些疾病的人是万不可去的，如心脏病、脑血管疾病、呼吸系统疾病、原发性高血压、神经与精神性疾病等；②做好适应性锻炼，如登山、长跑、负荷行走等，以增加肺活量和增强适应能力；③注意防寒保暖，避免上呼吸道急性感染；④在医生指导下服用预防高原反应的中成药。

并不是每一个登上高原的人都会出现高原反应，高原反应的发生率、恢复的快慢与个体适应能力有关。需要提醒的是，高原反应并不是可以通过反复锻炼就可以克服的。所以，为了保证身体健康，建议易发高原反应者不要继续登达这么高的地区，在低海拔地区健身登山一样能陶冶情操和锻炼身体。

知识拓展2

高压氧舱

高压氧舱是用于治疗疾病的一种医疗设备，是一种特殊的载人压力容器（图4-9）。

以加压介质分，医用高压氧舱有两种：

1. 纯氧舱　用纯氧加压，稳压后病人直接呼吸舱内的氧气。优点：体积小，价格低，易于运输，很受中小医院的欢迎。缺点：加压介质为氧气，极易引起火灾，化纤织物绝对不能进舱，进舱人员必须着全棉衣物进舱，国内外氧舱燃烧事故多发生在该舱型；一次治疗只允许一个病人进舱治疗，医务人员一般不能进舱，一旦舱内有情况，难以及时处理，不利于危重和病情不稳定病人的救治。

2. 空气加压舱　用空气加压，稳压后根据病情，病人可通过面罩、氧帐，直至人工呼吸吸氧。优点：安全；体积较大，一次可容纳多名病人进舱治疗，治疗环境比较轻松；允许医务人员进舱，利于危重病人和病情不稳定病人的救治；如有必要可在舱内实施手术。缺点：体积较大，运输不便，价格昂贵。

由于能够减少患者因缺氧造成的不可逆脑部损害，高压氧在煤气（一氧化碳）中毒、急性严重缺氧、溺水、昏迷等急救治疗中作用十分突出；对颅脑外伤后遗症、脑卒中后遗症、特发性耳聋、骨髓炎等治疗有很好的效果；在一般性治疗中，高压氧还广泛用于内科、外科、耳鼻喉科、眼科、妇产科等缺血缺氧性疾病的治疗；在偏瘫患者的神经功能康复及一些办公室白领、高考学生等的氧保健等领域中，也都有良好的效果。

图4-9 高压氧舱（多人舱）

（王晓斌）

目标测试

一、名词解释

1. 气体的状态参量　2. 理想气体　3. 大气压　4. 虹吸现象
5. 正压　6. 负压　7. 饱和汽　8. 饱和汽压　9. 绝对湿度
10. 相对湿度

二、填空

1. 日常生活中常用的温标是__________。用摄氏温标表示的温度称为____________，用 t 表示，单位是摄氏度（℃），如人的正常体温为37℃，读作____________。

2. 能够测量温度的常用仪表有____________和____________。

3. 在实际中常常见到由多种气体构成的混合气体，通常把混合气体中的每一种气体称为组分气体。如果组分气体之间不发生__________，则组分气体各自充满整个容器，并对器壁施加压力。混合气体的总压强P等于各组分气体的分压强 P_i 之和。这就是________。

4. 虹吸现象是由于____________的作用而产生的。

5. 饱和汽压的大小与____________和____________有关。

6. 采用____________和____________的方法可以把未饱和汽变成饱和汽。

7. 由于水分的蒸发随温度的升高而加快，所以空气的绝对湿度随温度升高而________。一天之中，通常中午的绝对湿度比早晨和傍晚要__________。

8. 我们人的感觉，并不是由空气的绝对湿度决定，而是跟空气中水汽的含量与距离其饱和状态的远近相关，也就是与____________有关。

9. 人体比较适宜的相对湿度是____________左右。为了得到适应的空气湿度，可以采用____________的办法。

三、单项选择

1. 规定 −273.15℃为热力学温标的零度。热力学温标的分度方法与摄氏温标相同，摄氏温度相差一度，热力学温度也相差一度。摄氏温度20℃相当于热力学温度（　　）K

A. 293.15　B. 273.15　C. 253.15　D. 20

2. 理想气体的温度、压强、体积这三个描述气体状态的物理量是有密切关系的，它们的关系可以用(　　)来表示更为合适

A. 玻意耳—马略特定律　　B. 盖•吕萨克定律

C. 查理定律　　D. 理想气体状态方程

3. 呼吸的过程是气体交换的过程。气体交换包括肺换气和组织换气，都是以单纯扩散方式实现的，气体的扩散方向总是(　　)移动，直至动态平衡

A. 压强高处向压强低处　　B. 压强低处向压强高处

C. 分压高处向分压低处　　D. 分压低处向分压高处

4. 下列仪器或装置哪一组是利用正压原理进行工作的

A. 吸痰器、引流器和中医拔火罐　　B. 静脉输液和高压氧舱、输氧

C. CPAP 呼吸机、胃肠机减压器　　D. 中医拔火罐、静脉输液

5. 我们把没有达到饱和状态的汽称为未饱和汽，关于未饱和汽与它的液体之间描述正确的选项是(　　)

A. 单位时间内从液面飞出进入未饱和汽的分子数等于飞回到液体的分子数

B. 单位时间内从液面飞出进入未饱和汽的分子数大于飞回到液体的分子数

C. 单位时间内从液面飞出进入未饱和汽的分子数小于飞回到液体的分子数

D. 未饱和汽的分子数不发生变化

四、计算及问答

1. 使用体温表的注意事项是什么？

2. 三个气体实验定律的使用范围是什么？

3. 炎热的夏天，打足了气的自行车胎在日光下曝晒有时会胀破，为什么？

4. 有的空调带有除湿功能，这有什么好处？

5. 怎样调节病房内湿度？

6. 一定质量的某种理想气体由状态 A 变化为状态 B，在状态 A 的体积为 $2m^3$，温度为 27℃，压强为 3×10^4Pa，在状态 B 的体积为 $4m^3$，温度为 127℃，状态 B 的压强是多少？

第五章　电磁场基础及应用

05章

学习目标

了解电场、磁场的概念，熟悉电场强度、磁感应强度、磁通量的定义，了解匀强电场、匀强磁场的概念和特征。

了解电磁感应现象的概念及正弦交流电的产生和特点，熟悉右手定则和安全用电常识。

了解人体的电现象以及电疗和磁疗在临床实践中的应用。

伴随着电能的大规模使用，人类社会进入了电气化时代。电磁之间的相互联系使得人们的生活、工作等各个方面都已经离不开电磁现象，本章就通过介绍电场与磁场的基本知识及其相互联系，帮助我们进一步认识电现象和磁现象，探寻电磁场知识在生活和工作中的踪迹。

第一节　电　　场

一、电场的概念

（一）静电场基本知识

中学已经了解了有关静电学的一些基本知识，为进一步深入学习有关内容，简单回顾一下以前所学有关概念。

1. 电荷间的相互作用　我们知道，自然界中存在两种不同性质的电荷：正电荷与负电荷。电荷间会发生相互作用：同种电荷相互排斥，异种电荷相互吸引。电荷间相互作用的力称为静电力。

2. 电量　对于一个带电体而言，我们把它所带电荷的多少称为电量。电量的符号是 Q 或 q，在国际单位制中的单位是库仑，简称库，代号是C。

3. 基本电荷　在理论问题中，带电体所带电量可以连续变化，可以是任意值，但是在实际问题中情况就不一样了。研究发现，实际带电体所带电量并不是连续变化的，带电体所带电量存在一个最小单位。任何带电体所带电量都是它的整数倍。我们把它称为基本电荷，也称元电荷，用 e 表示。一个基本电荷所带电量是 1.6×10^{-19}C，也就是一个质子或电子的电量。也就是说，任何一个带电体所带电量 $Q=ne$，n 是整数。

4. 电荷守恒定律　带电体之所以对外显电性，其本质是由于电子的得失。当物体失去电子时，其对外显示带正电；当物体得到电子时，其对外显示带负电。电荷既不能被创造，也不会消失，只能从一个物体转移到另一个物体，或者从物体的一部分转移到另一部分，其总量始终保持不变，这就是电荷守恒定律。也就是说，在与外界没有电荷交换的系统内，电荷总量始终保持不变(即电荷的代数和保持不变)。

5. 点电荷　研究发现，带电体之间的相互作用，不仅与带电体所带电荷的多少有关，还与带电体之间的距离以及带电体的大小、形状、电荷分布情况等许多因素有关。当我们在研究带电体之间的相互作用时，如果带电体本身的大小与带电体之间的距离相比小得多时，或者带电体所带电荷均匀分布时，就可以忽略带电体的形状、大小、电荷分布情况等把带电体看作一个集中了其所有电荷的点，这样一个带有电荷的点，称为点电荷。显然，就像质点一样，点电荷也是我们在研究问题时为了简化把一些次要因素忽略后而构造出来的一种理想化模型，在现实中并不存在。在本书中，除特殊说明外，所有带电体均可当作点电荷看待。

(二)电场

通常情况下，物体间发生相互作用时彼此都需要相互接触，如马拉车、人推重物等，而电荷之间不直接接触也能发生相互作用，究竟电荷间的相互作用是如何实现的呢？我们需要认识一种特殊的物质——电场。场作为一类特殊物质其实就存在于我们周围，我们受到的重力就是由于地球引力场的存在而产生的一种作用，所有在引力场中的物体都会受到这样的作用。在电荷周围也存在这样一类特殊物质，称为电场。电荷能够通过其周围的电场对处在其中的其他电荷产生力的作用，即静电力。可见静电力并不是电荷间直接作用产生的，而是通过电场实现的。所以静电力又称为电场力。

电荷与电场是统一的，任何电荷在周围空间都会产生电场，任何电场都是由电荷产生的，每个电荷通过各自的电场对处在其中的其他电荷产生作用力。由静止电荷产生的电场称为静电场。产生电场的电荷称为场源电荷，通常用 Q 表示。

小链接

特殊形态的物质——场

自然界的物质可以分为实物和场。场是一类看不见、摸不着但又客观存在于我们周围的一类无形的物质。与实物相比，场具有自身的一些特性：①无形性：指场不是由分子、原子构成的，它们是无形的；②叠加性：指场在空间是可以叠加的，即在空间同一位置可以同时存在多个场。

二、电场强度

(一)电场强度的定义

电场的最基本特征就是对处于其中的电荷会产生力的作用。在电场中的不同位置电场的强弱一般是不同的。那么该如何来反映电场的强弱呢？为了研究电场的强弱，我们在电场中放入一个带正电且带电量很小的点电荷，通过研究它在电场中的受力情况来反映电场的强弱。我们把引入的这个带正电且带电量很小的点电荷称为检验电荷，通常用 q 表示。我们认为，检验电荷的引入只是为了研究电场强弱情况，并不会对所研究的电场造成任何影响。

如图 5-1，我们可以把同一个检验电荷 q 放在电场中 1、2 两个不同位置，其所受电场力分别为 F_1、F_2，根据 F_1、F_2 的大小可判断 1、2 两个位置电场的强弱。但如果在 1、2 两个位置上放置的是不同的两个检验电荷 q_1、q_2 时，如何判断 1、2 两个位置电场的强弱呢？这时仅根据 q_1、q_2 所受电场力 F_1、F_2 的大小显然无法做出判断，我们需要将两个带电量不同的检验电荷转换为相同电量，在此基础上比较所受电场力的大小，从而确定 1、2 两个位置电场的强弱。如何将不同电量转换为相同电量呢？通常是把它们的电量都转换为单位电量，即 1 库仑的电量。我们用检验电荷所受电场力与检验电荷所带电量之比即可实现，得到每 1 库仑电荷所受电场力的大小，即$\frac{F}{q}$。通过这样的运算可得到同是 1 库仑电荷在不同位置所受电场力的大小，从而比较确定各个位置电场的强弱。因此，我们就可以用$\frac{F}{q}$来表示电场的强弱。

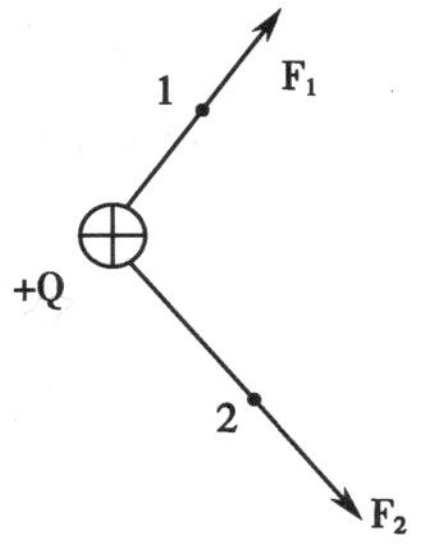

图 5-1 电场强度

电场中某一位置的电荷所受电场力（F）与它的电量（q）的比值，称为该位置的电场强度，简称场强，用 E 表示，即

$$E=\frac{F}{q} \tag{5-1}$$

在国际单位制中的单位是牛顿 / 库仑，代号为 N/C。由以上分析可以看出，电场强度的实质就是单位电量电荷所受的电场力。电场强度是有方向的，属于矢量。通常规定正电荷在某点所受电场力的方向就是该点电场强度的方向。特别需要明确的是，电场强度是描述电场强弱的物理量，它是由电场本身决定的，与检验电荷无关。检验电荷的引入只是为了便于研究电场的性质。

（二）电场线

为了更加直观的认识电场，更加形象的描述电场情况，英国物理学家法拉第采用了一种特殊的方法，他在电场中画出一系列有方向的曲线，使曲线上任意一点的切线方向都与该点的电场强度方向一致。他将这样的曲线称为电场线。利用电场线可以反映出电场中各个位置电场的强弱和方向。如图 5-2 所示就是一条电场线，线上 A、B 两点的切线方向就是该点电场强度的方向，也就是正电荷在该点所受电场力的方向。图 5-3 给我们展示了几种常见电场中电场线的分布情况。

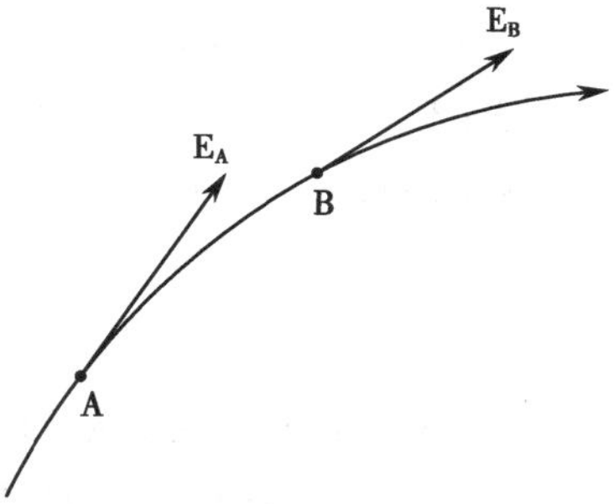

图 5-2 电场线

虽然不同电场中电场线分布情况有所不同，但是所有电场线都具有以下一些共同性质：①电场线是有始有终、有头有尾的。它们都是起于正电荷（或无限远处），止于负电荷（或无限远处）。②电场线上任意一点的切线方向都与该点的电场强度方向一致。③任意两条电场线都不会相交。④电场线分布的疏密程度能够反映电场的强弱，即电场强度的大小。电场线分布密集的地方电场强，电场强度大；电场线分布稀疏的地方电场弱，电场强度小。

需要注意的是，电场线是人们为了研究电场方便人为在电场中画出的曲线，实际上电场中并不存在这样的曲线。

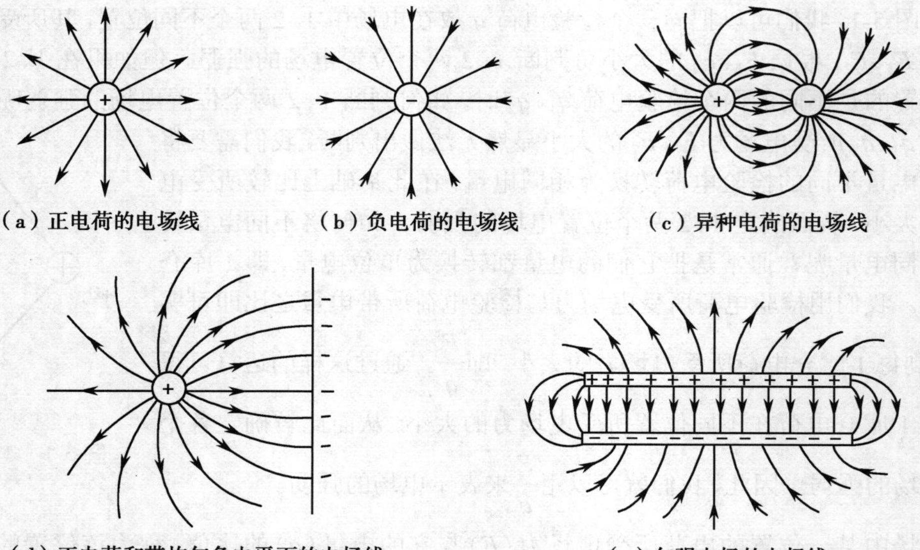

（a）正电荷的电场线　（b）负电荷的电场线　（c）异种电荷的电场线

（d）正电荷和带均匀负电平面的电场线　（e）匀强电场的电场线

图 5-3　常见电场中的电场线

（三）匀强电场

在电场的某一区域里，如果各个位置电场强度的大小和方向都相同，这个区域里的电场称为匀强电场。在匀强电场中，由于各点电场强度的大小和方向都相同，因而匀强电场中的电场线是一组相互平行、疏密均匀的直线。匀强电场是一种特殊的、理想的情况，现实当中并不存在。在两块正对的、相互平行的、相距很近的、彼此绝缘的、带有等量异种电荷的金属板之间的电场（边缘附近除外）可以看作匀强电场，如图 5-3（e）所示。

【例 5-1】 真空中一带电量为 3.0×10^{-8}C 的点电荷放在电场中的 A 位置，其所受电场力为 1.5×10^{-3}N。求 A 点的电场强度是多少？

已知：$F=1.5\times10^{-3}$N，$q=3.0\times10^{-8}$C

求：E

解：由式（5-1），有

$$E=\frac{F}{q}=\frac{1.5\times10^{-3}}{3.0\times10^{-8}}=5.0\times10^{4}\text{（N/C）}$$

答：A 点的电场强度为 5.0×10^{4}N/C。

【例 5-2】 电场中 P 点的电场强度为 2.0×10^{5}N/C，现在该点放一个带电量为 8.0×10^{-9}C 的点电荷，其所受电场力是多大？

已知：$E=2.0\times10^{5}$N/C，$q=8.0\times10^{-9}$C

求：F

解：由式（5-1）$E=\dfrac{F}{q}$，可得

$$F=qE=8.0\times10^{-9}\times2.0\times10^{5}=1.6\times10^{-3}\text{（N）}$$

答：该点电荷在 P 点所受电场力为 1.6×10^{-3}N。

三、电势能、电势和电势差

（一）电势能

我们知道，势能是由相互作用的物体之间的相对位置决定的能。就像物体在地球的重力场中受到重力作用而具有重力势能并且重力势能会随着物体位置的变化而变化，电荷在电场中由于受到电场力作用同样具有会随着电荷位置变化而变化的势能，我们把电荷在电场中具有的势能称为电势能，用符号 E_P 表示。电势能与其他能量一样，都属于标量，在国际单位制中的单位是焦耳，简称焦，代号为 J。

一个物体能够对外做功，我们就说这个物体具有能量，伴随着做功，物体具有的能量也会随着发生改变。当物体对外做功时，物体的能量减少，且能量减少的值等于物体对外做功的值；当外力对物体做功时，物体的能量增加，且能量增加的值等于外力对物体做功的值。所以我们说，功是物体能量变化的量度。

当物体从 1 位置下落到 2 位置时，重力对物体做功，物体的重力势能减小，且重力势能减少的量 $E_{P1}-E_{P2}$ 等于重力对物体做功的量 W_G，即 $W_G=E_{P1}-E_{P2}$。当物体上升时，物体克服重力做功（重力对物体做负功），物体的重力势能增加，且重力势能增加的量等于物体克服重力做功的量。类似的，电荷在电场中电势能的变化与电场力对电荷做功之间也有这样的关系。当电荷从电场中的 A 位置移动到 B 位置时，如果电场力对电荷做功，那么电荷的电势能就减小，且电势能减少的量 $E_{PA}-E_{PB}$ 等于电场力对电荷做功的量 W_{AB}；如果电荷克服电场力做功（电场力对电荷做负功），那么电荷的电势能就增加，且电势能增加的量等于电荷克服电场力做功的量，即

$$W_{AB}=E_{PA}-E_{PB} \tag{5-2}$$

也就是说，电荷电势能的变化量总等于电场力对电荷所做的功。

由于势能是由相互作用的物体之间的相对位置决定的能，所以和其他势能一样，电势能也具有相对性。在确定电荷的电势能大小之前，必须先选择参考位置（参考点）——电势能为 0 的位置，也称零电势能点。理论上讲，零电势能点的选择是任意的。通常情况下，我们把无限远处作为零电势能点。由于电势能有相对性，电荷电势能可正可负，其正负仅代表其相对零电势能点的大小。

重力势能与电势能有很多相同或相似的性质和特点，如表 5-1 所示：

表 5-1 重力势能与电势能

重力势能	电势能
物体在重力场中	电荷在电场中
物体受重力作用	电荷受电场力作用
$G=mg$	$F=qE$
重力对物体做正功，重力势能减小	电场力对电荷做正功，电势能减小
物体克服重力做功，重力势能增加	电荷克服电场力做功，电势能增加
重力做功的大小等于物体重力势能的变化量	电场力做功的大小等于电荷电势能的变化量
$W_G=E_{P1}-E_{P2}$	$W_{AB}=E_{PA}-E_{PB}$

其实不仅重力势能和电势能具有非常相似的性质，所有的势能都具有类似的性质。

（二）电势（电位）

电荷在电场中不同的位置具有不同的电势能，说明在电场中不同位置电场赋予电荷能

量的本领不同，那么我们该如何反映电场的这种性质呢？我们可以仿照研究电场强度时采用的方法，通过电荷在电场中具有的电势能与其电量的比值来说明。我们把电荷在电场中某点具有的电势能 E_P 与其电量 q 的比值称为该点的电势（电位），用符号 U 表示，即

$$U=\frac{E_P}{q} \tag{5-3}$$

在国际单位制中，电势（电位）的单位是伏特，代号是V。由电势的定义式可知。

1伏特＝1焦耳/库仑

电场中某位置电势的物理意义为单位正电荷在该位置具有的电势能。由于电势能是标量，所以电势也是标量，只有大小，没有方向。同样由于电势能具有相对性，电势也是有相对性的。确定电场中任一位置电势的高低，都需要先选择确定电势为0的位置——零电势点。零电势点的选取与零电势能点的选取一样是任意的，理论研究中常选无限远处为零电势点，通常我们把大地或电气设备中的公共地线作为零电势点，俗称接地。同样，电势也可正可负，其正负仅表明其相对于零电势点电势的高低。

（三）电势差（电位差）

电场中两点间电势（电位）的差值称为电势差（电位差），也称为电压。设电场中A、B两点的电势（电位）分别为 U_A 和 U_B，则A、B两点的电势差（电位差）U_{AB} 为

$$U_{AB}=U_A-U_B \tag{5-4}$$

在国际单位制中，电势差（电位差）的单位和电势（电位）的单位一样，也是伏特，代号是V。

由公式（5-4），将 $U_A=\frac{E_{PA}}{q}$ 和 $U_B=\frac{E_{PB}}{q}$ 代入式（5-4），可得

$$U_{AB}=U_A-U_B=\frac{E_{PA}}{q}-\frac{E_{PB}}{q}=\frac{E_{PA}-E_{PB}}{q}=\frac{W_{AB}}{q} \tag{5-5}$$

【例5-3】 假设电场中A、B两点间的电势差 U_{AB} 为 3.0×10^2V。若将A点作为零电势点，B点的电势是多少？将一个带电量为 5.0×10^{-9}C的点电荷从A点移到B点，电场力做了多少功？

已知：$U_{AB}=3.0\times10^2\text{V}$，$U_A=0\text{V}$，$q=5.0\times10^{-9}\text{C}$

求：U_B、W_{AB}

解：（1）由式（5-4）$U_{AB}=U_A-U_B$

得 $U_B=U_A-U_{AB}$

$=0-3.0\times10^2$

$=-3.0\times10^2$（V）

（2）由式（5-5）$U_{AB}=\frac{W_{AB}}{q}$

可得 $W_{AB}=qU_{AB}=5.0\times10^{-9}\times3.0\times10^2=1.5\times10^{-6}$（J）

答：将A点作为零电势点时，B点的电势是 -3.0×10^2V，将带电量为 5.0×10^{-9}C的点电荷从A点移到B点，电场力做的功为 1.5×10^{-6}J。

【例5-4】 在图5-4所示的电场中，有A、B、C、D四点，选B点为参考点时，$U_{AB}=20\text{V}$，$U_{BC}=40\text{V}$，$U_{CD}=30\text{V}$，求A、B、C、D四点的电势分别是多少？

已知：$U_{AB}=20\text{V}$，$U_{BC}=40\text{V}$，$U_{CD}=30\text{V}$。

求：U_A、U_B、U_C、U_D

解：由于 B 是参考点，所以 $U_B=0$（V）

由 $U_{AB}=U_A-U_B$　得 $U_A=U_{AB}+U_B=20+0=20$（V）

同理 $U_C=U_B-U_{BC}=0-40=-40$（V）

$U_D=U_B-U_{BD}=U_B-(U_{BC}+U_{CD})=0-40-30=-70$（V）

答：A、B、C、D 四点的电势分别是 20V、0V、−40V 和 −70V。

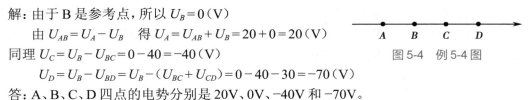

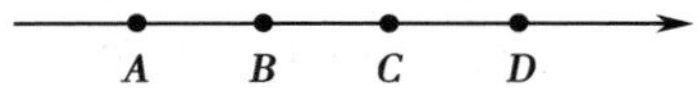

图 5-4　例 5-4 图

四、人体电现象

生物体在生命活动过程中产生的电现象称为生物电现象。任何生物的生命活动过程中都始终伴随着与其密切相关的具有规律的电现象。当生物体发生变化时，电变化也随之而来。

人体本身就是一个导体，由氧、碳、氢、氮、钙、磷、钾、硫、氯、钠、镁等基本元素和其他微量元素等共计大约六十多种元素组成。这些元素构成了人体的四种主要物质：水、蛋白质、脂肪和无机盐。其中，水占体重的 55%～70%，蛋白质占体重的 15%～20%，脂肪占体重的 15%～25%，无机盐占体重的 5% 左右。

人体内的主要成分是水，还有盐类及蛋白质分子以离子状态存在于体内，由此构成的人体的体液实际就是一种电解质溶液。接上外接电源后，在外加电场的作用下，体液中的大量自由正负离子分别向阴、阳极定向移动，从而形成电流，这就是人体导电的原理。

由于人体体液内正负离子迁移率的不同、细胞膜对不同离子通透性的不同及其他方面的原因，都可能造成细胞膜内外离子分布的不均匀，所以在细胞膜内外就会形成电场、产生电势差，这种电势差称为跨膜电势差或膜电势差。在人体组织的活动过程中，如神经传导、心脏搏动、肌肉收缩、大脑活动、腺体分泌等生理过程中，跨膜电势差还会随着时间按一定规律变化。

（一）静息电位和动作电位

细胞在没有受到外界刺激时，我们说细胞处于静息状态。此时细胞膜内为负、细胞膜外为正，细胞膜内外电势差保持不变，大约为 50～100mV，生理学上把这种静息状态下细胞膜内外的电势差称为细胞的静息电位，这种现象被称作极化。当细胞受到外界刺激，细胞膜通透性发生变化，造成细胞膜内外正负离子的分布情况发生变化，形成细胞膜内为正而细胞膜外为负的情况，接着又逐渐恢复到此前的静息电位，这种由于受到刺激而产生的电位变化过程称为动作电位。比如在心肌细胞受到刺激的前后，它周围空间电场的变化引起电势差的变化；再比如当神经纤维的任何一处受到刺激而兴奋，不仅兴奋部位产生动作电位，而且动作电位会沿着整个细胞膜由近及远进行传播。动作电位代表神经电信息，来自感受器官的电信息传递到大脑，再把大脑的指令传递到运动器官，这就是神经传导的电原理。

（二）心电图与脑电图

在研究人体电现象的过程中，我们把人体中的生物电变化情况记录下来，它就可以作为相应组织活动的生理或病理状态的重要指标。

用心电图机记录下来的随心动周期而改变的电势差波形图称为心电图。如果把人体的组织液看作一个容积导体，心脏就处于这一导体内部。当心肌细胞兴奋时，会产生动作电位，这一动作电位会向身体表面传播，在传播过程中周围组织中会形成电流，部分可以到达体表，被置于胸前的电极检测到，从电极拾取的电信号经过放大后记录在移动的记录纸上，就是我们看到的心电图，它对于心脏疾患的诊断具有重大意义，是目前广泛使用的一种心脏疾病检查手段。

人类大脑在受到刺激进行活动时，同样会形成动作电位并向外传播，也就是常说的脑电波。将探测电极放置在头皮上相应的位置就可以探测到脑电波的变化情况。将脑电波随时间的变化情况记录下来就是脑电图。在临床中，脑电图对颅内肿瘤和颅内损害部位的定位以及某些癫痫病的鉴别诊断都有重要意义。

（三）电泳与电渗

电泳是指带电微粒在外加电场的作用下发生定向移动的现象。各种带电粒子由于自身带电量、质量以及体积的不同，在同一电场作用下进行定向移动的速度不同。所以利用电泳技术可以将各种不同的带电粒子区分开。在临床检查和诊断中，经常利用电泳技术使人体内各种不同带电粒子发生不同的移动，从而达到检查和诊断的目的。比如通过尿蛋白电泳可以在无法进行肾活检时协助判断肾脏的主要损害和病变的严重程度，同时又不会造成肾脏的创伤。

电渗是指在直流电流电场作用下，毛细管或多孔吸附剂等物质吸附水中的正负离子，使溶液带电并发生定向移动的现象。人体内带电胶体粒子在发生电泳现象的同时还会伴有电渗现象。由于人体组织中带正电的水要通过膜孔向阴极移动，使得阳极附近组织中的水分减少，细胞膜变得更加致密，通透性降低；而阴极附近组织中的水分增多，细胞膜变得疏松，通透性升高。可见利用电渗技术可以改变人体细胞膜的通透性。

第二节 磁 场

人类在很早以前就发现了磁现象。在我国古书《吕氏春秋》中就有“慈石召铁”（有磁性的石头可以吸引铁）的说法，在战国时期就制作出了指南针帮助人们辨别方向。到了19世纪20年代，丹麦物理学家奥斯特又发现在电流周围也会产生磁场。

一、磁场的概念

如果一个物体能够吸引铁、钴、镍等物质，我们就说这个物体具有磁性。我们把物体能够吸引铁、钴、镍的性质称为磁性，具有磁性的物体称为磁体。磁体有天然的如磁铁矿石（Fe_3O_4），也有人造的——用钢或某些合金制成，常见的有条形磁铁、蹄形磁铁和磁针等。能够长期保持磁性的磁体称作永磁体。磁体的两端磁性最强，称为磁极。每个磁体都有两个磁极。如果把条形磁铁或磁针支撑或悬挂起来，使它能在水平面上自由转动，结果发现它在静止时总是一个磁极指向北方，一个磁极指向南方。我们就把指向北方的那个磁极称为北极，用N表示；指向南方的那个磁极称为南极，用S表示。而用来指示方向的指南针其实就是一个能在水平面上自由转动的小磁针。

人们通过观察发现，磁极之间会发生相互作用，存在相互作用力，我们将这种作用力称为磁力。而且同名磁极相互排斥，异名磁极相互吸引。后来人们又发现，通电导线周围的小磁针也会偏转，说明通电导线周围也有磁场，小磁针在通电导线周围也受到力的作用，这种力也是磁力。由此可见，尽管磁极与磁极之间、电流与磁极之间没有相互接触，但却能够在彼此之间会发生磁力这种相互作用，它是怎么实现的呢？原来在磁体和电流周围存在一种特殊物质，它们之间的相互作用就是通过这种特殊物质实现的。我们把存在于磁体或电流周围的这种特殊物质称为磁场。磁场是有方向的，我们规定小磁针静止时北极（N）指向为该位置磁场的方向。

为了更加直观形象的反映磁场的情况，英国物理学家法拉第于 1852 年首先采用磁感应线来描述磁场的方向和强弱。磁感应线是磁场中假想的一系列有方向的曲线，曲线上任意一点的切线方向都和该点的磁场方向一致。图 5-5 所示为条形磁铁和蹄形磁铁周围空间磁感应线的分布情况，在磁铁外部磁感应线都从 N 极出发回到 S 极，而在磁铁内部，磁感应线则是从 S 极到 N 极，整体上看磁感应线是封闭曲线。

通电导线周围的磁场中磁感应线分布情况又是怎样的呢？如图 5-6 所示。通电导线周围的磁场方向与导线内通过的电流方向有关。我们可以用安培定则，也称右手螺旋定则来

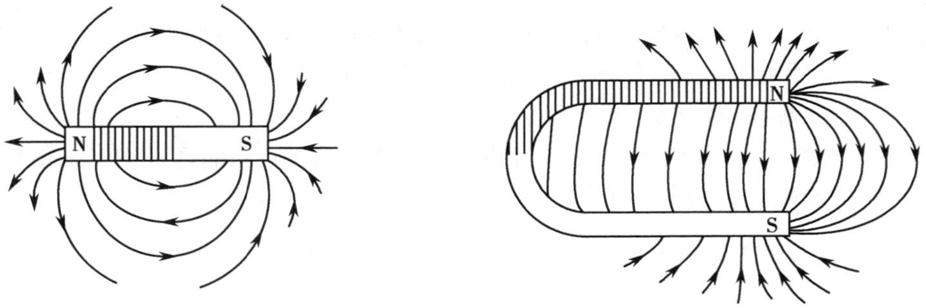

（a）条形磁铁　　（b）蹄形磁铁

图 5-5　条形磁铁和蹄形磁铁的磁场

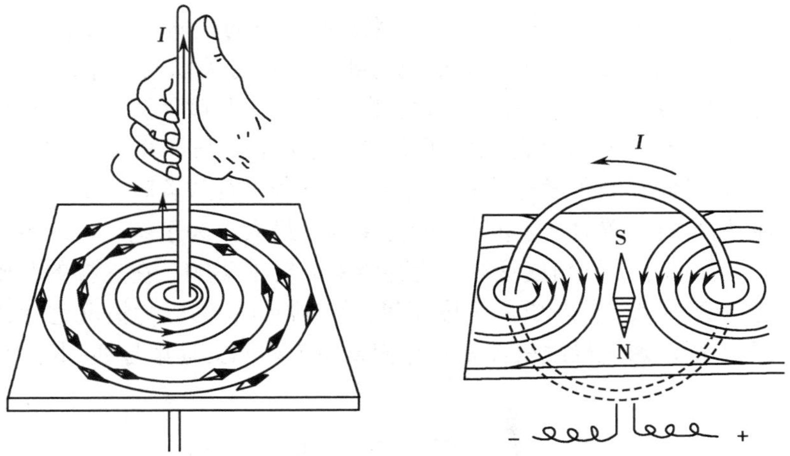

（a）直线电流周围的磁感线　　（b）环形电流周围的磁感线

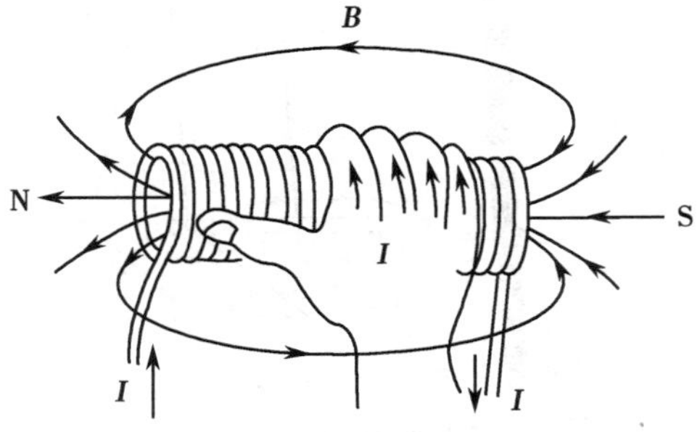

（c）通电螺线管周围的磁感线

图 5-6　通电导线周围的磁场

判定：对于通电直导线，我们用右手握住导线，让伸直的拇指指向电流方向，那么四指弯曲环绕的方向就是磁场的方向，如图 5-6（a）；对于通电环形导线，让右手弯曲的四指与环形导线内电流方向一致，此时拇指指向即为环形通电导线中间磁场的方向，如图 5-6（b）所示；对于通电螺线管，可以看作是多个环形电流的串联，同样让右手弯曲的四指与螺线管内电流方向一致，此时拇指指向即为通电螺线管的北极，如图 5-6（c）所示，此时通电螺线管就相当于一根条形磁铁。利用磁感应线不仅可以了解磁场中各个位置的磁场方向，而且可以通过磁感应线分布的疏密程度反映各个位置磁场的强弱。磁感应线分布密集，磁场就强；磁感应线分布稀疏，磁场就弱。

尽管不同的磁场中磁感应线的分布情况不尽相同，但是它们也有着一些相同的性质：①磁感应线都是闭合曲线；②任何两条磁感应线都不相交；③磁感应线分布密集，磁场就强；磁感应线分布稀疏，磁场就弱。

事实上，磁铁的磁性和电流的磁性并没有本质上的差别，它们都是由电荷的运动产生的，这就是所谓的磁现象的电本质。

二、磁感应强度

研究发现，磁极和磁极之间、电流和电流之间以及磁极和电流之间，都会通过磁场发生相互作用，图 5-7 为磁场对电流的作用。这表明磁场具有的一个基本特征就是对放入其中的磁体或电流有力的作用。同一个磁体或通电导线在磁场中不同位置受到的磁场力不同，说明磁场中不同位置的强弱不同。那么如何来反映磁场的强弱呢？我们以一小段通电导线作为研究对象，研究它在磁场中的受力情况与哪些因素有关以及有什么样的关系。我们把这样的一小段通电导线称为检验电流元，它的引入不会引起我们研究的磁场的任何变化。通过实验研究得知，通电导线在磁场中所受磁场力的大小与导线长度、导线内电流强度成正比，而且还与导线放置的角度有关系：当导线与磁场平行放置时，通电导线所受磁场力最小；当导线与磁场垂直放置时，通电导线所受磁场力最大。为了统一，我们把导线与磁场的角度规定为 90°，排除了放置角度这个人为因素对研究的影响。在这样的基础上，我们才能把同一段通电导线（长度相等、电流强度相等）在不同位置的受力情况进行比较，说明磁场的强弱；如果是不同的通电导线就需要将它们转换为相同的通电导线（长度相等、电流强度

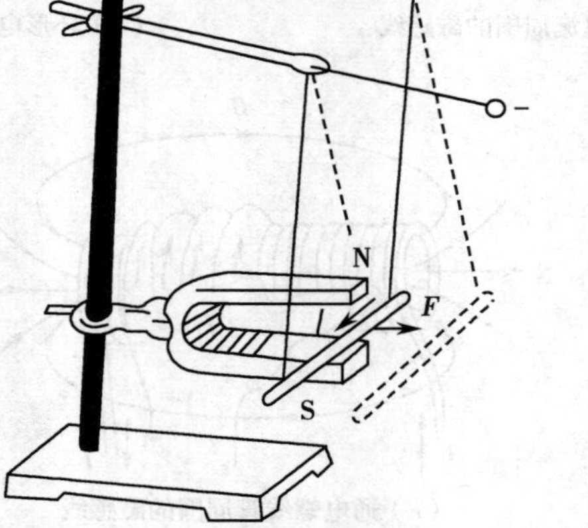

图 5-7 磁场对电流的作用

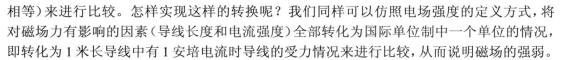

相等）来进行比较。怎样实现这样的转换呢？我们同样可以仿照电场强度的定义方式，将对磁场力有影响的因素（导线长度和电流强度）全部转化为国际单位制中一个单位的情况，即转化为1米长导线中有1安培电流时导线的受力情况来进行比较，从而说明磁场的强弱。

假设一段长度为L、电流强度为I的通电导线所受磁场力为F，那么转化为长1米、有1安培电流的导线时，导线所受磁场力为$\frac{F}{IL}$。该比值越大，说明同一段通电导线在该位置所受磁场力越大，此处磁场就越强；该比值越小，则说明同一段通电导线在该位置所受磁场力越小，此处磁场就越弱。因此，比值$\frac{F}{IL}$大小可以反映磁场的强弱，我们就把$\frac{F}{IL}$定义为磁感应强度，用B表示。即

$$B=\frac{F}{IL} \tag{5-6}$$

在国际单位制中，B的单位是特斯拉，简称特，代号为T。

$$1\mathrm{T}=1\,\frac{\mathrm{N}}{\mathrm{A\cdot m}}$$

在磁场中某处，垂直于磁场方向、长度为1米、通过1安培电流的导线，在该处所受磁场力如果是1牛顿，该处的磁感应强度就是1特斯拉。

常见磁场的磁感应强度见表5-2。

表5-2 常见磁场的磁感应强度

位置	磁感应强度（T）
普通永磁体	0.4～0.8
地磁场（地面附近）	5×10^{-5}
磁疗用磁片	0.15～0.18
超导材料内强电流的磁场	1000
人脑	10^{-12}～10^{-18}

磁感应强度B是有方向的量，属于矢量。我们规定，磁场中某处磁感应强度的方向就是该处的磁场方向，也就是磁感应线上该点的切线方向，也就是小磁针在该位置静止时北极（N）的指向。

小链接

地磁场

地球本身就是个大磁体，在周围空间存在着磁场，即地磁场。在行军、航海中可利用地磁场对指南针的作用来定向，还可以根据地磁场在地面上分布的特征寻找矿藏，测量地磁的变化也是预测地震的一个重要手段。同时地磁场就像一把保护伞，保护着地球上所有的生物免受叫太阳风的伤害。地球磁场的强度平均只有5×10^{-5}T，但医学上发现，人类的某些疾病与地球的磁场变化也有一定的关系。究竟地磁场是如何影响人体的，目前尚没有权威的科学解释，希望在不久的将来人类能找到答案。

特别的，如果某个区域的磁场中各个位置的磁感应强度的大小和方向都相同，这个区域的磁场称为匀强磁场，如图 5-8。在匀强磁场中，磁感应线是一组相互平行、疏密均匀的直线。两个相互平行的、靠得很近的、彼此正对的异名磁极之间以及通电螺线管内部的磁场，除边缘附近外都可以看作是匀强磁场。

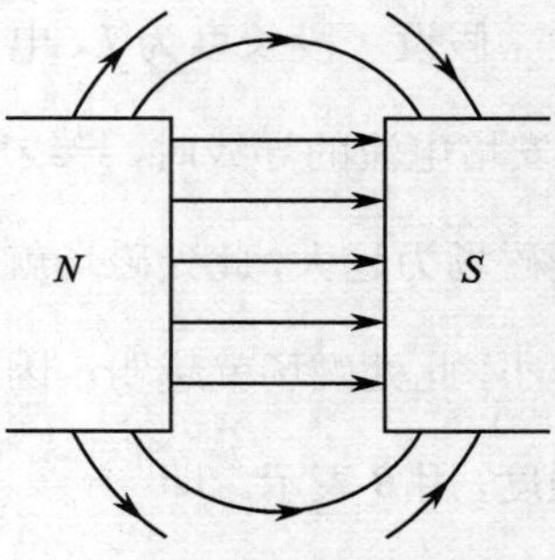

图 5-8 匀强磁场

三、磁通量

在研究磁场的时候，除了涉及磁场中各点的情况，还会涉及磁场中一个面上的情况，这时就需要一个新的物理量——磁通量。我们把穿过磁场中某一个面的磁感应线的条数称为穿过这个面的磁感应通量，简称磁通量或磁通，用 Φ 表示，在国际单位制中的单位是韦伯，简称韦，代号是 Wb。显然，磁通量是一个标量。

那么穿过某个面的磁通量该如何确定呢？在物理学中我们规定穿过垂直于磁场方向的单位面积的磁感应线条数，在数值上等于磁感应强度 B 的大小。因此在匀强磁场中，垂直于磁场方向面积为 S 的面上的磁通量为

$$\Phi = BS \tag{5-7}$$

在磁感应强度为 1 特斯拉的匀强磁场中，穿过垂直于磁场方向 1 平方米面积上的磁感应线有 1 条，就表示穿过这个 1 平方米的面的磁通量就是 1 韦伯。即

$$1\text{Wb} = 1\text{T} \times 1\text{m}^2$$

【例 5-5】 在磁感应强度为 0.8T 的匀强磁场中，有一与磁感应强度方向垂直的面积为 0.05m^2 的线圈，求穿过该线圈的磁通量是多少？

已知：$B = 0.8\text{T}$，$S = 0.05\text{m}^2$

求：Φ

解：由式（5-7）有

$$\Phi = BS = 0.8 \times 0.05 = 0.04\,(\text{Wb})$$

答：穿过该线圈的磁通量是 0.04Wb。

若磁场中平面与磁场方向不是垂直关系，那么穿过该面的磁通量会随着平面与磁场方向间夹角的变化而变化。当平面与磁场垂直时，穿过该面的磁通量最大；当平面与磁场平行时，穿过该面的磁通量最小为零，如图 5-9 所示。

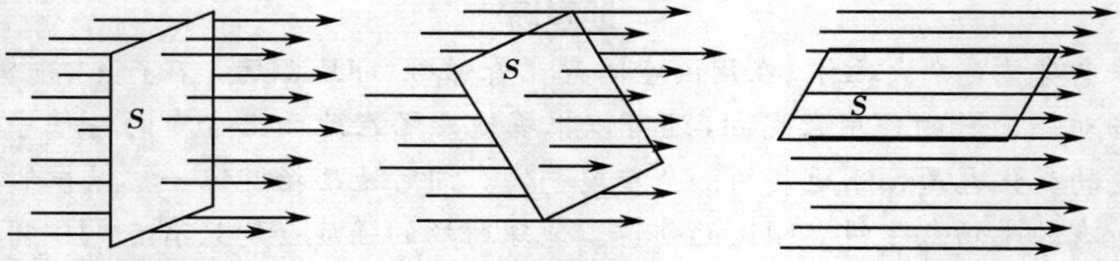

（a）磁通量最大　（b）磁通量减少　（c）磁通量为零

图 5-9 磁通量

第三节 电磁感应现象与交流电

一、电磁感应现象

在 1820 年丹麦物理学家奥斯特发现电流周围能产生磁场之前，人们一直认为电和磁是相互独立的两种现象。自从发现了电流周围能够产生磁场后，人们就开始思考利用磁场能否产生电流呢？直到 1831 年，人们终于找到了答案。英国物理学家法拉第研究发现，当磁铁与闭合线圈发生相对运动时，闭合线圈内就会产生电流，如图 5-10 所示。图 5-10（a）表示当闭合回路的部分导线做切割磁感应线的运动时，闭合回路中会产生电流；图 5-10（b）表示当条形磁铁相对于闭合线圈做相对运动时，闭合线圈内也会产生电流。事实上，无论是部分导线做切割磁感应线的运动还是条形磁铁相对于闭合线圈做相对运动，表面看似不同但却有着相同的实质：穿过闭合回路的磁通量发生了变化。因此，只要穿过闭合回路的磁通量发生变化，闭合回路中就会产生电流，这种现象称为电磁感应现象。在电磁感应现象中产生的电流称为感应电流。

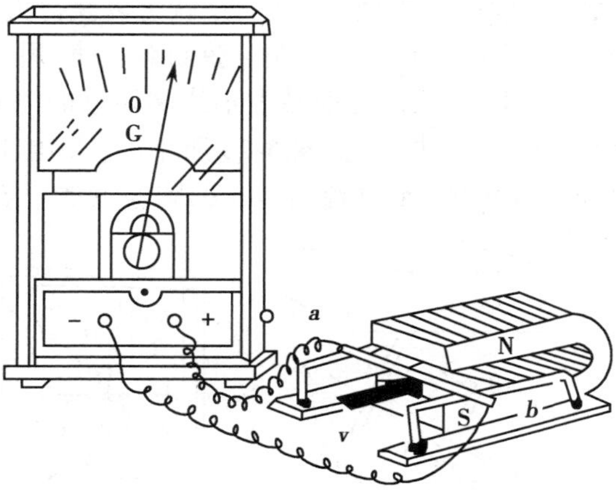

（a）

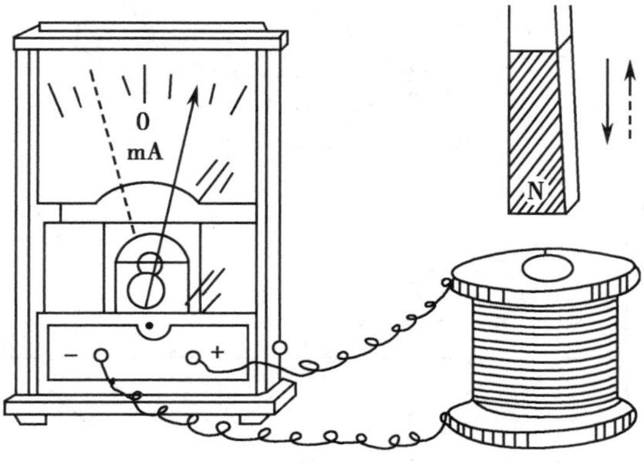

（b）

图 5-10 电磁感应现象

我们该如何判断感应电流的方向呢？对于磁通量变化是由于闭合回路的一部分导体切割磁感线引起的情况，感应电流的方向可以用右手定则来判断。右手定则的内容是：伸开右手，四指并拢，拇指与其余四指在同一平面内且与四指垂直，让磁感应线垂直穿过掌心，使拇指与导体运动方向相同，其余四指的指向就是导体中感应电流的方向，如图 5-11。

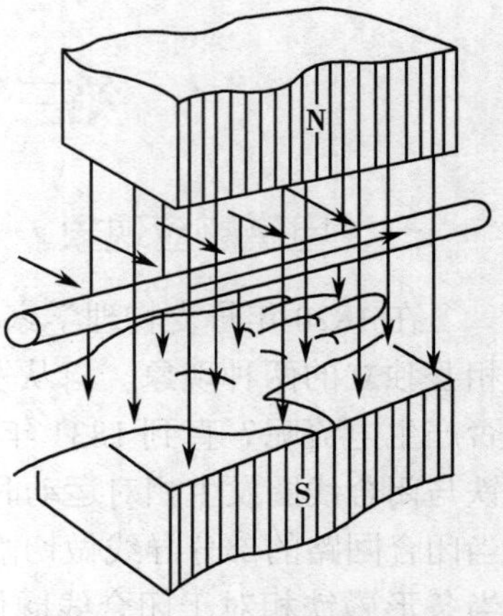

图 5-11　右手定则

二、交流电

（一）交流电的概念

根据电流的方向是否随时间发生改变可以把电流分为直流电和交流电。电流方向不随时间改变的称为直流电，而电流方向随时间改变的称为交流电。我们要研究的交流电是指大小和方向都随时间做周期性变化的电流，通常用"～"表示。和直流电相比，交流电有着特殊的优势，比如可以实现任意的升降压、便于远距离输电等。因此，交流电在生产、生活中被广泛应用。

（二）交流电的产生

我们让一个矩形线圈在匀强磁场中做匀速转动，就可以获得大小和方向都随时间做周期性变化的交流电，如图 5-12 所示。其变化遵循正弦函数规律，所以又称之为正弦交流电。交流电流用 i 表示，交流电压用 u 表示，用横轴表示线圈转过的时间 t，纵轴表示交流电电流 i，交流电电流的图像是一条正弦曲线，如图 5-13 所示，I_m 是电流的最大值，也称幅值或峰值。如果纵轴表示电压 u，则可以得到交流电电压的图像也是一条正弦曲线。

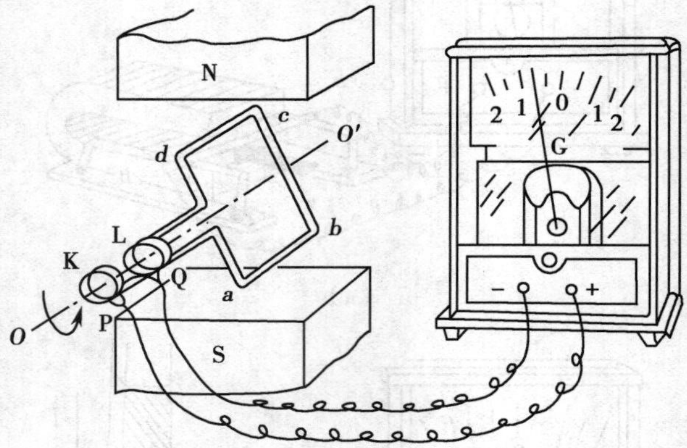

图 5-12　交流电的产生

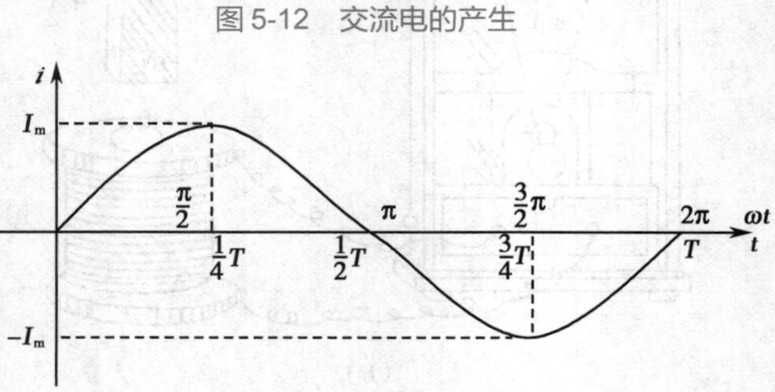

图 5-13　交流电的图像

（三）交流电的周期、频率和有效值

由于交流电是随时间做周期性变化的，所以交流电有变化的周期和频率。交流电的周期是指交流电完成一次周期性变化所需的时间，用T表示，在国际单位制中的单位是秒（s）。交流电的频率是指交流电在1秒钟内完成周期性变化的次数，用f表示，在国际单位制中的单位是赫兹（Hz）。周期和频率都是描述交流电变化快慢的物理量，周期越大，变化越慢；而频率越大，则变化越快。根据周期和频率的定义可以推出周期和频率是互为倒数的关系，即

$$T=\frac{1}{f} \quad 或 \quad f=\frac{1}{T} \tag{5-8}$$

我们日常生活中使用的交流电的周期是0.02秒，频率是50赫兹。

交流电的大小在不断变化的过程中，尽管存在变化的最大值，但最大值只是瞬时值，并不能反映交流电的实际作用效果。为了反映交流电的实际效果，我们需要用到交流电的有效值来表示交流电。交流电的有效值是根据电流的热效应来定义的。我们让交流电和直流电分别通过阻值相同的电阻，在相同的时间内如果产生的热量相同，那么，这个直流电的数值就称为交流电的有效值。电流的有效值用I表示，电压的有效值用U表示。研究表明，正弦交流电的有效值和最大值之间存在如下关系：

$$U=\frac{U_m}{\sqrt{2}} \tag{5-9}$$

其中U_m——电压的最大值。

$$I=\frac{I_m}{\sqrt{2}} \tag{5-10}$$

其中I_m——电流的最大值

（四）安全用电

电能的大规模利用给人们的工作、生活都带来了极大的方便，提高了工作效率和生活质量。但是电能在带给我们便利的同时，如果不注意规范使用，也会引发各种事故，造成人身和财产损失。因此，我们需要了解安全用电的基本常识和操作规范，学会排除安全隐患，杜绝用电事故，确保我们用电安全。

1. 触电　触电就是因触及带电体而使人体通过较大电流，从而造成人身伤害甚至死亡的现象。触电引起的伤害程度取决于通过人体电流的大小、途径和时间。人体的各个部分电阻阻值各不相同，大约从几百欧到几万欧。其中，皮肤的电阻最大，但也会因出汗等个人身体状况或外部环境的潮湿而大大降低。可见，人体所触及电压的高低、触电时个人身体状况及当时的外部环境是决定触电伤害程度的主要因素。

由于人体是导体，当人体接触带电物体的时候，就会有电流通过人体。1mA的电流通过人体就会使人有发麻的感觉，当人体通过大于10mA的交流电或大于50mA的直流电时，就会有生命危险。

一般情况下，当人体触及的电压不超过36V时，通过人体的电流不会危及人身安全，所以我们通常规定36V为安全工作电压。但是如果环境比较潮湿或有其他导致环境导电性能增强的因素存在时，安全电压要相应降低。与直流电相比，交流电对人体的危害更大，特别是频率在25～300Hz的交流电对人体危害最大，而我们生活用电的频率是50Hz；电流经过

心脏以及中枢神经系统时最为危险；触电时间越长对人体伤害越大。

常见的人体触电情况主要有以下五种：①单线触电：指人体的一部分直接（或间接通过导体）接触火线，身体另一部分直接（或间接通过导体）与大地接触构成回路，电流通过人体，对人体造成伤害的事故。因此绝对禁止赤脚或穿绝缘性能差的鞋站在地面上接触火线，见图 5-14（a）。②双线触电：人体同时接触线路中的两相导线，电流从一相导线通过人体流入另一相导线，构成一个闭合电路导致的触电现象，这是一种最危险的触电情况，见图 5-14（b）。③跨步电压触电：在距离高压电线落地点 8～10 米以内，以落地点为圆心沿半径方向单位长度距离存在较大的电压导致的触电事故。④接近高压带电体：在高压带电体附近由于高压击穿空气使空气导电而引起的触电现象。⑤电气设备漏电：由于电气设备接地不可靠或绝缘防护受损使得设备外壳带电，从而引发的触电现象。

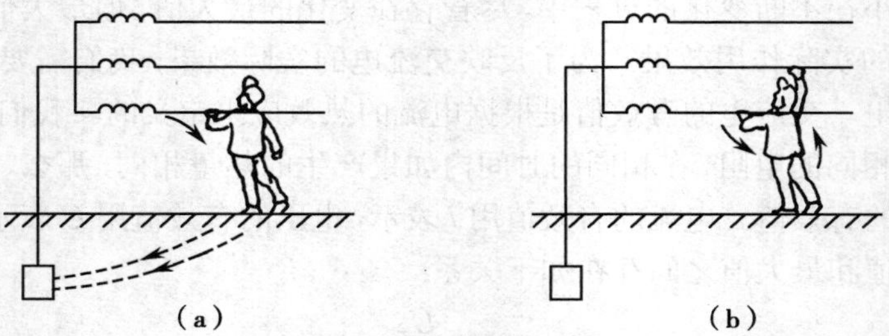

图 5-14　单线触电和双线触电

2．安全用电规则　为了确保用电安全，我们在用电过程中要特别注意以下规则：①非专业人员不要带电操作。②电气设备外壳必须按规定进行可靠的接地保护，使用三相插头。③防止导线绝缘保护层开裂和损坏，开关插座安装牢固、紧密扣合。④不要用湿手接触开关、插座、用电器，不要在电线上晾晒衣物。⑤电器发生火灾时，应首先切断电源，绝不能在带电情况下用水灭火。

当发现有人触电时，应首先切断电源或用绝缘性较好的木棍、竹竿等将电线挑开，使触电者与电源分离，减少触电时间，降低触电伤害程度，并根据触电者的状况对其进行抢救或者拨打求救电话直至救援人员赶到。

第四节　电磁现象在医学中的应用

一、电疗

电疗是指利用不同类型的电流和电磁场来治疗疾病、促进机体康复的方法，是物理治疗方法中最常用的一种。根据所使用电流的类型不同，电疗可分为直流电疗、交流电疗和静电疗法。人体内含有大量水分，此外，还有很多具有导电能力的电解质和非导电的电介质，这是电疗的物质基础。电场能作用于人体引起体内发生理化反应，并通过神经 - 体液作用，影响组织和器官的功能，达到消除病因、调节功能、提高代谢、增强免疫、促进病损组织修复和再生的目的。

（一）直流电疗

利用直流电来治疗疾病、促进机体康复的方法，称为直流电疗。直流电疗中使用的直流电电压一般在50～80V，电流强度在0.05～0.1mA。当直流电作用于人体时，体液中电解质发生电解作用，产生正、负离子，正、负离子各向其极性相反的电极移动。由于细胞膜对离子移动的阻力比组织液大很多，直流电将导致正负离子分别在细胞膜两侧堆积，从而改变离子的分布浓度。而在直流电作用下各种离子迁移率不同也使离子浓度的分布情况发生变化。这是直流电疗的生理学基础。

由于直流电对人体有电泳、电渗、极化以及其他化学、生理作用，具有调整神经的兴奋性，改善局部水肿或脱水现象，促进血液循环和代谢功能的作用。临床上常用直流电来实现镇痛、止痒、软化瘢痕、消肿、促进组织再生等，改善中枢和周围神经功能。

利用直流电还能将药物离子通过皮肤直接导入人体，达到治疗目的，这种方法称为直流电离子导入疗法。它是利用电荷同性相斥的原理，将药物离子或电荷微粒经皮肤汗腺导入人体。这种方法既有直流电疗的作用，又有药物的作用，要比单纯的直流电疗疗效更好，临床上应用较多。药物导入量主要取决于电流大小、药物浓度、电极面积和通电时间。临床上一般通电20～30分钟。直流电离子导入疗法适用于较浅组织的治疗。导入药物也因病而异，急性化脓性炎症可用抗生素类，过敏性疾病用脱敏药物，风湿性病则用水杨酸类药物。导入的药物不但可对局部组织起作用，还可通过体液循环把药物送到远端器官起治疗作用。目前，已有100多种药物可用于直流电离子导入疗法，对患者进行治疗。

（二）交流电疗

利用变化的电流来治疗疾病、促进机体康复的方法，称为交流电疗。各种频率不同、波形不同的电流对机体组织作用的效果也不同，根据电流变化频率的不同，可以将交流电疗分为低频电疗、中频电疗和高频电疗三类。

1. 低频电疗　利用频率在1kHz以下的低频脉冲电流治疗疾病的方法，称为低频电疗。机体内存在大量正负离子，当机体加上低频脉冲电压时，机体内形成的电场使机体内的正负离子发生定向移动。因电场变化频率低、周期大，在变化过程中离子可以发生较大迁移，从而使离子浓度发生显著变化，对机体组织产生刺激作用。低频脉冲电流因波形不同，可分为方波、梯形波、指数曲线形波、三角波和正弦波等。根据临床治疗需要，可调整脉冲周期，脉冲宽度和升、降波时间。

临床常用低频脉冲电流治疗周围神经疾病、各种肌肉萎缩、肢体血液及淋巴回流障碍、中枢神经功能失调以及疼痛症候群等。在实践应用中要注意选择适当的频率、通电时间、电流强度、电压高低和脉冲波形。通常低频电疗的电流强度为1～30mA，电压为100V以下。

2. 中频电疗　利用频率在1～100kHz的中频正弦电流治疗疾病的方法，称为中频电疗。中频电疗的电流强度一般为1～100mA，电压为100V以下。中频电疗对机体的作用虽然也是刺激作用，但与低频电疗不同的是，中频电疗的频率较高、周期较小、波宽较窄。其特点为：①中频正弦电流不产生电解作用，不引起组织的化学损伤。②频率高，组织阻抗小，可使用较大电流。③对感觉神经刺激较小，病人易于接受。

临床上常用中频电流治疗软组织损伤、神经炎、痛经、肢体循环障碍、周围神经损伤引起的肌肉麻痹、胃肠及膀胱平滑肌无力等。但要注意，患急性化脓性炎症者、孕妇、血栓性静脉炎患者、安装起搏器者禁用。

3. 高频电疗　利用频率在100kHz以上的高频正弦电流治疗疾病的方法，称为高频电疗。高频电流对机体的作用与直流电、低频电流有很大区别。当高频电流加在机体上时，机体组织在高频电场作用下，由于振动频率高、电流方向变化快，机体内的正负离子不会发生显著的位移，离子浓度变化很小，组织内离子随着高频电场变化在平衡位置附近振动，振动时克服阻力而生热。所以高频电疗的主要作用是热作用。

高频电流临床应用很广，多用于急、慢性化脓性和非化脓性炎症、软组织损伤、神经痛、神经损伤、风湿和类风湿性关节炎、关节周围炎、急性肾功能衰竭等。禁忌证主要有活动性肺结核、出血、心力衰竭等。

利用高频电流的热作用，不仅可以治疗多种疾病，还可以用于外科手术。当高频电流通过刀状电极进入人体时，会产生大量热能而使刀口两侧组织裂开，相对于手术刀的功能。我们称之为高频电刀。在手术过程中，被破坏的毛细血管因高温受热而迅速闭合，起到减少失血的作用。

（三）静电疗法

利用静电电场对人体的作用来治疗疾病、促进机体康复的方法，称为静电疗法。将静电场加在机体上时，体内正负离子在静电场作用下会发生定向移动，从而引起机体变化，起到治疗疾病的作用。此外，通过火花放电和静电电场可产生臭氧（O_3），对人体感受器有一定刺激作用。静电疗法应用于全身时，人体的主要反应表现为：中枢神经兴奋性降低，自主神经系统功能改善，临床常用于神经症、早期高血压、更年期综合征、自主神经功能紊乱。静电疗法在局部应用时，可以改善组织的血液循环和营养状态，抑制感觉神经，常用于慢性溃疡、皮肤瘙痒等。

二、磁疗

人类利用磁场治疗疾病已有悠久的历史，尤其是在中国。汉代司马迁《史记·扁鹊仓公列传》就已记载发现一种称为“磁石”的天然矿物，具有磁性并可治疗疾病。唐代著名医药学家孙思邈在《千金方》中记述：用磁石朱砂六曲制成的蜜丸，治疗眼病时“常顺益眼力，众方不及”，还说“主明目，百岁可读论书”。磁场对人体的神经、体液代谢、血细胞、血脂等都有一定影响，具有活血、化瘀、消肿、止痛、消炎、镇痛等功效。医学经过几千年的发展，国内外医学专家对磁疗有了更深的认识。近年来，磁场的生物效应越来越引起人们的注意，磁场能增强白细胞吞噬细菌的能力；可提高机体免疫功能，增强机体抵抗力；可扩张毛细血管调节微循环；能增强内分泌腺的功能。人们不仅应用磁场治疗疾病，而且把磁场作为一种保健手段，磁性保健用品也随之遍地开花。

磁疗是利用人造外加磁场施加于人体的经络、穴位和病变部位来治疗疾病、促进机体康复的方法。它就是利用生物的磁效应来调整和恢复人体内各种不平衡或不正常的机能状态来达到治疗疾病和康复保健的目的。其优点主要有：广泛适用、多病兼治、疗效明显、无痛无损、省时方便。磁疗主要有以下几种：

（一）静磁疗法

静磁疗法就是用稀土钴合金或钕铁硼合金等永磁材料制作而成的各种形状的器具，如磁片、磁珠、磁腰带或根据患病部位做成相应的形状，固定在病变部位进行治疗和康复的方法。静磁疗法能够消炎、止痛、促进毛细血管增生和表皮生成等功效，对癌症、痛经、哮喘、癫痫及颈椎病等都有较好的疗效。

（二）经络磁疗法

经络磁疗法是以中医经络学为依据，将传统的中医理论，特别是针灸理论与现代医学相结合，用小磁体（产生磁场）作用于与疾病对应的穴位表面，通过磁场刺激经络产生循环

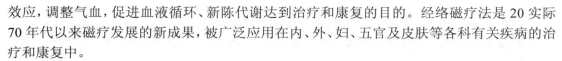

效应，调整气血，促进血液循环、新陈代谢达到治疗和康复的目的。经络磁疗法是20实际70年代以来磁疗发展的新成果，被广泛应用在内、外、妇、五官及皮肤等各科有关疾病的治疗和康复中。

（三）复合磁场疗法

随着磁疗研究的不断发展进步和应用推广，磁疗设备产生的磁场不仅仅局限于静磁场，已经发展成为复合磁场。这种磁疗设备不仅能够产生交变磁场，还可以产生脉冲磁场。利用复合磁场来治疗精神疾病、高血压、白内障、青光眼等疾病均能取得良好的疗效。

（四）磁化水疗法

水在经过磁化处理以后，其理化功能会发生变化，从而成为具有生物活性的水，我们称之为磁化水。磁化水能增高渗透压、改善通透性，增强消化功能，可以治疗牙周疾病，预防口腔疾病；可治疗动脉硬化、高血压、冠心病、慢性胃肠道疾病、糖尿病，抑制结石形成，促进结石排出体外，对治疗尿路结石有效。同时也能起到延缓衰老、预防疾病的功效。

本章小结

一、电场

1. 电场　电场是存在于电荷周围的特殊物质，电荷通过自身电场对处于其中的其他电荷会产生力的作用，即静电力，也称为电场力。

2. 电场强度　电场中某一位置电荷所受电场力 F 与它的电量 q 的比值，称为该位置的电场强度，简称场强。公式为：

$$E=\frac{F}{q}$$　单位：牛 / 库（N/C）

3. 电场线　电场中人为画出的有方向的曲线，线上任意一点的切线方向与该点的电场方向一致。电场线的性质：①电场线是有始有终、有头有尾的。起于正电荷（或无限远处），止于负电荷（或无限远处）。②电场线上任意一点的切线方向都与该点的电场强度方向一致。③任意两条电场线都不会相交。④电场线分布的疏密程度能够反映电场的强弱，即电场强度的大小。

4. 匀强电场　各个位置电场强度的大小和方向都相同的电场称为匀强电场。匀强电场中的电场线是一组相互平行、疏密均匀的直线。

5. 电势能　电荷在电场中具有的势能。如果电场力对电荷做功，那么电荷的电势能就减小；如果电荷克服电场力做功（电场力对电荷做负功），那么电荷的电势能就增加，电荷电势能的变化量总等于电场力对电荷所做的功，即 $W_{AB}=E_{PA}-E_{PB}$。

6. 电势（或电位）　电荷在电场中某点所具有的电势能 E_P 与其电量 q 的比值，称为该点的电势（或电位）。公式：$U=\frac{E_P}{q}$　单位：伏特（V）

7. 电势差（或电位差）　电场中两点间电势（或电位）的差值，称为电势差（或电位差），又称电压。即：$U_{AB}=U_A-U_B$　单位：伏特（V）

二、磁场

1. 磁场　存在于磁体或电流周围的特殊物质，磁极与磁极之间、电流与电流之间、磁极与电流之间通过磁场发生相互作用。

2. 磁感应强度 在磁场中某处垂直于磁场方向放置一段通电直导线，其所受磁场力 F 跟导线内电流强度 I 和导线长度 L 的乘积 IL 的比值，称为该处的磁感应强度。用 B 表示。即

公式：$B=\frac{F}{IL}$ 单位：特斯拉（T）

3. 匀强磁场 各个位置磁感应强度的大小和方向都相同的磁场。匀强磁场中的磁感应线是一组相互平行、疏密均匀的直线。

4. 磁通量 我们把穿过磁场中某一个面积的磁感线的条数称为穿过该面积的磁感应通量。简称磁通量或磁通。用 Φ 表示。

计算公式：$\Phi=BS$ 单位：韦伯（Wb）

三、电磁感应现象与交流电

1. 电磁感应现象 只要穿过闭合回路的磁通量发生变化，闭合回路中就会产生电流。这种现象称为电磁感应现象，产生的电流称为感应电流。

2. 右手定则 伸开右手，四指并拢，拇指与其余四指在同一平面内且与四指垂直，让磁感应线垂直穿过掌心，使拇指与导体运动方向相同，其余四指的指向就是导体中感应电流的方向。

3. 交流电 大小和方向都随时间做周期性变化的电流。矩形线圈在匀强磁场中匀速旋转可以产生交流电。交流电的周期和频率的关系是：$T=\frac{1}{f}$

4. 正弦交流电有效值和最大值之间的关系是：

$$I=\frac{I_m}{\sqrt{2}}=0.707I_m$$

$$U=\frac{U_m}{\sqrt{2}}=0.707U_m$$

四、电磁现象在医学中的应用

1. 电疗分为直流电疗、交流电疗和静电疗法。交流电疗又分为低频电疗、中频电疗和高频电疗。

2. 磁疗分为静磁疗法、经络磁疗法、复合磁场疗法和磁化水疗法。

知识拓展

电磁污染

一、什么是电磁污染

电场和磁场的交互变化产生电磁波。电磁波向空中发射或泄漏的现象，叫电磁辐射。过量的电磁辐射就造成了电磁污染。

电磁污染包括天然电磁污染和人为电磁污染两大类。天然电磁污染是某些自然现象如雷电、火山喷发、地震和太阳黑子活动引起的磁暴等，其中雷电是最常见的。天然电磁污染对短波通讯干扰尤为严重。人为电磁污染源包括：脉冲放电，如切断大电

流电路时产生的火花放电；工频交变电磁场，如大功率电机、变压器、输电线附近；射频电磁辐射，如广播、电视、微波通讯等各种射频设备的辐射，它已经成为电磁污染环境的主要因素。我们日常生活中碰到的广播、电视效果突然变差，几乎都是电磁干扰造成的。

二、电磁辐射容易超标的情况

1. 电脑0.6～1.5米的距离内。
2. 居室中电视机、音响等家电比较集中的地方。
3. 工厂、科研机构、医院的电气设备及VDT周围。
4. 广播电视发射塔周围。
5. 各种微波塔周围。
6. 雷达周围。
7. 高压变电线路及设备周围。

三、电磁污染对人体的危害

电磁污染会对人体健康造成危害。其中，微波对人体健康危害最大，中长波最小，其生物效应主要是机体将吸收的电磁能转换为热能，从而由于过热而引起的损伤。其影响主要有：

1. 电磁辐射是心血管疾病、糖尿病、基因突变致癌的主要诱因。
2. 电磁辐射对人体生殖系统、神经系统和免疫系统造成直接伤害。
3. 电磁辐射是造成流产、不育、畸胎等病变的诱发因素。
4. 过量的电磁辐射直接影响大脑组织发育、骨髓发育，造成视力下降，严重者可导致视网膜脱落。
5. 电磁辐射可使男性性功能下降，女性内分泌紊乱、月经失调。

四、防护建议

1. 老人、儿童和孕妇属于电磁辐射的敏感人群，在有电磁辐射的环境中活动时，应根据辐射频率或场强特点，选择合适的防护服加以防护。建议孕妇在孕期，尤其在孕早期，应全方位加以防护，对于电磁辐射的伤害不能存有侥幸心理。
2. 合理使用电器设备，保持安全距离，减少辐射危害。比如家中的用电器不要摆放的过于集中，注意和家用电器如微波炉、电视机等保持一定距离，减少使用时间等。
3. 注意多食用富含维生素A、维生素C和蛋白质的食物，加强机体抵抗电磁辐射的能力。
4. 日常生活中要多注意了解电磁辐射的相关知识，增强预防意识，了解国家相关法规和规定，保护自身的健康和安全不受侵害。

（万东海）

目标测试

一、名词解释

1. 电量　2. 电场强度　3. 匀强电场　4. 电势能　5. 电势

6. 磁感应强度　　7. 匀强磁场　　8. 磁通量　　9. 电磁感应现象

10. 交流电

二、填空

1. 自然界中存在______种不同性质的电荷：正电荷与负电荷，同种电荷相互________，异种电荷相互______________。电荷间相互作用的力称为______________。

2. ________________________________称为电量，电量的符号是__________，在国际单位中的单位是__________，简称__________，代号是__________。

3. 基本电荷也称__________，用______表示。一个基本电荷所带电量是__________。

4. 电荷既不能被__________，也不会__________，只能从一个物体________到另一个物体，或者从物体的一部分__________到另一部分，其总量始终________，这就是电荷守恒定律。

5. 电荷间的相互作用力，即静电力是通过______实现的，所以静电力又称作________。

6. 任何电场都是由____________产生的，每个电荷通过各自的__________对处在其中的其他电荷产生作用力。由静止电荷产生的电场称为____________。产生电场的电荷称为______________，通常用__________表示。

7. 电场中某一位置的电荷所受__________与它的________的比值，称为该位置的电场强度，简称________，用____表示，即__________，在国际单位制中的单位是__________。电场强度是矢量，通常规定____电荷在某点所受电场力的方向就是该点电场强度的方向。作为描述电场强弱的物理量，电场强度是由____________决定的，与__________无关。

8. 电场线是电场中一系列有方向的曲线，曲线上任意一点的__________与该点的电场强度方向一致。

9. 在电场的某一区域里，如果______________________，这个区域里的电场就称为匀强电场，其电场线分布情况为________________。

10. ____________________称为电势能。电场中某点的电势定义为电荷在该点具有的________与__________的比值，定义式为____________，在国际单位制中的单位是______，代号是________。电势是______量，具有相对性，通常选____________作为零电势点。

11. 磁场的基本性质是对放入其中的______或______产生力的作用。磁场具有方向性，把小磁针放入磁场中的任意一点，小磁针静止时________极所指的方向就是该点的磁场的方向。

12. 磁感线上任一点的切线方向就表示该点的______方向。磁感线可用来描述磁场的强弱和方向，同一磁场中磁感线分布较密集的区域磁场的磁感应强度较______，磁感线分布较稀疏的区域磁场的磁感应强度较______。

13. 磁感强度是描述__________的物理量，磁感强度的单位是______，代号是______。磁感强度是矢量，在磁场中的某一点上其磁感强度的方向和该点的磁场方向______。

14. 磁场中某点的磁感强度经实验测得为6 N/A•m米，则该点的磁感应强度为____T。

15. 磁通量是指__________________________，用______表示，在国际单位制中的单位是______，其代号是______。

16. 只要穿过闭合回路的______________发生变化，闭合回路中就会产生________，这种现象称为电磁感应现象。

17. ____________都随时间做周期性变化的电流叫交流电。交流电完成一次________

变化所需要的时间叫交流电的周期，用______表示，交流电在1s内完成__________的次数称交流电的频率，用________表示。

18. 我们生活用电的交流电的周期是______，频率是______，电压的有效值是______。

19. 我们通常规定的安全电压是____________。

20. 常见的触电情况有：_________、_________、_________、_________和_________五种。

三、判断

1. 对于给定的电场，电场中各点的场强具有确定的大小和方向。( )
2. 电场中一点场强的方向，就是电荷在该点所受电场力的方向。( )
3. 电场中电场线分布密集的区域，场强大。( )
4. 沿着电场线的方向，场强越来越低。( )
5. 电流和电流之间也能通过磁场发生相互作用。( )
6. 在磁铁外部，磁感线由N极到S极，在磁铁内部，磁感线由S极到N极。( )
7. 利用右手定则可以判断电流周围磁场方向。( )
8. 只要穿过闭合回路的磁通量发生变化，闭合回路中就会产生感应电流。( )
9. 我国生活用电的电压最大值是220V。( )
10. 通常规定的安全电压为24V。( )

四、单项选择

1. 电荷量的单位及单位的符号是
   A. 法拉，C　　B. 库仑，C　　C. 库仑，Q　　D. 法拉，Q
2. 下列说法不正确的是
   A. 电场线是起于正电荷，止于负电荷的曲线
   B. 任何两条电场线都不会相交
   C. 电场越强的地方，电场线越稀疏
   D. 沿电场线电势降低
3. 关于电场线，下列说法正确的是
   A. 电场线是电荷在电场中运动的轨迹
   B. 沿电场线电势升高
   C. 电场线不可以表示电场方向，也不可以表示电场大小
   D. 电场线不可以相交
4. 关于电势，描述正确的是
   A. 电势是标量　　B. 电势是矢量
   C. 电势的单位是库仑　　D. 电势的单位是焦耳
5. 磁场中任意一点的磁场方向规定为，小磁针在磁场中
   A. 受磁场力的方向　　B. 北极受磁场力的方向
   C. 南极受磁场力的方向　　D. 受磁场力作用转动的方向
6. 下列说法正确的是
   A. 通电螺线管内部和外部的磁感线都是从N极指向S极
   B. 磁铁能产生磁场，电荷也能产生磁场
   C. 磁场的方向一定顺着磁感线的方向
   D. 用磁感线可以表示磁场的强弱和方向

7. 关于磁感应强度的单位下列正确的是

A. F/A　　B. T　　C. F/m　　D. C/A•m

8. 关于磁感应强度的计算公式下列正确的是

A. $B=F/IL$　　B. $B=F/IU$

C. $B=IU$　　D. $B=qE$

9. 关于磁感应强度下列说法正确的是

A. 磁感应强度是描述磁场性质的物理量，既有大小又有方向

B. 磁感应强度只有大小没有方向

C. 磁极周围的空间里各个不同点上的磁感应强度处处相等

D. 所有的磁场，其中不同点上磁感强度都相同

10. 在一磁感应强度为 B 的匀强磁场中，垂直于磁场的方向上方置一面积为 S 的平面，关于穿过该面的磁通量下列正确的是

A. $\varphi=B/S$　　B. $\varphi=BS$

C. $\varphi=B+S$　　D. $\varphi=B-S$

11. 关于磁通量的单位下列正确的是

A. T　　B. A　　C. N　　D. Wb

12. 关于交流电下列说法正确的是

A. 交流电的大小随时间作周期性变化，方向不变

B. 交流电的方向随时间做周期性的变化，大小不变

C. 大小和方向都随时间做周期性变化的电流叫交流电

D. 交流电的有效值和方向都随时间作周期性变化

13. 关于磁场下列说法不正确的是

A. 磁场是存在于磁极或电流周围的一种特殊物质

B. 不同的磁场只有强弱不同无其他区别

C. 磁极和磁极之间、电流和电流之间、磁极和电流之间的作用力都是通过磁场产生的

D. 磁场既有强弱也有方向

14. 关于磁感强度下列说法正确的是

A. 磁感强度的单位是韦伯　　B. 磁感强度是标量

C. 磁感强度是矢量　　D. 磁感强度只有大小没有方向

15. 下列说法不正确的是

A. 磁极和磁极之间的相互作用是通过磁场发生的

B. 电流和电流之间的相互作用是通过磁场发生的

C. 磁场和电场一样也是一种客观存在的物质

D. 磁场和其他物质相同也由分子和原子组成

16. 关于通电螺线管内、外的磁场和磁感线下列说法正确的是

A. 通电螺线管的内、外没有磁场

B. 通电螺线管的内、外都有磁场

C. 通电螺线管的内、外没有均匀的磁场

D. 通电螺线管内、外的磁感线不是一系列闭合曲线

17. 关于电磁感应现象下列说法正确的是
A. 不变化的磁场就可以发生电磁感应现象
B. 获得电磁感应现象中不需要变化的磁场
C. 闭合电路中的磁通量发生变化是产生电磁感应现象的必要条件
D. 电磁感应现象和磁通量变化无关

18. 某交流电的频率是50Hz，下列说法正确的是
A. 该交流电的周期是50s
B. 该交流电的周期是0.02s
C. 该交流电每分钟完成50次周期性变化
D. 该交流电完成一次周期性变化用50s

19. 关于交流电下列说法不正确的是
A. 大小和方向都随时间做周期性变化的电流叫交流电
B. 交流电每完成一次周期性变化所用的时间叫交流电的周期
C. 交流电的有效值和最大值的关系是I=0.707Im，U=0.707Um
D. 交流电的大小随时间做周期性变化，方向不变

20. 关于交流电的有效值和最大值的关系下列说法正确的是
A. 交流电流的有效值和最大值的关系是I=0.707Im
B. 交流电压的有效值和最大值的关系是Um=0.707U
C. 交流电的电流最大值等于其有效值
D. 交流电的电压有效值等于其最大值

五、计算

1. 真空中有一带电量为2.0×10^{-9}C的点电荷，放在电场中某点受到的电场力为2.4×10^{-3}N，求该点的电场强度是多少？

2. 设电场中A、B两点的电势差$U_{AB}=5.0\times10^{2}$伏特。选A点的电势为零时，B点的电势是多少？

3. 在图5-4所示的电场中，有A、B、C、D四点，若选B为零电势点，已知电势差$U_{AB}=U_{BC}=U_{CD}=40$V，求U_A、U_B、U_C、U_D各为多少？

4. 在磁场中，垂直于磁场方向的一段直导线的长度是0.2m，导线中的电流是2.0A，导线所受的磁场力0.36N，求导线所在处的磁感强度。

5. 在一个磁感强度为0.05T的匀强磁场中放有一个面积为0.8m^{2}的同磁场方向垂直的线框。求穿过这个线框的磁通量。

6. 我国用于工农业生产中的动力电路的交流电频率是50Hz，电压的有效值是380V，求这一交流电的周期和电压的最大值是多少？

第六章　光学基础及应用

学习目标

熟悉折射率、全反射和临界角的概念及光的色散现象，掌握折射定律和全反射发生的条件。

掌握透镜的分类和透镜成像时三条特殊光线并会做透镜成像光路图，熟悉透镜成像的特点与性质和透镜的成像公式。

了解眼睛的构造及成像原理、异常眼矫正方法及常见医用光学仪器的工作原理和作用。

光学是物理学中最古老的分支之一，早在2000多年前，我国古代的墨翟就在《墨经》中记载了有关光的直线传播和小孔成像的现象。伴随着人类社会的不断进步，光学知识体系也不断发展完善并在人类生产生活中发挥越来越重要的作用。

第一节　光的折射　全反射

一、光的折射

我们知道，在同一种均匀介质中光是沿直线传播的，当光从一种介质进入另一种介质时，在两种介质的交界面上会发生反射现象。反射现象遵循反射定律：反射光线在入射光线和法线所决定的平面内，入射光线与反射光线分居法线两侧，入射角等于反射角。

当光线从介质 1 中到达介质 1、2 交界处时，除了一部分光线发生反射回到介质 1 中，还有一部分光线通过两种介质的界面进入介质 2 内，并且光线传播方向也发生改变，我们说光在两种介质界面处发生了折射现象。比如，我们把筷子的一端斜插在水里另一部分暴露在空气中，这时筷子看上去是向上折起的。这就是因为光射到两种介质的界面上时，除了发生反射，同时还会发生折射（图 6-1）。

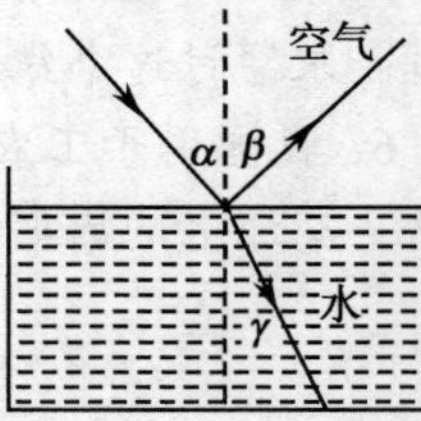

图 6-1　光的反射与折射

（一）光的折射定律

1618 年，荷兰科学家斯涅耳通过大量的实验指出：当光从介质 1 透射入介质 2 发生折射时，折射光线在入射光线和法线所决定的平面内，折射光线和入射光线分居法线两侧；入射角的正弦值跟折射角的正弦值之比对于给定的两种介质来说是一个常量，用 n_{21} 表示。即

$$n_{21}=\frac{\sin\alpha}{\sin\gamma} \tag{6-1}$$

这就是光的折射定律。6-1 式中的 n_{21} 称为介质 2 对于介质 1 的相对折射率。

（二）折射率

光从真空射入某种介质发生折射时，入射角 α 的正弦值跟折射角 γ 的正弦值之比，称为这种介质的绝对折射率，又称为这种介质的折射率，用 n 表示。即：

$$n=\frac{\sin\alpha}{\sin\gamma} \tag{6-2}$$

如光从真空射入水时 $n=1.33$，即水的折射率为 1.33；当光从真空射入水蒸气时 $n=1.026$，即水蒸气的折射率为 1.026。表 6-1 中列出了一些不同介质的折射率。

表 6-1　不同介质的折射率

介质	折射率	介质	折射率	介质	折射率
水	1.33	冰	1.31	酒精	1.36
水蒸气	1.026	石英	1.46	乙醚	1.35
水晶体	1.424	玻璃	1.5～2.0	萤石	1.43
水状液	1.336	金刚石	2.4	岩盐	1.55
水晶	1.54	角膜	1.37	空气	1.0003
甘油	1.47	玻璃体	1.336	真空	1

折射率反映光从真空中进入介质后光的传播方向发生偏折的程度。折射率的大小由介质本身的光学性质决定，不同的介质其折射率不同。介质的折射率越大，光从真空进入该介质后偏离原来方向的程度越大，越靠近法线。

可以证明，如果用 c 表示光在真空中的速度，用 v 表示光在介质中的速度，折射率还可表示为：

$$n=\frac{c}{v} \tag{6-3}$$

即介质的折射率在数值上等于光在真空中的速度与光在该介质中的速度之比。介质的折射率越大，光在该介质中的传播速度越小。

因为光在空气中的速度与光在真空中的速度很接近，所以空气的折射率可以近似地取为 1。

对于任意两种不同介质来说，光在其中传播速度较小的介质称为光密介质，光在其中传播速度较大的介质称为光疏介质。由式（6-3）可知，光密介质的折射率大，光疏介质的折射率小。由于光在真空中的速度比在其他任何介质中都大，所以与其他传播介质相比，真空都是光疏介质。

【例题 6-1】 已知光在水中的速度是 $\frac{3}{4}c$，求水的折射率是多少？若光在玻璃中的速度为 $\frac{3}{5}c$，玻璃的折射率又是多少？从计算结果看水和玻璃哪一种是光疏介质？

已知：$v_{水}=\frac{3}{4}c$　　$v_{玻璃}=\frac{3}{5}c$

求：$n_{水}$，$n_{玻璃}$

解：由 $n=\dfrac{c}{v}$得

$$n_{水}=\frac{c}{\frac{3}{4}c}=\frac{4}{3}$$

$$n_{玻璃}=\frac{c}{\frac{3}{5}c}=\frac{5}{3}$$

答：水的折射率为$\dfrac{4}{3}$，玻璃的折射率为$\dfrac{5}{3}$。水和玻璃比较$\dfrac{4}{3}<\dfrac{5}{3}$，所以水是光疏介质。

（三）光的色散

主截面为三角形的玻璃棱镜，称为三棱镜（图 6-2）。

一束白光射向三棱镜，我们可以看到，白光通过三棱镜后，在光屏上形成按红、橙、黄、绿、青、蓝、紫顺序依次排列的彩色光带，这种现象称为光的色散（图 6-3）。

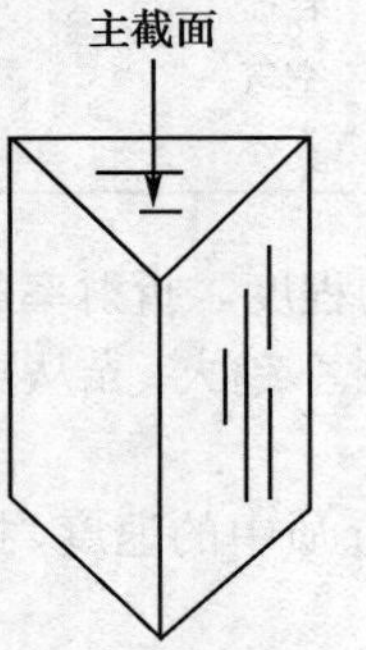

图 6-2 三棱镜

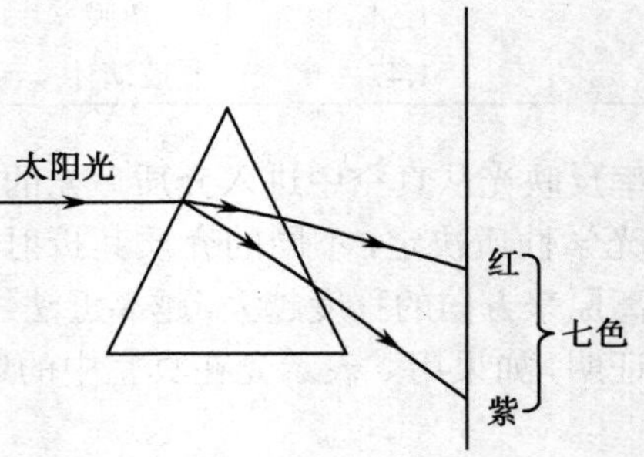

图 6-3 光的色散

白光通过三棱镜的色散作用得到的连续排列的彩色光带称为连续光谱。红光在最上端，紫光在最下端，可见不同的色光通过三棱镜后的偏折程度不同。这是因为各种颜色的光的频率不同，所以不同的色光的折射率有所不同。红光的折射率最小（$n_{红}=1.513$），使得红光偏折程度最小，所以在最上端；紫光的折射率最大（$n_{紫}=1.532$），使得紫光的偏折程度最大，所以在最下端。

不论什么颜色的光线，通过三棱镜的两次折射后，都向棱镜的底面偏折，即向棱镜厚度大的一面偏折。

二、全反射

当光线从一种介质射向另一种介质时，一般会同时发生反射和折射现象。如果光线从光密介质射向光疏介质时，折射角始终大于入射角，而且随着入射角增大，折射角也随之增大。当入射角增大到某一值时，折射角会等于 90°，此时折射光线沿着两种介质界面的方向传播，如果继续增大入射角，入射光线将全部反射回原来的光密介质中。这种从光密介质射向光疏介质的入射光线全部反射而无折射的现象称为全反射（图 6-4）。

光线从光密介质入射到光疏介质时，折射角等于 90° 时对应的入射角称为临界角，用字母 A 表示（图 6-5，表 6-2）。

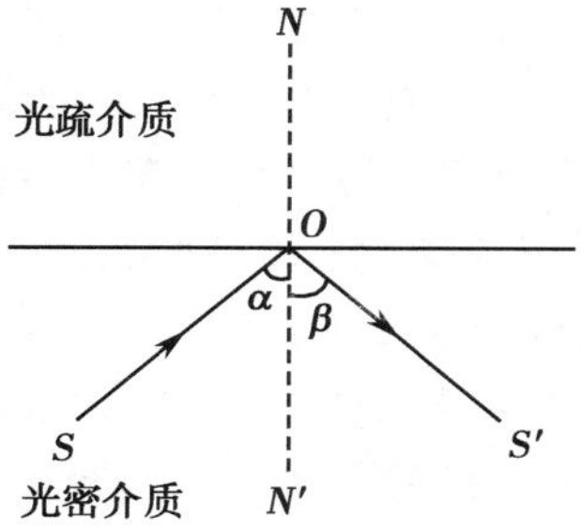

图 6-4 光的全反射

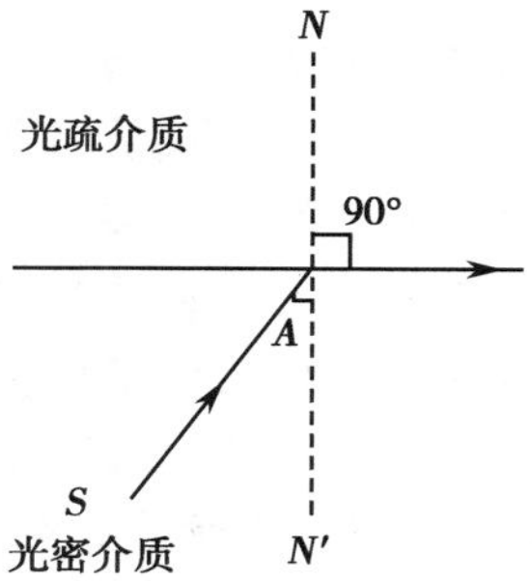

图 6-5 临界角 A

表 6-2 几种物质与空气接触时的临界角

物质	临界角	物质	临界角
水	48.70°	金刚石	24.5°
玻璃	30° ～42°	甘油	42.9°

当光线从光疏介质射入光密介质时，折射角总是小于入射角，不可能达到 90°，所以折射光线始终存在，也就不可能发生全反射现象。

由上述分析可得，发生全反射的条件是：

(1) 光线从光密介质射入光疏介质。

(2) 入射角大于临界角。

全反射现象在自然界中是常见的。如水中的气泡显得格外耀眼；露珠在阳光照射下更加明亮，大自然中发生的“海市蜃楼”等现象（图 6-6），这些都是光的全反射造成的。在现代技术中用到的光导纤维也是利用了光的全反射原理实现信息传递的。

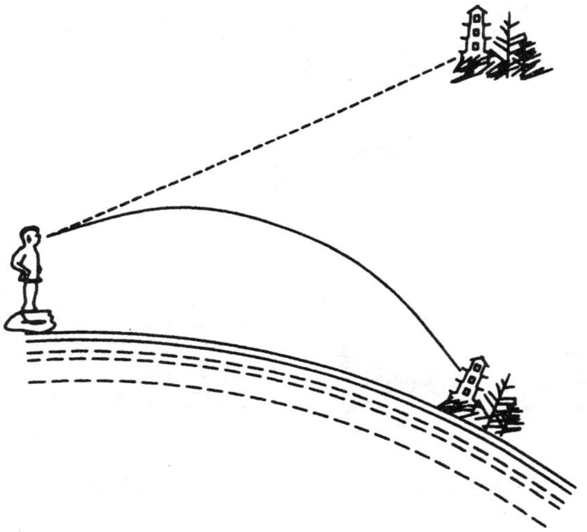
图 6-6 海市蜃楼示意图

小链接

海市蜃楼

夏天在平静无风的海面上，向远方望去有时能看到亭台、楼阁、山峰、庙宇、船只等出现在空中。古人无法科学解释这种现象，认为是海中蛟龙（蜃）吐出的气结成的，因此称为“海市蜃楼”。实际上，“海市蜃楼”是光在密度分布不均匀的空气中传播时发生全反射而产生的。在夏天，海面上下层空气比上层空气密度大，折射率也大，所以远处景物反射的光线射向空中时，由于不断发生折射，光线越来越偏离法线，进入上层空气的入射角不断增大，以致发生全反射现象。反射光线传播到地面，人们逆着光线看去，就好像远方的景物悬在空中，如图 6-6 所示。在夏天炙热的柏油路面上和炎热的沙漠里也会发生类似的“海市蜃楼”现象。

第二节 透镜成像

一、透镜

（一）透镜的分类

透镜一般是用玻璃等透明材料制成的光学元件。两个折射面都是球面，或一个球面一个平面的透明体称为透镜，图 6-7 表示各种透镜的截面。中央厚、边缘薄的透镜称为凸透镜，如图 6-7 中的 A、B、C 三种透镜；中央薄、边缘厚的透镜称为凹透镜，图 6-7 中的 D、E、F。凸透镜对光线有会聚作用，因此凸透镜又称为会聚透镜；凹透镜对光线有发散作用，所以凹透镜又称为发散透镜（图 6-8）。

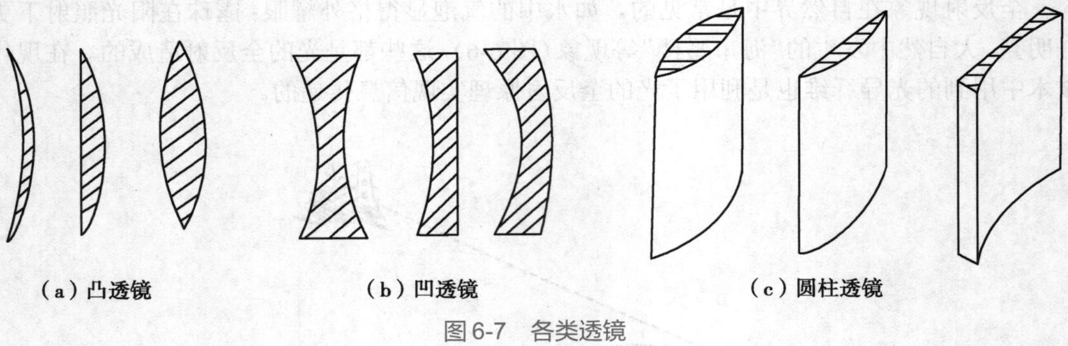

图 6-7 各类透镜

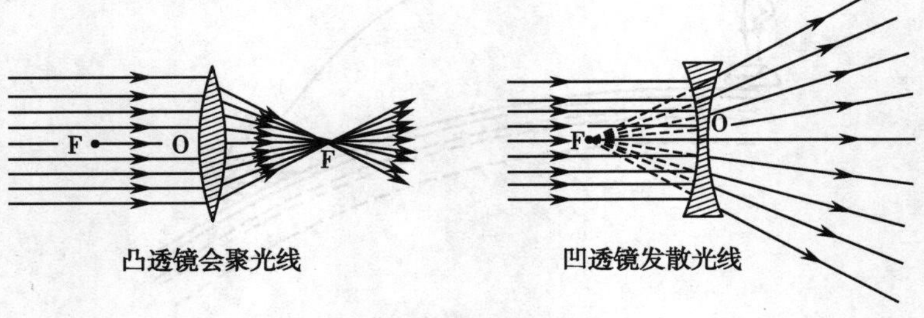

图 6-8 透镜的光学性质

(二)透镜的主光轴、光心、焦点和焦距

透镜的两个折射面所在的球面都有球心，通过这两个球心的直线称为透镜的主光轴。主光轴与透镜两个折射面的交点称为透镜的顶点，每个透镜有两个顶点，分别用 C_1、C_2 表示。如果透镜的厚度与折射面所在球面半径相比小得多时，我们可以把透镜的两个顶点 C_1、C_2 看作是重合在一起的一个点，这样的透镜称为薄透镜，两个顶点重合的那一个点称为透镜的光心，用 O 表示（图 6-9）。通过光心的光线将保持原来的传播方向不变。

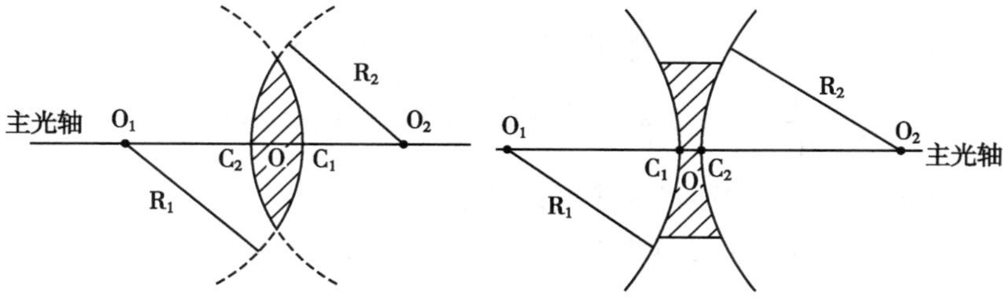

图 6-9　透镜的主光轴和光心

作图的时候我们用通过光心并且与主光轴垂直的直线表示薄透镜，图 6-10 的（a）图表示的是凸透镜，（b）图表示的是凹透镜。

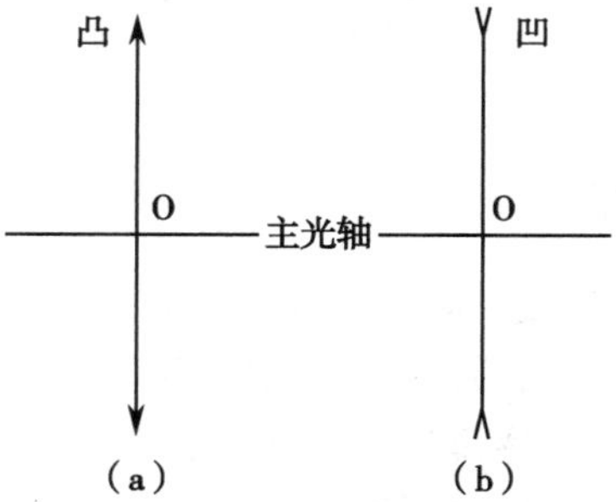

图 6-10　透镜的图示

物体发出的平行于主轴的光线通过透镜后，其折射光线或它的反向延长线会相交于主轴上一点，该点称为透镜的焦点，用 F 表示。从光心 O 到焦点 F 的距离 OF 称为透镜的焦距，用 f 表示。任何透镜都有两个焦点，分别位于透镜的两侧且关于光心对称。对凸透镜而言，其焦点是光线真实会聚的点，称为实焦点；而对于凹透镜来说，其焦点是折射光线的反向延长线的交点，并不是折射光线真实会聚的点，所以称为虚焦点（图 6-11）。在实际应用中，我们统一规定凸透镜的焦距为正值；凹透镜的焦距为负值。

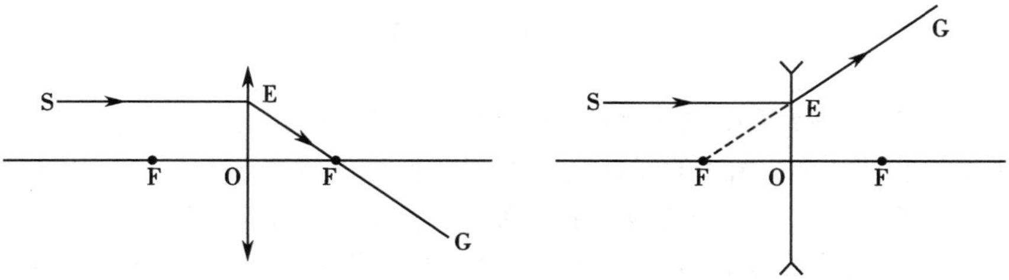

图 6-11　透镜的焦点和焦距

（三）透镜的焦度

不同的透镜，它们会聚或发散光线的本领是不同的。焦度 Φ 就是用来表示透镜折光本领的物理量。透镜的焦距越小，其倒数就越大，透镜的折光本领就越强。所以我们就可以用透镜焦距的倒数$\frac{1}{f}$来表示透镜的折光本领。因此，就有

$$\Phi=\frac{1}{f} \tag{6-4}$$

在国际单位制中焦度 Φ 的单位是屈光度，代号是 D。当透镜的焦距等于 1m 时，透镜的焦度为 1D。1 屈光度的$\frac{1}{100}$为透镜的 1 度，所以 1 屈光度 = 100 度 = 100°，根据透镜性质的不同，凸透镜的焦度为正值，凹透镜的焦度为负值。

【例题 6-2】 焦距为 40cm 的凹透镜的焦度为多少屈光度？

已知：$f=-40\text{cm}=-0.4\text{m}$

求：Φ

解：由 $\Phi=\frac{1}{f}$得

$$\Phi=\frac{1}{-0.4}=-2.5(\text{D})$$

答：这个凹透镜的焦度为 −2.5D。

二、透镜成像几何作图法

从某一发光点发出的近轴光线，通过透镜折射后能够会聚于一点，这一点就是该发光点的像。为了作出发光点的像，我们通常会利用以下三条典型光线来做图（图 6-12），即：

（1）平行于主光轴的光线通过透镜后经过焦点。

（2）经过焦点的光线通过透镜后平行于主光轴。

（3）通过光心的光线通过透镜后传播方向保持不变。

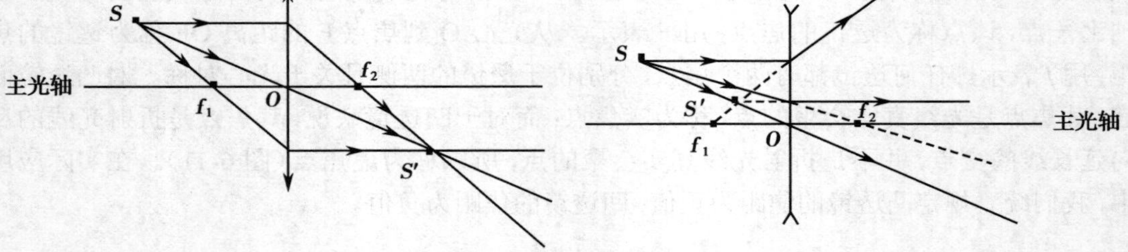

图 6-12 透镜成像三条特殊光线

在利用几何作图法做透镜成像光路图时，用带箭头的直线表示光线及其传播方向，真实光线或实像用实线表示，光线的反向延长线或虚像用虚线表示。只要利用上述三条典型光线中的任意两条就可以把透镜所成像的位置、大小、倒正、虚实绘制出来。

【例题 6-3】 一个物体 AB 位于凸透镜一倍焦距到两倍焦距之间，用作图法分析凸透镜的成像。

解：首先从A点作一条通过光心的光线方向不变；然后从A点作一条光线与主光轴平行该光线通过透镜后经过焦点。上面两条光线经过透镜折射后相交于A_1，则A_1为A的像（图6-13）。

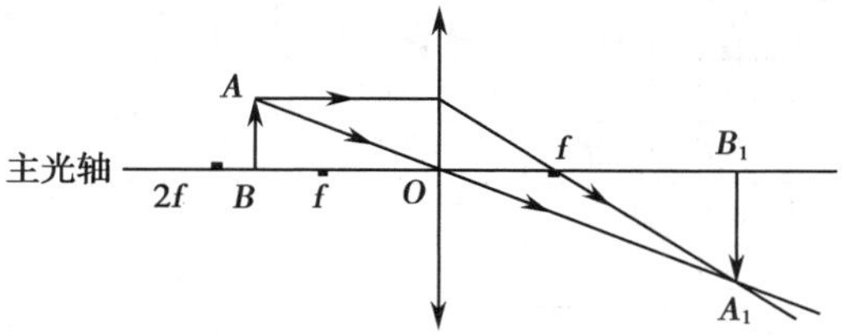

图6-13 凸透镜成像实例一

从作图可见，物体AB位于凸透镜一倍焦距到两倍焦距之间时，在AB的异侧二倍焦距之外生成一个放大、倒立的实像A_1B_1。

用类似于例6-3的方法，可作出物体位于凸透镜焦点之内的成像光路图（图6-14），凹透镜成像光路图（图6-15）。

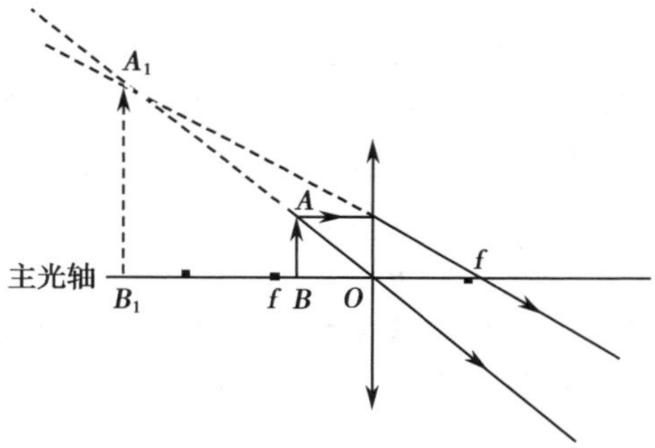

图6-14 凸透镜成像实例二

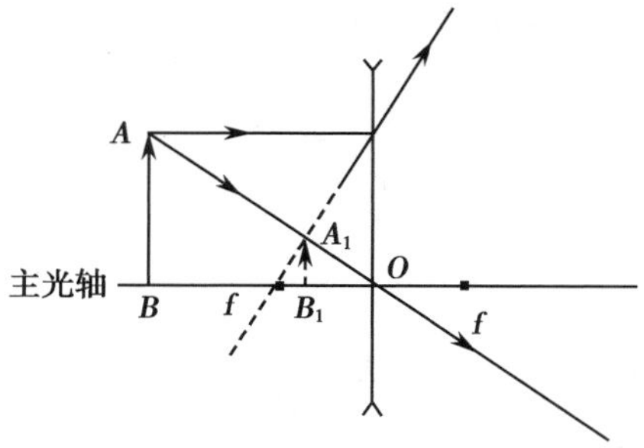

图6-15 凹透镜成像实例

通过作图可归纳得到透镜成像的特点：

（1）实像与物体总是分居透镜的两侧，实像总是倒立的；虚像与物体总是位于透镜的同侧，虚像总是正立的。

（2）对凸透镜来说，物体位于焦点以内时，成正立放大的虚像；物体位于焦点以外二倍焦距以内时，成倒立放大的实像；物体位于二倍焦距时，成等大倒立的实像；物体位于二倍焦距以外时，成倒立缩小的实像。

（3）对凹透镜来说，总是成正立缩小的虚像。

表6-3列出了不同情况透镜成像的性质以及实际应用。

表6-3　透镜成像的性质和应用

透镜	物的位置	像的性质				应用
		像的位置	像的大小	倒/正	虚/实	
凸透镜	$u\to\infty$	异侧 $v=f$	缩小为一点	一点	实像	测焦距
	$\infty>u>2f$	异侧 $f<v<2f$	缩小	倒立	实像	眼睛、照相机
	$u=2f$	异侧 $v=2f$	等大	倒立	实像	倒立实像
	$2f>u>f$	异侧 $2f<v<\infty$	放大	倒立	实像	幻灯机、显微镜的物镜
	$u=f$	异侧 $v\to\infty$	无像	无像	无像	探照灯
	$u<f$	同侧 $v<0$	放大	正立	虚像	放大镜、显微镜的目镜
凹透镜	在主光轴任意位置	同侧 $v<0$	缩小	正立	虚像	近视眼镜

三、透镜成像公式法

(一)透镜成像公式

透镜成像除了可以通过几何作图法来确定外，还可以使用相应运算公式进行精确计算。如果物距(即物体到透镜的距离)用 u 表示，像距(即像到透镜的距离)用 v 表示，焦距用 f 表示，可以证明，物距 u 像距 v 和焦距 f 三者之间满足以下关系式：

$$\frac{1}{u}+\frac{1}{v}=\frac{1}{f} \tag{6-5}$$

该关系式就是透镜成像公式。透镜成像数学公式适用于薄透镜。使用时，物距 u 总是取正值；实像的像距 v 取正值，虚像的像距 v 取负值；凸透镜的焦距 f 取正值，凹透镜的焦距 f 取负值。

(二)像的放大率

像的高度与物体的高度之比称为像的放大率，用 K 表示。即

$$K=\frac{\text{像高}}{\text{物高}} \tag{6-6}$$

可以证明，$\frac{\text{像高}}{\text{物高}}=\frac{|v|}{u}$。因此

$$K=\frac{|v|}{u} \tag{6-7}$$

因为像的放大率只是表明像比物放大或缩小的倍数，所以只取正值。

【例题6-4】 凸透镜的焦距为20cm，物体到透镜的距离为60cm，求像到透镜的距离？像的放大率？这个像是实像还是虚像？像是正立的还是倒立的？像是放大的还是缩小的？

已知：$f=20\text{cm}$　　$u=60\text{cm}$

求：v, K

解：由 $\frac{1}{u}+\frac{1}{v}=\frac{1}{f}$ 得

$$\frac{1}{60}+\frac{1}{v}=\frac{1}{20}$$

解得 $$v=30\,(\text{cm})$$

由$K=\dfrac{|v|}{u}$得

$$K=\frac{30}{60}=\frac{1}{2}$$

答：像到透镜的距离为30cm，像的放大率为$\frac{1}{2}$，这个像是倒立、缩小的实像。

第三节 眼 睛

一、眼睛的光学结构

眼睛近似球状，是一个极其复杂的光学系统。图6-16的眼睛剖面示意图说明了眼睛结构的主要部分。

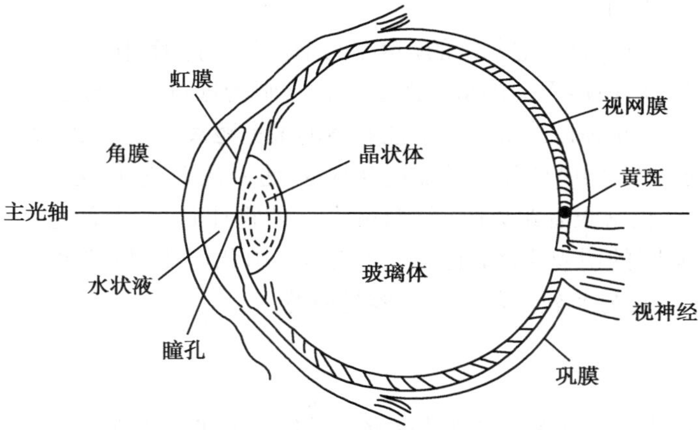

图6-16 人的眼球剖面图

眼球最外层的无色透明的膜称为角膜，外来光线是由角膜进入眼内，角膜的后面是虹膜，其中央有一个圆孔，称为瞳孔，虹膜的收缩可以改变瞳孔的大小，以控制眼睛的进光量。虹膜的后面是一种透明而富有弹性的组织，称为晶状体，它的形状如双凸透镜，靠睫状肌的收缩和松弛可以调节其表面弯曲程度，从而改变晶状体的焦距。在角膜、虹膜和晶状体之间充满了一种无色的水状液。眼球的内层称为视网膜，上面布满了感光细胞。视网膜上正对瞳孔的部位有一小凹陷，因它呈黄色而称为黄斑，黄斑对光的感觉最灵敏。在晶状体和视网膜之间充满了另外一种无色透明胶状体，我们称之为玻璃体。

从光学的角度看，眼睛的折光成像原理与凸透镜成像原理类似，但人的眼睛是一个由角膜、水状液、晶状体和玻璃体四种不同介质组成的折光系统，所以眼睛是一个极复杂的光学系统。光线从空气射入角膜时会产生明显的折射现象，但光线先后通过这几种介质时折射现象并不显著。因为尽管这四种介质的折射率各不相同但彼此相差很小：角膜为1.376，水状液为1.336，晶状体为1.424，玻璃体为1.336。所以眼睛主要是靠角膜聚焦，角膜的聚焦作用约占眼睛聚焦作用的2/3。

为了研究方便，生理学上常把眼睛的光学系统简化为简约眼。它是把眼睛看作一个内容物均匀、前后径为20mm、折射率为1.33、焦距小于20mm的单球面折光体。外界光线由空气进入简约眼时，只在相当于在角膜的界面上折射一次，然后在视网膜上聚焦成像。

二、眼睛成像原理和调节作用

眼睛要观察物体，就必须使物体发出的光线进入眼睛，经眼睛折射后，在视网膜上形成倒立、缩小的实像，这样才能刺激视网膜上的感光细胞，经视神经将接收到的视觉信息传送给大脑的视觉中枢，通过视觉中枢的分析处理将倒立的像还原为正立的像，从而产生视觉，看清物体。眼睛为什么能使远近不同的物体都能成像在视网膜上呢？这是通过睫状肌的调节作用实现的。因为睫状肌的收缩和放松能使晶状体的弯曲程度发生变化从而改变晶状体的焦距。观看近处物体时，睫状肌收缩使晶状体的弯曲程度变大，晶状体变凸，焦距变小，使近处物体的像能落在视网膜上；看远处物体时，睫状肌放松使晶状体的弯曲程度减小，晶状体变平，焦距变大，使远处物体的像能落在视网膜上。眼睛的这种通过睫状肌的收缩与放松来调节晶状体焦距的作用称为眼睛的调节。通过眼睛的调节使得视网膜上能够成像清晰，人们才能看到清晰的物体。

眼睛的调节作用也是有一定范围的，存在两个极限，分别称作远点和近点。远点是指眼睛在晶状体曲率最小时所能看清的最远距离。正常眼的远点在无穷远处。近点是指眼睛在最大限度进行调节、晶状体曲率最大时所能看清的最近距离。正常眼的近点在眼前10cm左右。而随着年龄的增长，眼睛的调节功能逐渐减退，近点逐渐变远，老年人的近点在30cm左右。在一般情况下，正常眼看距离眼睛25cm左右的物体时，长时间也不容易疲劳，我们把25cm的距离称为眼睛的明视距离，通常用d表示。由此可知，日常生活中在阅读时把书刊放在明视距离处人眼会感到较为舒适且不容易疲劳。

三、视角与视力

眼睛要清楚地观察到物体要求物体能够在功能正常的视网膜上清晰成像，并且物体表面的亮度应达到能够引起视觉的感觉下限，从而引起视觉反应，同时还要求视网膜上所成的像不能太小，否则我们将无法清晰地分辨物体。视网膜上成像的大小取决于物体对人眼光心所张的角度。我们把物体两端对于人眼光心所引出的两条直线的夹角称为视角，用α表示（图6-17）。

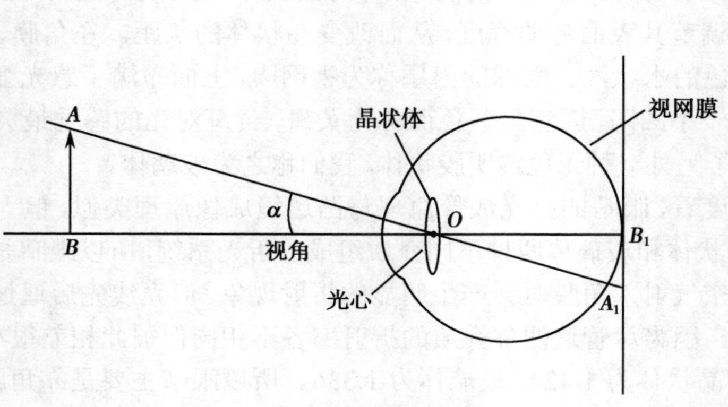

图6-17 视角α

从图 6-17 可以看出，观察物体时，视角越大，其所成的像也越大，物体看得就越清晰，越容易分辨物体的细微部分。所以人们在观察细小的物体时，总会把物体拿到离眼睛较近的地方，这样做就是为了增大视角，使物体在视网膜上所成的像大一些。如果视角过小，眼睛会把物体上的两点误认为是一点。

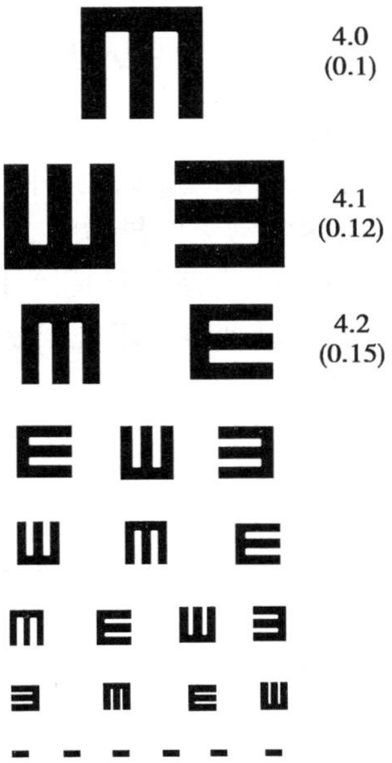

图 6-18　国家标准对数视力表

眼睛能分辨的最小视角称为眼睛的分辨本领。眼睛能分辨的最小视角越小，眼睛的视力越好；能分辨的最小视角越大，眼睛的视力越差。每个人由于存在个体差异，所以不同的人眼睛能分辨的最小视角是不同的。一般情况下，正常人眼能分辨的最小视角不小于 1 分。视力是表征眼睛的分辨本领的物理量。我们可以通过视力表检查测试视力（图 6-18）。

1990 年 5 月以前检查视力用的是国际标准视力表，采用小数记录法：

$$视力=\frac{1}{\alpha} \tag{6-8}$$

α—能分辨的最小视角，其单位是“分”。

例如：当眼睛能分辨的最小视角分别为 1 分、5 分时，对应的视力为 1.0、0.2。

1990 年 5 月 1 日起，我国实行国家标准对数视力，采用 5 分记录法，用 L 表示：

$$L=5-\lg\alpha \tag{6-9}$$

同样 α 指能分辨的最小视角，其单位是“分”。

例如当眼睛能分辨的最小视角分别为 1 分、10 分时，对应的视力为 5.0、4.0。标准对数视力采用 5 分记录法：0 分表示无光感；1 分表示光感；2 分表示手动；3 分相当于小数制 0.01；4 分相当于小数制 0.1；5 分为标准视力，相当于小数制 1.0，即正常视力。

两种视力表视力数值对照可参考表 6-4。

表 6-4　两种视力表实力数值对照表

能分辨的最小视角（分）	国家标准对数视力	国际标准视力
10	4.0	0.1
7.943	4.1	0.12
6.310	4.2	0.15
5.012	4.3	0.2
3.981	4.4	0.25
3.162	4.5	0.3
2.512	4.6	0.4
1.995	4.7	0.5
1.585	4.8	0.6
1.259	4.9	0.8
1.0	5.0	1.0
0.794	5.1	1.2
0.631	5.2	1.5
0.501	5.3	2.0

四、异常眼及其矫正

眼睛处于自然放松状态时，平行光线射入眼内经折射后恰好会聚在视网膜上，这种眼睛称为正常眼。如果眼睛睫状肌充分调节也不能把物体的像成在视网膜上，这种眼睛称为异常眼。常见的异常眼有近视眼、远视眼和散光眼。

（一）异常眼及其矫正

1. 近视眼　近视眼是指平行光进入眼睛后成像于视网膜前，导致无法看清物体的现象（图 6-19）。

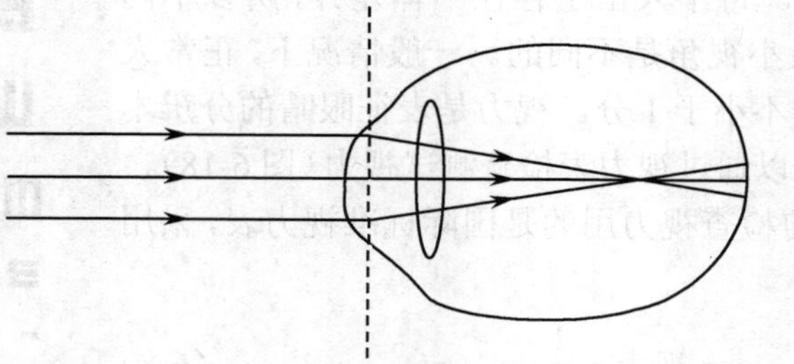

图 6-19　近视眼矫正前的光线折射情况

矫正近视眼通过给患者配戴一副合适的凹透镜配制的眼镜。配戴眼镜以后，射来的平行光线先经过凹透镜发散，再由眼睛会聚在视网膜上（图 6-20）。

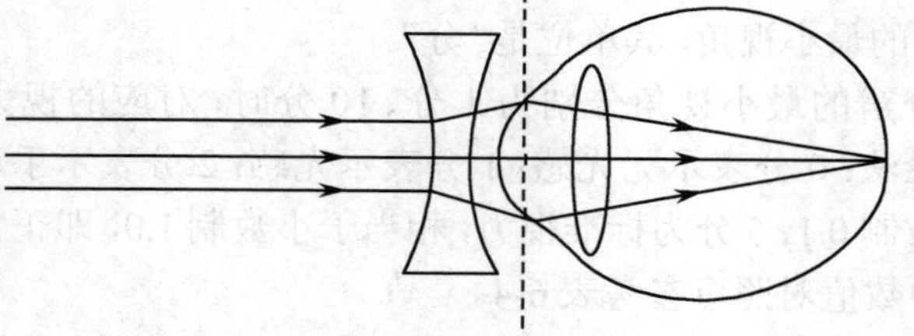

图 6-20　近视眼矫正后的光线折射情况

目前，近视眼还可以通过手术进行治疗，如角膜放射状切开术、角膜磨削术、准分子激光等。

2. 远视眼　远视眼是指平行光进入眼睛后成像于视网膜后，导致无法看清物体的现象（图 6-21）。

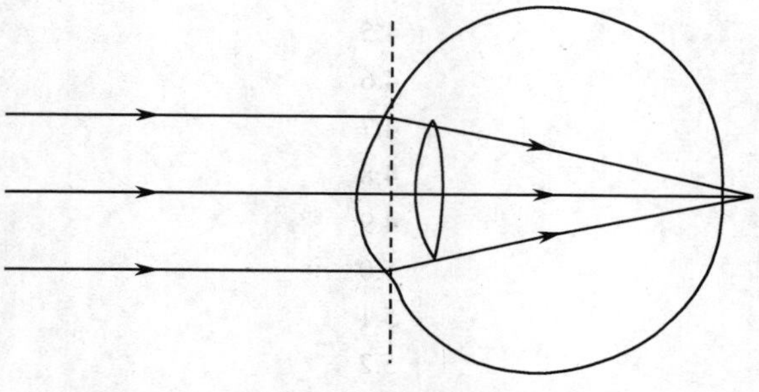

图 6-21　远视眼矫正前的光线折射情况

矫正远视眼是通过给患者配戴一副合适的凸透镜配制的眼镜。配戴眼镜以后，射来的平行光线先经过凸透镜会聚，再由眼睛会聚在视网膜上（图6-22）。

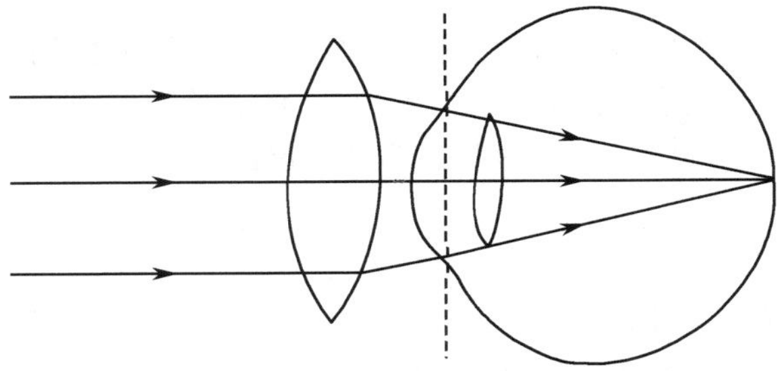

图6-22 远视眼矫正后的光线折射情况

3．散光眼 散光眼指平行光进入眼睛后不能会聚于一点，无法在视网膜上清晰成像的现象。正常眼的角膜和晶状体是有一定规则的球面，各个方向有相同的曲率半径。如果眼睛的角膜和晶状体的不同方向的曲率半径不同，且很难调节到一致的程度，则形成了散光眼。

矫正散光眼可以通过配戴一副合适的柱形透镜配制的眼镜。如果散光眼患者还同时兼有近视或远视，就应配戴合适的球面兼柱形透镜配制的眼镜。

小链接

隐形眼镜

隐形眼镜学名叫角膜接触镜，是一种戴在眼球角膜上来矫正视力、保护眼睛的镜片。根据其材料不同可分为硬性、半硬性和软性三种类型。戴隐形眼镜不仅可以给近视、远视和散光等视力异常者带来方便和美观，还能够使其视野更加宽阔、视物更加逼真。此外，在控制青少年近视、散光的发展方面也具有特殊的功效。戴隐形眼镜需要注意一定要到正规医院或机构进行检查并选择合适的隐形眼镜，按要求正确戴隐形眼镜，注意眼部卫生，出现不适情况应立即摘下隐形眼镜并到医院就医检查。

（二）眼镜的度数

在学习透镜的焦度时，我们知道，1屈光度的$\frac{1}{100}$为透镜的1度。眼镜也是不同的透镜制成的，所以眼镜的度数等于焦度Φ的一百倍。

【例题6-5】 近视眼镜的焦距为0.5m，问镜片的焦度是多少屈光度？合多少度？

已知：$f=-0.5\text{m}$

求：Φ

解：由$\Phi=\frac{1}{f}$得

$$\Phi=\frac{1}{f}=\frac{1}{-0.5}=-2\text{（D）}$$

镜片的度数$=-2\times100=-200°$

答：镜片的焦度是-2.0屈光度，合-200度。“$-$”表示透镜是凹透镜。

第四节 医用光学仪器

光学仪器种类繁多，在日常生活和各行各业中都有广泛的使用，如日常生活中用到的放大镜、照相机；军事上用到的望远镜、潜望镜；科研中经常使用的显微镜；医学上用到的内窥镜等。下面我们就来介绍一些医学常用的光学仪器。

一、光学显微镜

（一）光学显微镜的光学原理

显微镜是用来观察非常微小的物体及物体细微结构的精密光学仪器。最基本的光学显微镜由一个物镜和一个目镜组成，物镜和目镜都是凸透镜，二者共用同一个主光轴。目镜的焦距很短，物镜的焦距更短。

图 6-23 是光学显微镜的光路图。

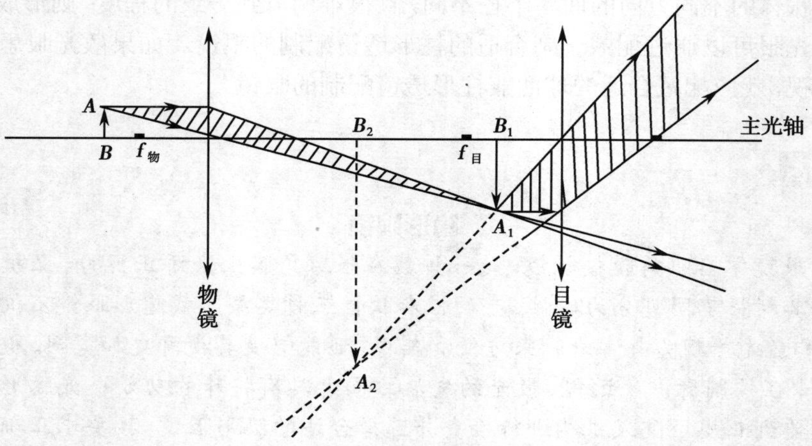

图 6-23 光学显微镜的光路图

在图 6-23 中，微小物体 AB 放在显微镜物镜的焦点以外靠近焦点的地方，AB 经物镜折射后在透镜的异侧生成一个倒立、放大的实像 A_1B_1；而 A_1B_1 在目镜的焦点以内且靠近焦点的地方，A_1B_1 经目镜折射后生成一个正立、放大的虚像 A_2B_2 于明视距离处。我们使用光学显微镜时，通过目镜所看到的就是经过了物镜和目镜两次放大后的像 A_2B_2，很显然 A_2B_2 的视角 AB 的视角要大得多，因此利用显微镜我们可以清楚看到细小的物体或物体细微结构。比如用显微镜观察血液中的红细胞和白细胞，能够看清细胞的结构。

（二）光学显微镜的放大率

光学显微镜的放大率是用来反映光学显微镜的放大本领的物理量，用 K 表示。通过数学推导，可以得到：光学显微镜的放大率等于物镜的放大率和目镜的放大率的乘积。即

$$K = K_{物} K_{目} \tag{6-10}$$

若物镜与目镜之间的距离是 L，即镜筒长为 L，则显微镜的放大率还可以表示为：

$$K = \frac{25L}{f_{物} f_{目}} \tag{6-11}$$

二、分光光度计

（一）分光光度计的光学原理

当光照射到物体上时，其中一部分光被物体反射，一部分光会穿透物体发生折射继续传播。光通过介质后，强度就会减弱，因为有一部分光会被物体吸收。我们周围的物体之所以能呈现一定的颜色就是因为有光的存在。根据光的色散现象，白光通过棱镜分可分解为红、橙、黄、绿、青、蓝、紫几种颜色。两种适当颜色的单色光按一定强度比例混合可成为白光，这两种单色光称为互补色光。

光源的颜色决定于它所发出的光谱成分，即发出光线的波长；自身不发光的物体在外来光的照射下会有不同的颜色，是因为组成物质的分子不同或分子间的距离不同，使得照射在物体上的光被吸收的程度不同，从而使物体呈现出不同的颜色。例如 $CuSO_4$ 溶液呈现为蓝色是因为 $CuSO_4$ 溶液主要吸收了白光中的黄色光，而让其他颜色光通过。但是，穿透 $CuSO_4$ 溶液的那些光，除了黄色光的互补色蓝色光外，其余颜色的光两两互补成白色，所以白光透过 $CuSO_4$ 溶液后我们只看到了蓝色光；如果我们看到某种溶液没有颜色，这是因为溶液对各种色光都不吸收，使各种颜色的光都能透过溶液。对某一种溶液而言，溶液的浓度不同，溶液的颜色深浅会有差异，是因为浓度不同的溶液对光的吸收程度不同所致。所以可以利用光线通过溶液后被溶液吸收的程度来确定溶液的浓度。医学检验中利用比较溶液颜色的深浅来确定物质的含量，称为比色法。根据物质对不同波长单色光的吸收程度不同确定物质含量的方法称为分光光度法。常用的分光光度计就是这样的一个根据被测物质对光的吸收程度来对物质进行定性和定量分析的装置。

图 6-24 是一个分光光度计的光学系统示意图。

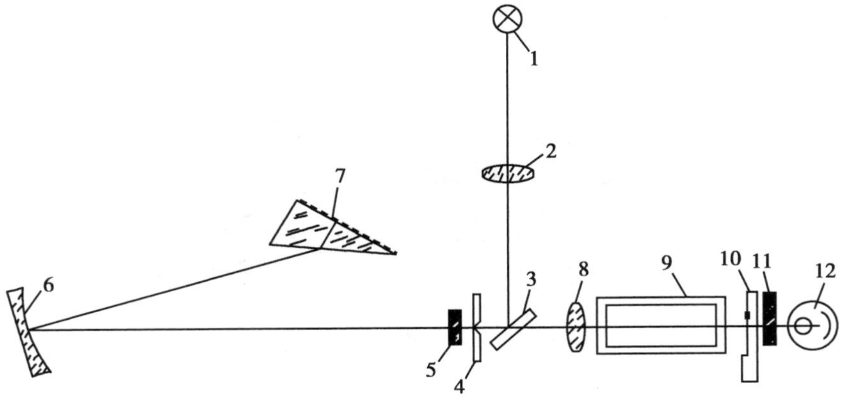

图 6-24　721 型分光光度计光学系统示意图

1. 光源；2. 聚光透镜；3. 平面反射镜；4. 狭缝；5. 保护玻璃；6. 准直镜；7. 色散棱镜；8. 聚光透镜；9. 吸收池；10. 光路闸门；11. 保护玻璃；12. 光电管

光源 1 发出的白光经凸透镜 2 会聚于平面反射镜 3，光线由反射镜 3 反射后转 90° 通过狭缝 4 及保护玻璃 5 射到凹面准直镜 6 上，光线经凹面准直镜反射后成一平行光射向棱镜 7（棱镜的背面镀有铝），经棱镜后光线发生色散再经凹面准直镜 6，由准直镜反射的单色光经过狭缝 4，透过凸透镜 8 然后射入吸收池（吸收池内装有待测物质），除一部分光被吸收外未被吸收的光经过光路闸门 10 和保护玻璃 11 后照到光电管 12，光电管产生的光电流经放大后由 T-A 标尺指示出来，从标尺上直接可以读出吸光度或透光率的数值。

（二）朗伯 - 比尔定律

因为溶液的浓度不同，对光的吸收程度就不同。朗伯在 1760 年研究了有色溶液的液层厚度与吸光度的关系。比尔在朗伯的研究基础上，于 1852 年提出了有色溶液的浓度与吸光度的关系，最后得出了朗伯 - 比尔定律：当一束平行单色光通过均匀、无散射现象的溶液时，在单色光强度、溶液温度等条件不变的情况下，溶液对光的吸光度与溶液的浓度及液层厚度的乘积成正比。其表达式为：

$$A = KcL \tag{6-12}$$

朗伯 - 比尔定律中的 A 为吸光度，可用分光光度计测出；K 为吸光系数，它与入射光的波长、溶液的性质及溶液的温度有关，也与仪器的质量有关，一定条件下是一个常数；c 为溶液的浓度；L 为溶液液层的厚度，单位为 cm。当溶液的浓度单位为 mol/L 时，吸光系数的单位为 L/（mol•cm）；当溶液的浓度单位为 g/L 时，吸光系数的单位为 L/（g•cm）。

三、纤镜

当光线从光密介质射向光疏介质，且入射角大于临界角时，会发生全反射现象。我们如果把某种透明介质做成细丝，让当光线以一个适当的角度从细丝的一端入射后，光可以在细丝里不断地发生全反射，最后从细丝的另一端射出，这样的细丝称为光导纤维（图 6-25），也称导光纤维或光学纤维。

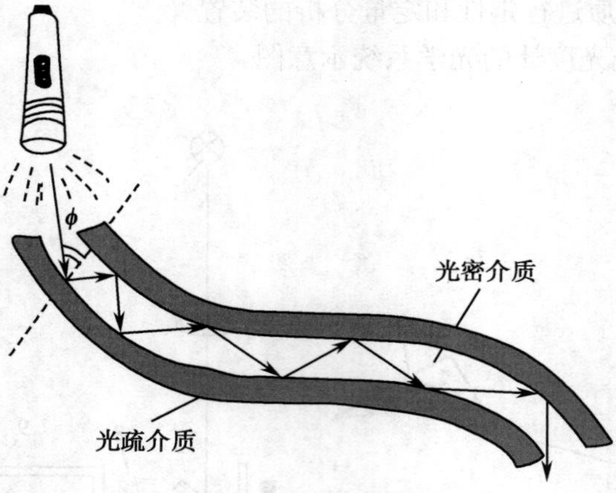

图 6-25　光导纤维的导光示意图

光导纤维丝非常细，比头发丝还要细很多，每根纤维丝分内外两层，分别是芯线和外涂层，芯线的直径只有几十微米，为光密介质制成，每根芯线外覆盖的外涂层折射率一定要比芯线低，为光疏介质。因为玻璃的性能稳定，拉成细丝后变得柔而刚，所以最初人们都是用玻璃纤维做光导纤维的芯线。随着科技的不断进步，现在还研制成功了用合成材料做芯线的光导纤维。光导纤维现在被广泛地应用于国防、交通、通讯、医学和宇航等多个领域。日常生活中许多信息传输都是利用光导纤维实现的。

如果把许多光导纤维按照一定顺序并成一束，成千上万根直径在 20μm 以下的光导纤维两端严格按一定要求作有序排列（图 6-26），就可以用来传光导像。在医学上可以利用这个原理，把光导纤维制成观察内脏的纤镜，也称为内窥镜。医用内窥镜的作用主要有：①导光，把外部的光线导入内脏器官；②导像，把内脏器官内的像导出体外，还可以使用摄像机摄像。

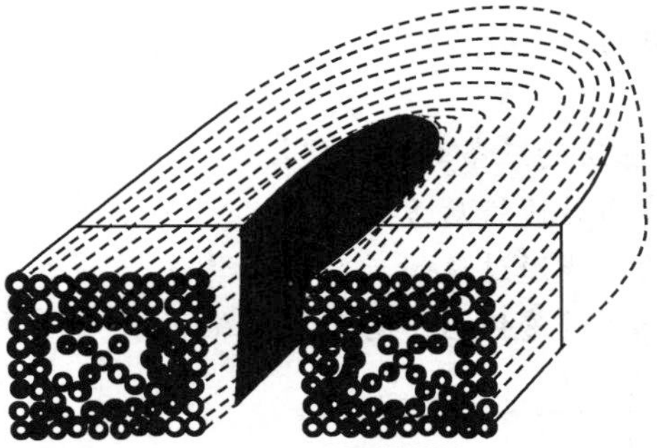

图 6-26　对应排列有序的光导纤维束

医用内窥镜是将冷光源发出的光，传入导光束，在导光束的头端（进入器官内部的一端）装有凹透镜，导光束传入的光通过凹透镜，经凹透镜折射后照射于脏器内腔的黏膜面上，这些照射到脏器内腔黏膜面上的光即被反射，反射光经玻璃纤维导像束传出，便能在目镜上观察到被检查脏器内腔黏膜的图像。

目前医用内窥镜可用于食管、直肠、膀胱、子宫、胃等器官组织的内部探查，就好比医生在病人体内的眼睛，可以清楚地观察到病人体组织器官内部的病变情况，在临床检查诊断中被广泛使用。随着科学技术的不断发展，各种新型的纤镜将会不断出现，为医学事业的发展提供新的检查诊断技术和手段。

小链接

无影灯

光是沿直线传播的，在光线照射到不透光的物体上时，物体后面光线完全照不到的区域是黑暗的，称为物体的本影。在本影的边缘附近，光源发出的部分光线可以照到，所以这些区域是半明半暗的，称为半影。光源的面积越大，本影就越小，半影就越淡。医院手术室使用的无影灯就是利用这样的原理制造的。无影灯并不是没有影子，而是由于面积较大的灯盘上有多个光源同时发光，整体相当于一个大面积光源，使得光线能从各个角度照射到手术台上而不会产生明显的本影，所以称为无影灯。

本章小结

一、光的折射　全反射

1. 折射率　折射率：$n=\dfrac{\sin\alpha}{\sin\gamma}=\dfrac{c}{v}$。

2. 光的色散　白光通过三棱镜后，在光屏上形成按红、橙、黄、绿、青、蓝、紫依次排列的彩色光带的现象。

光线通过三棱镜的两次折射后，都向棱镜的底面偏折，即向棱镜厚度大的一面偏折。

3. 全反射　从光密介质射向光疏介质的入射光线全部反射而无折射的现象。产生全反射的条件是：

（1）光线从光密介质射入光疏介质。

（2）入射角大于临界角。

二、透镜成像

1. 透镜成像几何作图法的三条典型光线：

（1）经过光心的光线通过透镜后方向不变。

（2）平行于主光轴的光线通过透镜后会聚于焦点。

（3）经过焦点的光线通过透镜后平行于主光轴。

2. 透镜成像公式　$\frac{1}{u}+\frac{1}{v}=\frac{1}{f}$

透镜成像数学公式适用于薄透镜，物距 u 总是取正值；实像的像距 v 取正值，虚像的像距 v 取负值；凸透镜的焦距 f 取正值，凹透镜的焦距 f 取负值。

像的放大率　$K=\frac{|v|}{u}$

三、眼睛

1. 简约眼　把眼睛看作一个内容物均匀、前后径为20mm、折射率为1.33、焦距小于20mm的单球面折光体。

2. 异常眼及其矫正

（1）近视眼是指平行光进入眼睛后成像于视网膜前，导致无法看清物体的现象。

近视眼的矫正：配戴一副合适的凹透镜配制的眼镜。

（2）远视眼是指平行光进入眼睛后成像于视网膜后，导致无法看清物体的现象。

远视眼的矫正：配戴一副合适的凸透镜配制的眼镜。

（3）散光眼是指平行光线进入眼睛后不能会聚于一点，无法在视网膜上清晰成像的现象。

散光眼的矫正：配戴一副合适的柱形透镜配制的眼镜。如果散光眼患者还同时兼有近视或远视，就应配戴合适的球面兼柱形透镜配制的眼镜。

四、医用光学仪器

1. 光学显微镜　通常光学显微镜由一个物镜和一个目镜组成，物镜和目镜都是凸透镜，两者共一个主光轴。

光学显微镜的放大率：$K=K_{物}K_{目}$　或　$K=\frac{25L}{f_{物}f_{目}}$，L 为镜筒的长。

2. 分光光度计　分光光度计是根据被测物质对光的吸收程度来对物质进行定性和定量分析的装置。

朗伯 - 比尔定律：$A=KcL$

3. 纤镜　纤镜就是把许多光导纤维并成一束，严格按一定顺序作有序排列，用来传光导像。医学上把光导纤维制成观察内脏内部情况的纤镜也称为内窥镜。医用内窥镜的作用：①导光，把外部的光线导入器官内部；②导像，把器官内部的像导出体外。

知识拓展

光的波粒二象性

1. 光的波动性　干涉和衍射现象是波传播过程中在满足一定条件时发生的现象。干涉现象是指振动方向相同，频率相同，相位差恒定的两列波相遇叠加时，某些点的振动始终加强，某些点的振动始终减弱，而且振动最强和振动最弱的位置互相间隔的现象。比如在日常生活中我们看到水面上的油膜在阳光照射下显出了彩色的光带，这就是光线经油膜上下两个面反射后两束反射光线叠加在一起而产生的干涉现象。光能发生干涉现象，说明光是一种波。波的衍射现象是指波能绕过障碍物继续传播的现象。波还有另一个重要特性，就是波会发生衍射现象。如果我们通过紧挨着的手指间的狭缝来看光源，除了看到光源本身外，还可以看到由于光的衍射所形成的条纹；隔着羽毛看光源，也会看到这种现象。这是因为光波遇到大小可以跟它的波长相比拟的物体、小孔或窄缝时，发生了衍射现象。光的衍射现象进一步说明了光的波动性。光波是一种波长比较短的电磁波。

2. 光的粒子性　1887 年德国物理学家赫兹发现金属物体受到光照射时有电子从表面逸出，人们把这种现象称为光电效应。如图 6-27 所示，把擦得很亮的锌板连接在灵敏的验电器上，用弧光灯照射锌板，验电器的指针即张开，表示锌板已带电。

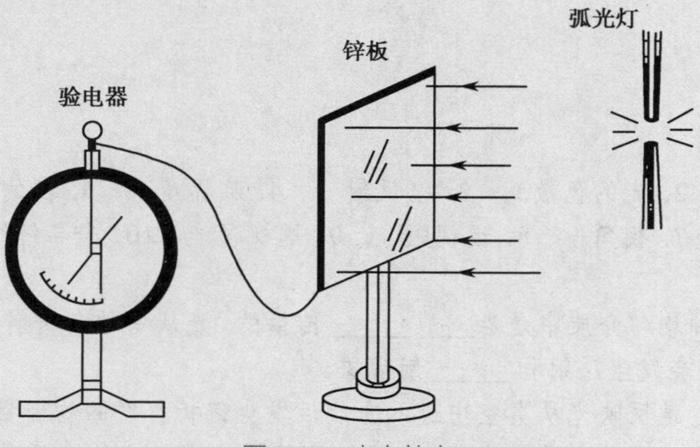

图6-27　光电效应

金属物体在受到光的照射时有电子从表面逸出的现象称为光电效应。逸出的电子称为光电子；光电子在电场作用下形成的电流称为光电流。

科学家们通过大量的实验发现：光电流的大小与入射光的强度有关；光电效应有一定的截止频率；从光线照射到物质表面开始至逸出光电子，不需要经过一段显著的时间。

在如何解释光电效应上波动理论遇到了困难，无法合理解释上述现象。为了解释光电效应的实验规律，1905 年物理学家爱因斯坦提出了光子说：光是由光源发出的一个个不连续的粒子形成的粒子流，这种粒子称为光子或光量子。

当一个光子投射到物质表面时，会把它的能量全部传递给一个电子，电子吸收光子的能量后，就会从金属中逸出，在外加电场的作用下形成光电流。

单位时间内射到金属上的光子数目增多，就会使逸出的光电子数增多。因此，光电流的大小与入射光的强度成正比。要产生光电子，照射光的光子能量hν至少要与金属中的电子逸出功A相等，即要求产生光电效应时照射光的光子有一个最低频率，即截止频率，所以光电效应有一定的截止频率。由于一个光子的能量是一次性被一个电子瞬间吸收，因而从光线照射到物质表面开始至逸出光电子，不需要经过一段显著的时间。

利用光子说很好地解释了波动说不能解释的光电效应，与实验规律完全一致，所以我们认为光也具有粒子的属性。

光到底是微粒还是波？

3. 光的波粒二象性　光的干涉、衍射现象说明光具有波动性；光电效应说明光具有粒子性。因此关于光的本质，学界普遍认为：光具有波-粒二象性。光在某些情况下像波，在另一些情况下像粒子。

在宏观看来，波动性和粒子性是矛盾的。但在微观领域波动性和粒子性是可以共存的，若一方占主导地位，另一方则占次要地位。如，在光的传播中，光的波动性占主要地位，所以会产生干涉和衍射等波特有的现象；在光与物质的相互作用过程中，光的粒子性占主要地位，所以会产生光电效应现象。

（万东海）

目标测试

一、名词解释

1. 折射率　2. 光的色散　3. 全反射　4. 临界角　5. 像的放大率

6. 简约眼　7. 视角　8. 近视眼　9. 远视眼　10. 光导纤维

二、填空

1. 光在同一种均匀介质中是沿＿＿＿＿＿传播的，光从一种介质射向另一种介质时在两种介质交界面上会发生反射和＿＿＿射现象。

2. ＿＿＿＿＿是反映光从真空中进入介质后发生偏折程度的物理量，光在真空中的折射率为＿＿＿。任意两种介质相比较，光在其中传播速度较大的介质称为＿＿＿＿介质，传播速度较小的介质称为＿＿＿＿介质。

3. 任何光线经三棱镜的两次折射后，向棱镜的＿＿＿面偏折。不同颜色的光偏转程度不同，其中＿＿＿＿色光偏折角度最大，＿＿＿＿色光偏折角度最小。

4. 产生全反射的条件是：＿＿＿＿＿＿＿＿、＿＿＿＿＿＿＿＿。

5. 两个折射面都是球面，或一个球面一个平面的透明体称为＿＿＿，可分为＿＿＿＿和＿＿＿＿两类。

6. ＿＿＿＿透镜的焦距为正，＿＿＿＿＿透镜的焦距为负。

7. 焦度等于＿＿＿＿＿＿＿，表示了透镜的＿＿＿＿本领。一副眼镜的镜片的焦度为−3.5D，表示该镜片是＿＿＿＿透镜，镜片度数为＿＿＿＿度。

8. 透镜成像几何作图法中用到的三条典型光线：通过光心的光线通过透镜后方向＿＿、平行于主光轴的光线通过透镜后＿＿＿＿＿、经过焦点的光线通过透镜后＿＿＿＿＿。

9. 能在物体同侧形成正立的、缩小的虚像的透镜是________；能在物体同侧生成正立的、放大的虚像的透镜是__________。

10. 矫正近视眼用________透镜，矫正远视眼用________透镜。

11. 放大镜成的像是________像，照相机成的像是________像。

12. 医学内窥镜利用了____________原理，它的功能是___________和___________。

13. 光学显微镜的物镜和目镜都是________透镜。

三、判断

1. 光从一种介质斜射进入另一种介质时传播方向不变。（ ）

2. $n_{水}=1.33$，$n_{玻}=1.52$，二者相比，水是光密介质。（ ）

3. 光从光密介质进入光疏介质，可能发生全反射，也可能不发生全反射。（ ）

4. 凹透镜既能成实像，也能成虚像。（ ）

5. 透镜成虚像总是放大的像。（ ）

6. 透镜的焦距始终取正值。（ ）

7. 焦度为 −3.5D 的透镜是 350 度的凸透镜。（ ）

8. 眼睛能分辨的最小视角越小，其视力越好，分辨本领越强。

9. 近视眼矫正用凹透镜，远视眼矫正用凸透镜。（ ）

10. 光学显微镜最终所成像是放大的虚像。（ ）

四、单项选择

1. 关于介质的折射率，下面正确的说法是

   A. 与介质中的光速有关，光速小的折射率大

   B. 与介质中的光速有关，光速小的折射率小

   C. 折射角越大，折射率大

   D. 折射角越小，折射率大

2. 当光从光密介质射向光疏介质时，正确的说法是

   A. 一定发生全反射　　　　B. 一定不发生全反射

   C. 可能发生全反射　　　　D. 一定发生折射

3. 关于光密介质和光疏介质，下列说法正确的是

   A. 光密介质的折射率比光疏介质的折射率大

   B. 光密介质的折射率比光疏介质的折射率小

   C. 光在光密介质中的传播速度比在光疏介质中的传播速度大

   D. 光在光密介质中的传播速度等于光在光疏介质中的传播速度

4. 关于透镜成像公式，下列正确的说法是

   A. 公式只适用于凸透镜，不适用于凹透镜

   B. 公式中的焦距 f 总是取正值

   C. 对于像距 v，成实像时取正值，成虚像时取负值

   D. 凸透镜的像距 v 总是取正值

5. 关于透镜成像，正确的说法是

   A. 凸透镜只能成实像，不能成虚像

   B. 凹透镜只能成虚像，不能成实像

   C. 透镜成的虚像都是缩小的

D. 透镜成的虚像都是放大的

6. 物体通过凸透镜成一等大的实像，物体到透镜的距离应为

A. f B. $2f$ C. $3f$ D. $\frac{f}{2}$

7. 近视眼镜的焦距为0.5m，镜片的焦度是

A. 2屈光度 B. −2屈光度

C. 200屈光度 D. −200屈光度

8. 近视眼镜的焦距为0.5m，镜片的度数是

A. 2度 B. −2度

C. 200度 D. −200度

9. 对远视眼而言，平行光线射入眼内，成像于

A. 视网膜后 B. 视网膜前

C. 视网膜上 D. 都上说法都有可能

10. 某人的左眼的最小分辨视角是10分，其左眼视力用国家标准对数视力表示为

A. 1.0 B. 0.1 C. 4.0 D. 0.4

11. 光学显微镜的目镜和物镜所使用的透镜

A. 都是凹透镜 B. 都是凸透镜

C. 物镜用凸透镜，目镜用凹透镜 D. 物镜用凹透镜，目镜用凸透镜

12. 要得到与物体等大的实像，只能使用

A. 平面镜 B. 凸透镜 C. 凹透镜 D. 凹面镜

13. 眼睛为了使远近不同的物体都能成像在视网膜上，靠睫状肌的作用改变（ ）的焦距

A. 晶状体 B. 角膜 C. 瞳孔 D. 视网膜

14. 下面说法正确的是

A. 眼睛能分辨的最小视角越小，眼睛的视力越好

B. 眼睛能分辨的最小视角越小，眼睛的视力越差

C. 眼睛能分辨的最小视角的大小与视力无关

D. 眼睛能分辨的最小视角越大，眼睛的视力越好

15. 用光导纤维制成的内窥镜，下面说法正确的是

A. 几万根光导纤维两端要严格按一定顺序作有序排列

B. 几万根光导纤维两端不需要严格按一定顺序作有序排列

C. 用光导纤维制成的内窥镜，只能导光不能导像

D. 用光导纤维制成的内窥镜，只能导像不能导光

五、计算

1. 光从真空射入某介质，当入射角为60°时，折射角为45°，求该介质的折射率？光在该介质中的传播速度为多少？

2. 光在水中的速度为$\frac{3}{4}C$，求水的折射率？

3. 已知玻璃的折射率为1.63，当光线从空气射入玻璃，且入射角为60°时，求光线在玻璃中的折射角是多少？

4. 凹透镜的焦距为 10cm，物体到透镜的距离为 40cm，求像到透镜的距离是多远？像的放大率为多少？

5. 凸透镜的焦距为 20cm，要得到一个放大的、正立的、高是物体 3 倍的像，求物体到透镜的距离？

6. 物体与屏幕之间的距离为 100cm，透镜距屏幕 20cm 时，在屏幕上可以看到清晰的像，问该透镜是什么透镜？透镜的焦距是多少？像的放大率是多少？

7. 一个焦距为 5cm 的凸透镜，要想得到放大 2 倍的虚像，物体应放在离透镜多远的地方？

第七章　原子物理学基础及应用

07章

学习目标

熟悉原子的核式结构、能级、跃迁和原子光谱的含义。
了解激光与X射线的产生、特性及其在医学上的应用与防护。
了解核素、同位素与放射性的含义及三种放射线的特性、应用与防护。

人类在19世纪末认识到原子结构以来的100多年里，物理学家们对原子和原子核的研究日益深入，逐步建立了原子和原子核的科学理论体系，并在实践应用领域取得了大量成果，而这些新成果在医学临床中有着广泛的应用。本章将给大家介绍原子结构、激光、X射线和原子核的放射性等内容。

第一节　原子结构

一、原子核式结构

1803年道尔顿建立了原子论以后，人们一直认为物质都是由原子构成，而原子是不可再分的。这种观点直到1897年汤姆逊发现电子之后才被打破，人们才知道电子是原子的组成部分，原子仍然是可以分割的。那么原子内部的结构究竟是怎样的呢？人们曾提出多种不同的假说，但都被实验否定了，直到1911年，英国物理学家卢瑟福（1871—1937）和他的同事们通过α粒子的散射实验提出了原子的核式结构模型。他认为，原子是由带正电荷的原子核和绕核旋转的带负电的电子构成。在原子的中心有一个很小的核，其半径不到原子半径的万分之一（原子半径$r_0 = 0.529 \times 10^{-10}$m，原子核的半径只有它的$\frac{1}{10^5}$～$\frac{1}{10^4}$），称为原子核。原子核集中了原子的全部正电荷和几乎全部质量。带负电的电子在原子核外绕核旋转。原子核的正电荷数等于核外电子数，整个原子呈电中性，如图7-1。

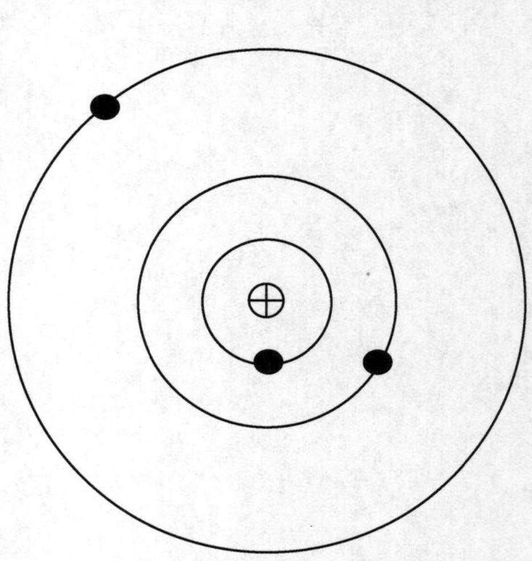

图7-1　原子的核式结构

二、玻尔原子理论

卢瑟福的原子核式结构学说虽然提出了原子的内部结构，但并没有具体指出原子内部电子的分布情况和运动规律，也不能用来解释原子光谱的规律。1913 年，丹麦物理学家玻尔（1885—1962）在卢瑟福学说的基础上，根据普朗克（1858—1947）的量子理论，提出了玻尔原子理论，其主要内容是：

1. 原子核外电子，只能在一系列不连续的，即量子化的可能轨道上绕核旋转，每个轨道对应原子的一个能量状态。原子只能处在不连续的分立的能量状态中，这些状态称为定态。

2. 电子在定态轨道上运动，不向外辐射能量，能量状态不变。在不同的定态轨道上运动，原子能量状态不同。

3. 原子从一种能量状态 E_2 跃迁到另一种能量状态 E_1 时，辐射或吸收一定频率的光子，光子的频率是由两种状态的能量差决定的。即：

$$h\nu=|E_2-E_1| \tag{7-1}$$

其中 h 称为普朗克恒量，$h=6.626\,176\times10^{-34}$ 焦•秒。

三、原子能级和原子发光原理

（一）原子能级

根据玻尔理论，核外电子在不同的轨道上运动（图 7-2），原子具有不同的能量，即原子处于不同的能量状态。这些能量状态称为原子能级，如图 7-3。在正常状态下，原子处于最低的能级，电子在离原子核最近的轨道上运动，此时原子的状态最稳定，这一状态叫基态。如氢原子核外的唯一一个电子在正常状态下总是在最靠近核的第一轨道上运动（第一轨道半径 $r_0=0.529\times10^{-10}$m），所以氢原子才最稳定。如果物体受到光照或加热等外界作用，原子会吸收一定的能量由基态跃迁到较高的能级上，这时电子在离原子核较远的轨道上运动，这些状态称为激发态，也称为受激态。当原子由基态或较低能级向较高能级跃迁时，原子将吸收外界的能量；当原子由较高能级向较低能级跃迁时，原子将向外界释放能量。原子在跃迁过程中吸收或释放的能量等于原子发生跃迁的两个能级之间的能量差。

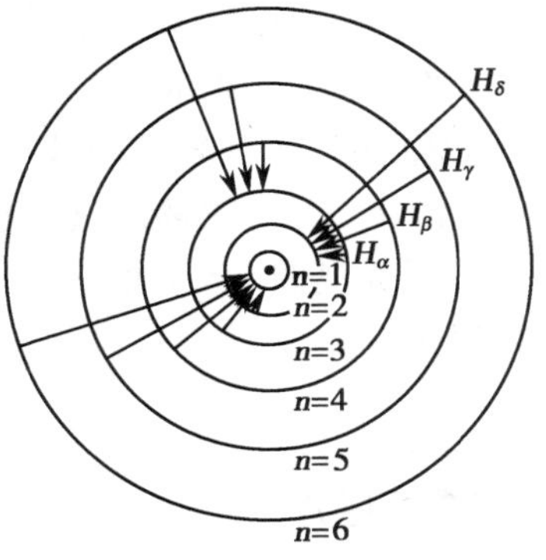

图 7-2　氢原子轨道示意图

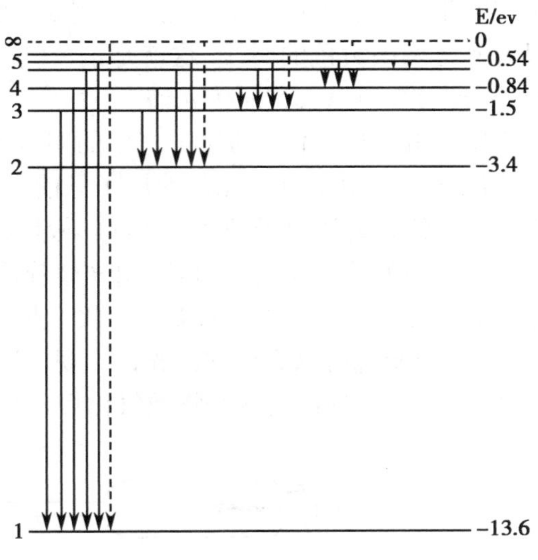

图 7-3　氢原子能级图

（二）原子发光原理

原子在发生跃迁时吸收或辐射的能量都是光子的形式，吸收或释放的光子频率可由式(7-1)得到 $v=\frac{|E_2-E_1|}{h}$。原子处于高能级时，它是不稳定的，存在的时间很短，容易自发的从高能级向低能级跃迁，同时向外辐射能量，释放频率为 $v=\frac{|E_2-E_1|}{h}$ 的光子。像这样，原子在没有外界作用的情况下，高能级的电子自发的向低能级跃迁，同时向外释放光子的过程，称为自发辐射，如图 7-4 所示。自发辐射发出普通的自然光，普通光源如白炽灯、日光灯等的发光过程都是自发辐射。

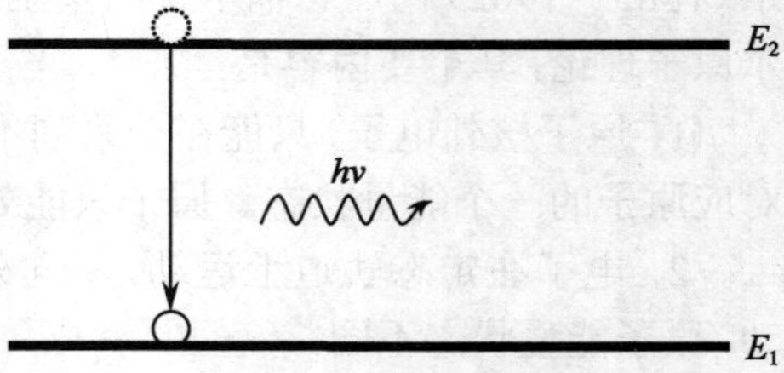

图 7-4　自发辐射

四、原子光谱

物体发光和原子内部电子的运动有着密切的关系，各种物质原子内部的电子运动情况不同，所以产生的光波也不同。研究不同物质的发光和对光吸收情况的光谱学在现代科学技术中有着广泛的应用。下面就简单介绍一些关于光谱的知识。光谱分为发射光谱和吸收光谱两种。

（一）发射光谱

由发光物体发出的光直接产生的光谱，称为发射光谱。发射光谱可分为两种类型：连续光谱和明线光谱。

连续光谱是指从红色到紫色各种色光依次连续排列的光谱。产生连续光谱的光源，是在高温下的固体、液体或高温高压下的气体。例如白炽电灯的灯丝（温度可达 2000℃）发出的光、融化的铁水（温度可达 3000℃）发出的光、高压汞弧灯发出的光都可以产生连续光谱。

明线光谱是指由一些不连续的亮线构成的光谱。这些亮线称为谱线。稀薄气体或炽热的蒸气产生的发射光谱是明线光谱。例如，把食盐撒在酒精灯的火焰上，观察火焰的光谱，可以看到是两条黄色的明线，这就是钠蒸气的明线光谱。由于明线光谱是由处于游离状态的原子产生的，所以又称原子光谱。

实验研究表明，不同的原子产生的明线光谱的谱线也不同，每种元素的原子都有它特定的明线光谱。由于每种元素的原子只能发出特定的某些波长的光，因此，某种原子的明线光谱的谱线称为该原子的特征谱线。根据特征谱线可以推知光源中的元素成分。

观察气体的原子光谱，可以使用光谱管，如图 7-5。它是两端封闭、中间较细的玻璃管，里边充有低压气体，管子的两端有电极。把光谱管接到高压电源上，管内的稀薄气体放电发光，通过分光镜可以看到它的光谱。观察固态、液态物质的原子光谱时，可以把它们放到煤气灯或电弧中加热，使这些物质气化后发光，通过分光镜观察光谱。

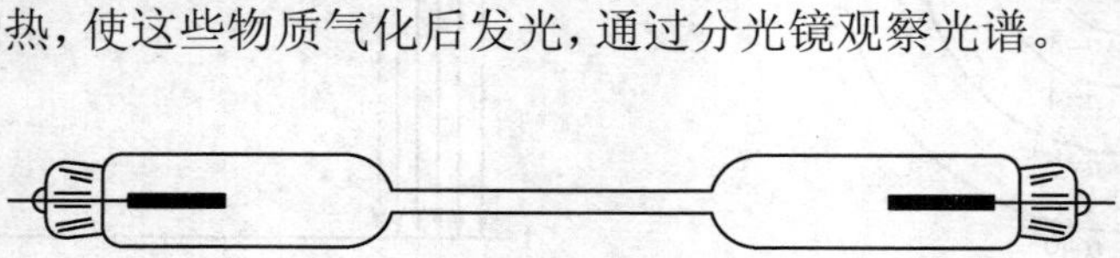
图 7-5　光谱管

（二）吸收光谱

高温光源发出的白光在通过温度较低的气体后，所形成的由一些暗线构成的光谱称为吸收光谱。例如，让弧光灯发出的白光通过温度较低的钠的蒸气（可以在酒精灯的火焰上撒一些食盐，食盐受热分解就会产生钠的蒸气），然后通过分光镜来观察，会看到在连续光谱的明亮背景中有两条靠的很近的暗线，这就是钠原子的吸收光谱。经过对比后我们发现，钠原子吸收光谱的每一条暗线所在的位置，都分别和钠原子的一条特征谱线的位置一致。不仅钠原子如此，其他一切原子都是如此。这表明，低温气体原子吸收的光刚好就是这种原子在高温时发出的光。因此，吸收光谱中的谱线也是原子的特征谱线，只是在吸收光谱中看到的特征谱线通常会比明线光谱中的少一些。

在医学临床当中，利用吸收光谱可以用来确定待检生物样本中的金属成分。例如，检查患者是否有铅中毒，可以用受检者的血液或尿液作为吸收体，根据吸收光谱来确定是否含有金属铅。

（三）光谱分析

由于每种原子都有自己的特征谱线，因此可以根据光谱来鉴别物质和确定它的化学组成，这种方法称为光谱分析。在做光谱分析时，可以利用发射光谱，也可以利用吸收光谱。如果只分析物质的化学成分，称为光谱的定性分析；如果在分析物质的化学成分时，还要根据特征谱线的强度来确定元素含量的多少，称为光谱的定量分析。与化学分析相比，光谱分析的突出优点在于非常灵敏而且迅速。某种元素在物质中的含量只要达到 10^{-13}kg，就可以从光谱中发现它的特征谱线，从而确定它的存在。光谱分析在科学技术中有着广泛的应用。例如，在研究太阳的化学组成时，就可以通过研究太阳的吸收光谱，把其中的暗线和各种原子的特征谱线进行对比，确定太阳大气层中所含有的元素。光谱分析在药物和生物样品微量元素的分析中，也有着重要的作用。

小链接

每种原子都有其特有的标识谱线，就好比每个人都有不同的指纹一样。利用光谱分析不仅能够定性分析物质的化学成分，而且能够元素含量的多少。这种方法不仅具有极高的灵敏度和准确度，而且速度快、效率高。某种元素在物质中的含量达到 10^{-10} 克，就可以从光谱中检出其特征谱线。比如利用光谱分析检查半导体材料硅和锗是否达到纯度要求、检验矿石里所含微量的贵金属、稀有元素或放射性元素，还可以用来研究天体的化学成分以及校定长度的标准原器等。医学上可用来测定血液的化学成分、对药品进行定性定量分析、测定分子量、快速鉴定细菌、研究细胞和组织结构等。

第二节 激 光

一、激光的产生

在上节我们讲到当原子从高能级 E_2 跃迁到低能级 E_1 时将会向外辐射频率 $\nu=\frac{|E_2-E_1|}{h}$ 的光子，这种辐射称为自发辐射。但激光并不是由自发辐射产生的，而是由另一种形式的

辐射——受激辐射产生的。下面我们就简单介绍一下激光产生的原理。

如果原子受到外界光子的"刺激"作用，处在较低能级 E_1 的原子将吸收外界光子的能量，跃迁到较高的能级 E_2 上，像这样原子由于吸收外界光子能量从较低能级被激发到较高能级的过程称为受激吸收，如图 7-6。作用在原子上的外界光子的能量应该等于原子跃迁前后两个能级的能量差，即 $h\nu=|E_2-E_1|$，才会发生受激吸收。

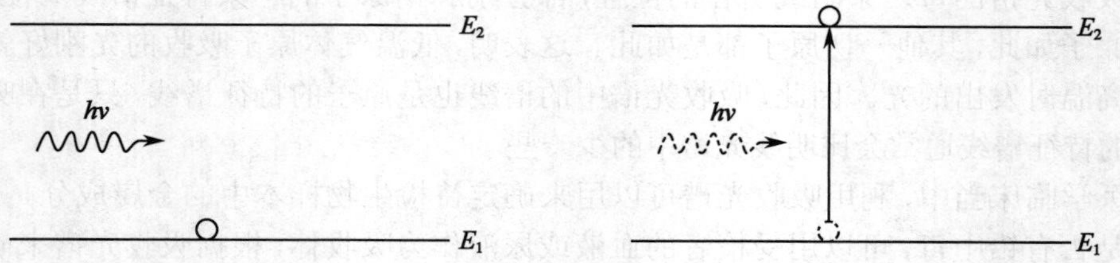

图 7-6 受激吸收

原子被激发到高能级 E_2 后，在发生自发辐射之前，如果受到一个能量为 $h\nu=|E_2-E_1|$ 的光子的"诱发"，原子会释放出一个与诱发光子完全相同的光子并跃迁到低能级 E_1 上，这个过程称为受激辐射，如图 7-7（a）。持续的受激辐射形成的放大的光称为激光，如图 7-7（b）。

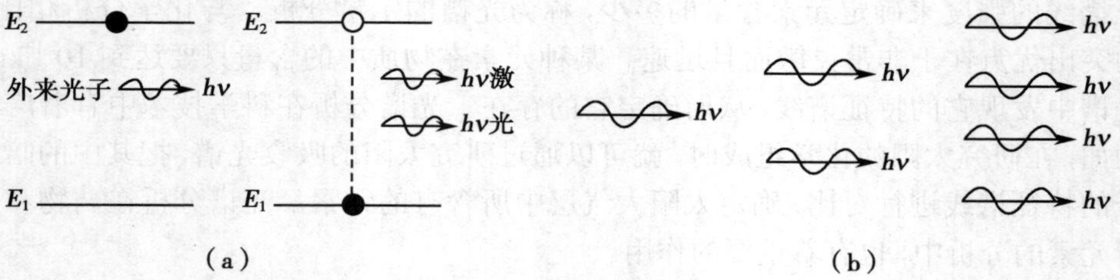

图 7-7 受激辐射

受激辐射具有以下一些特点：①它不是自发产生的，而是必须有外来光子的"诱发"才能发生，并且要求外来光子必须满足式（7-1）给出的能量条件。②辐射释放出来的光子与诱发光子的所有特征完全相同。③在受激辐射中，被激原子并不吸收诱发光子的能量，而是释放出一个与诱发光子完全相同的光子。这样，一个光子就变成了两个特征完全相同的光子，如果这两个光子能够在发光物质中继续传播，而发光物质中又有足够多的处于高能级 E_2 的原子，它们又会激发这些原子从高能级 E_2 发生同样的跃迁而释放出光子，光子数就从 1 变 2，2 变 4……呈几何级数增加下去，产生大量特征完全相同的光子，发生光放大，形成了激光。

要使受激辐射能够持续稳定的进行，真正获得激光，必须通过特殊的装置——激光器。激光器主要由工作物质、激励装置和光学谐振腔三个部分组成。

工作物质是指激光器中能产生激光的物质。在正常情况下，当光通过物质时，受激吸收和受激辐射两种过程是同时存在的。受激辐射使光子数增加，实现光放大，而受激吸收则是光子数减少，使光变弱。可见要获得大量特征相同的光子就必须使受激辐射占优势，而这取决于工作物质中处于高能级的原子的数目。只有处于高能级的原子的数目大于处于低能级的原子的数目，受激辐射的机会才会大于受激吸收的机会，实现光放大；否则，受激辐射的机会小于受激吸收的机会，就无法实现光放大，不能获得激光。一般物质在正常状态下，物质中处于低能级上的原子要多于处在高能级上的原子，这是无法实现光放大的，这就需要通过人为的方法使处于高能级的原子的数目大于处于低能级的原子的数目，而这种情况与正常状态相反，称之为粒子数反转。

为了使工作物质实现粒子数反转，必须从外界输入能量，把处于低能级上的原子激发到高能级上去，这个过程称为激励。激励可采用光照、气体放电、粒子碰撞、化学能、核能等方式来进行。实现激励需要靠激励装置。物质中的原子被激发到高能级后，由于原子在高能级状态通常是激发态，而原子处于激发态的时间很短，大约只有 10^{-8} 秒左右，此时如果没有外来刺激，原子就可能自发的跃迁到低能级上，仍然无法实现受激辐射光放大，不能获得激光。研究发现，物质的能级，除了基态和激发态之外，还有一种亚稳态能级。亚稳态虽然不如基态稳定，但比激发态稳定得多，原子处在亚稳态的时间相对来说要比激发态的时间长得多，可达 10^{-3} 秒。原子处于亚稳态，能停留较长时间而不发生自发辐射，这是形成粒子数反转的必要条件。因此，用于激光器的工作物质，必须具有合适的亚稳态能级。

当工作物质被激励实现了粒子数反转，虽然可以产生光放大，但开始时由于处于亚稳态的原子自发辐射发出的光子具有不同的传播方向，所以无法产生稳定的激光，如图 7-8 所示。要产生能够实际应用的激光，我们还需要光学谐振腔。

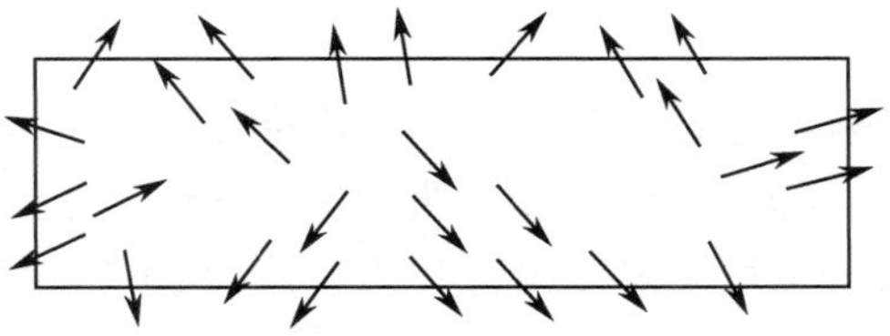

图 7-8　物质实现粒子数翻转后辐射

光学谐振腔的结构如图 7-9 所示，它由放置在工作物质两端的两个互相平行且垂直于主轴的平面反射镜构成。其中一个为全反射镜（反射率为 100%），另一个为部分透光的部分反射镜（反射率为 90%～99%）。光在粒子数反转的工作物质中传播时，得到了放大，放大的光到达反射镜后，又反射回来穿过工作物质，进一步又得到放大，如此往返传播，谐振腔内的光子数不断增加形成很强的光，这种现象称光振荡。稳定的强光从部分反射镜透射出来就是激光。

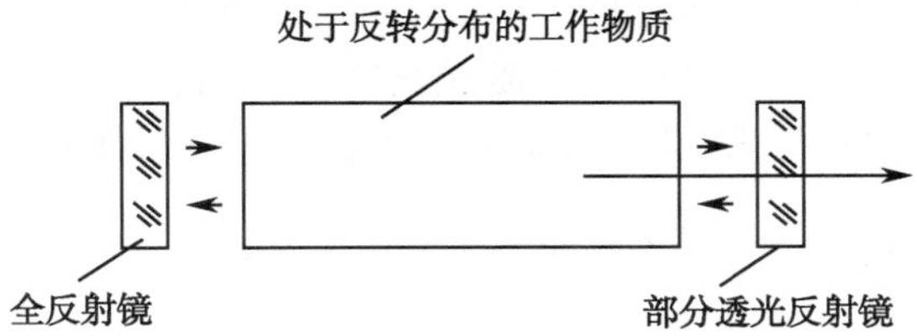

图 7-9　光学谐振腔

二、激光的特性

激光的发光过程不同于普通光的发光过程，因此具有不同于普通光的一些特性，主要体现在以下几个方面：

(一)方向性好

由激光器发出的激光发散角特别小，方向性很好，是理想的平行光源，能定向发射。把激光发射到38万多千米以外的月球上，其照射面的直径只有3千米左右。例如，Ar离子激光器的激光发散角可以小到10^{-4}弧度。激光束经透镜会聚后可细到几微米，用做微型手术刀，能方便地对组织细胞进行切割和焊接手术。

(二)强度大

激光由于方向性好，其能量能集中在很小的区域中，因而可以具有很高的强度。一般情况下，太阳光亮度大约是$100W \cdot cm^{-2}$，而一支功率为数毫瓦的氦-氖激光器的光强度可比太阳光高数百倍；以脉冲方式工作的激光器，还通过采取特殊措施，先使激光器积蓄能量，然后在极短时间内释放，使激光强度更大，其光强可比太阳光高出10^{7}～10^{14}倍。在高强度激光的照射下，物体可以在极短的时间内产生几千度到数万度的高温，使组织凝结、炭化、汽化。激光在医学上的许多应用正是基于这一特性。

(三)单色性好

在受激辐射中产生的光子频率完全相同，又通过光学谐振腔的特殊作用，使得只有确定频率的光才能形成振荡而被输出，所以激光的频率宽度很小，具有很好的单色性。

小链接

频率宽度也就是指频率范围。光的颜色由光的波长(或频率)决定，每种颜色的光都有其对应的波长(或频率)。单色光源虽然只发出一种颜色的光，但其发出的单色光的波长(或频率)仍然有一定的变化范围。其波长(或频率)的变化范围越小，单色性就越好。

例如，氦-氖激光器发出的波长为6328埃的红光，其对应的频率为4.74×10^{14}Hz，它的频率宽度只有9×10^{-2}Hz；而普通的氦-氖混合气体放电管所发出的同样频率的光，其频率宽度达到1.52×10^{9}Hz，比激光的频率宽度大10^{10}倍以上，也就是说，激光的单色性比普通光高10^{10}倍。目前，普通光源中单色性最好的是氪灯，激光的单色性比氪灯还高数万倍。利用激光单色性好的这一特性，可把激光的波长作为长度标准进行精密测量，还可以利用激光进行通讯、等离子体测试等，已成为基础医学研究和临床诊断的重要手段。

(四)相干性好

激光是电磁波的一种，在传播过程中，在空间某一点由于叠加而产生明显加强或减弱的现象，称为相干性。由受激辐射产生的激光具有良好的相干性。它为医学、生物学提供了新的诊断技术和图像识别技术，由此发展起来的激光全息技术已被广泛应用。

三、激光的生物效应

激光与生物组织发生相互作用，使生物机体的活动及其生理、生化过程发生改变的现象称为激光的生物效应。激光的生物效应主要有以下几种：

(一)激光的热效应

当激光照射生物组织时，其能量被组织吸收转化为内能，使组织温度升高，这就是激光的热效应。随着温度的不断升高，在皮肤与组织中将由热致温热(38～42℃)开始，会相继出现红斑、水疱、凝固、沸腾、炭化、燃烧直至极高温度下的热致汽化等反应。在临床上，热

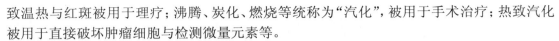

致温热与红斑被用于理疗；沸腾、炭化、燃烧等统称为“汽化”，被用于手术治疗；热致汽化被用于直接破坏肿瘤细胞与检测微量元素等。

（二）激光的非热致汽化效应

紫外波段的激光频率高，它的能量也较高，可以破坏生物分子的化学键导致组织汽化；短脉冲激光产生的冲击波，可以将病变组织击碎。上述两种作用的主要原因不是热效应，基本没有热积累和对周围组织的损伤，适合做一些精细手术，如：激光冠状动脉成形术，激光角膜成形术，激光虹膜打孔术，激光治疗文身和太田痣，激光碎石术等。

（三）激光的光化学效应

激光的光化效应是指生物分子与激光作用后引起的一系列化学反应。在所用激光的剂量还不足以直接破坏（汽化或炭化）生物组织时，光化作用可能成为重要的生物效应。光化作用可导致酶、氨基酸、蛋白质和核酸变性失活，分子高级结构也会有不同程度的变化，从而产生相应的生物效应，如杀菌作用、红斑效应、色素沉着、维生素 D 合成等。根据光化反应的过程不同可分为光致分解、光致氧化、光致聚合、光致敏化等类型。

（四）弱激光的生物刺激效应

弱激光是指其辐照量小于能引起生物组织产生最小可检测的急性损伤的最低限度，但又有刺激或抑制作用的激光。弱激光对生物作用，例如血红蛋白的合成、细菌的生长、白细胞的噬菌作用、肠绒毛的运动、毛发的生长、皮肤和黏膜的再生、创伤溃疡的愈合、骨折再生等都有刺激作用；对神经、通过体液或神经 - 体液反射而对全身、对机体的免疫功能等也有刺激作用。

四、激光在医学中的应用与防护

（一）激光的医学应用

激光从 20 世纪中叶问世以来，便以其方向性好、强度大、单色性好、相干性好等特有的光学特性，迅速在军事、工业、通讯、家庭等多个领域得到广泛的应用，在应用光学领域引起了一场新的变革。医学领域是应用激光技术最早、最广泛也是最活跃的一个领域。激光在医学领域的应用主要有：

1. 激光治疗　1960 年世界上第一台红宝石激光器研制成功，次年就被应用到眼科当中去。截至目前，应用到临床上的激光医疗设备已达上百个品种，包括了从紫外——可见光——红外的各种波长，应用了连续、脉冲、巨脉冲、超脉冲等各种输出方式；激光医疗所涉及的范围几乎包括了临床所有的科室和专业。归纳起来，其基本方法有四大类：

（1）激光手术：激光手术是以激光束代替金属的常规手术器械对组织进行分离、切割、切除、凝固、焊接、打孔、截骨等，以祛除病灶以及吻合组织、血管、淋巴神经等。激光手术具有多功能、止血效果好、感染少、质量高、可选择性破坏特定组织等优点，还可用于各种精细的显微手术。

（2）弱激光治疗：弱激光以其生物作用被用于治疗多种疾病，其方法主要有三种：激光理疗——以弱激光为物理因子进行原光束、扩光纤与腔内照射的物理疗法；激光针灸——以弱激光光束直接照射穴位，兼有针与灸的作用；弱激光血管内照射疗法——以弱激光光针插入静脉照射循环血液的疗法。低强度激光经过大量实验及临床研究证明，可以调节机体多种功能，如：神经传递、免疫、代谢、酶的活性组织修复等功能。低强度激光的临床治疗几乎包括了常规针灸和理疗的全部病种，特别是对一些急 / 慢性炎症、疼痛、慢性溃疡及创伤的愈合等有显著疗效。

(3) 激光光动力学疗法：利用光动力学作用治疗恶性肿瘤的方法，有体表、组织间、腔内照射及综合治疗四种方式。

(4) 激光内镜术治疗：是通过内镜对内腔疾病进行激光治疗的方法，可用于腔内手术、理疗与光动力学治疗，具有很大的发展优势。

2. 激光诊断 由于激光具有极好的方向性、单色性和相干性，为临床诊断提供了新的方法和手段。可利用激光测定红细胞的变形能力、检查软组织肿物、鉴别肿瘤细胞等。激光诊断技术为诊断学向非侵入性、微量化、自动化及实时快速方向发展开辟了新途径。

此外，激光还为医学基础研究提供了新的技术手段。激光医学现在已成为专门的学科，一些医院还设立了激光科。

激光器的种类很多，表 7-1 列出了几种医学上常用的激光器。

表 7-1 常用的医用激光器

类别	发光物质	输出方式	输出波长(nm)	主要用途
固体	Ruby	脉冲	694.3	眼科，皮肤科，基础研究
固体	Nd:YAG	脉冲，连续	1064	各科手术，内镜手术
固体	Ho:YAG	脉冲	2120	胸外科，耳科，口腔科，内镜手术
固体	Er:YAG	脉冲	2080; 2940	耳科，眼科，口腔科，皮肤科
气体	He～Ne	连续	632.8	各科弱激光治疗，PDT，全息照相，基础研究
气体	CO_2	脉冲，连续	10 600	体表与浅表体腔各科手术，理疗
气体	Ar	连续	488; 514.5	眼科，皮肤科，内镜手术，针灸，全息照相，微光束技术，扫描共焦显微镜
气体	N_2	脉冲	337.1	肿瘤科，理疗，基础研究
气体	He～Cd	连续	441.6	肿瘤荧光诊断，理疗，针灸
气体	XeCl	脉冲	308	血管成形术
气体	Cu	脉冲	510.5; 578	ODT，皮肤科
液体	Dye_2	脉冲，连续	300～1300	眼科，PDT，皮肤科，内镜治疗，细胞融合术
半导体	半导体	脉冲，连续	300～34 000	各科手术，内镜治疗，基础研究，弱激光治疗

(二) 激光的防护

激光的用途非常广泛，但也可能对人体造成伤害。激光对人体的伤害分为两类：一类是直接伤害，即超过安全阈值的光辐射对眼睛、皮肤、神经系统以及内脏造成损伤；另一类是由于高压电、噪音、低温制冷剂以及电源等因素造成的间接伤害。

为了防止激光对人体的伤害，我们可以从两个方面采取措施：一方面是对激光系统及工作环境的监控管理：对激光器辐射的四类危害应有明确的专用标志；应有自动显示、报警、停车装置；激光汽化形成的含碳气及组织分解产生的烟雾，可以吸入人体而沉积于工作人员的肺泡中，故需有吸尘装置，手术室应有良好的抽气设备；激光可引起麻醉剂的起火和爆炸，也可引起物品着火，室内禁止有易燃易爆的物品，并应备有紧急起火时的报警设备。另一方面是个人防护：工作人员要培训，避免直接或间接(反射和漫反射)的激光照射，配戴与输出激光波长相匹配的防护眼镜以及尽量减少身体暴露部位，使人体接触的激光剂量在安全标准之内。

第三节 X射线

一、X射线的产生

X射线是德国物理学家伦琴于1895年11月8日在研究稀薄气体放电时发现的，由于当时不知道这种射线的本质，所以就把它称为X射线，即未知射线的意思。他发现这种射线能穿透普通光线无法穿透的纸板，并能作用于荧光屏而产生荧光。这种射线还能透过木板，即使隔着厚厚的书本，射线也能透过使荧光屏发光。但这种射线却不易透过铜、铁、铅等重金属。伦琴把自己的手放在射线管和荧光屏之间时，发现在荧光屏上可以看到手掌内部的骨骼的影像，进而把自己手掌的影像拍摄成照片。伦琴的这个发现于1896年1月23日在德国物理医学会上正式公布于众，X射线的发现对社会各个领域尤其是医学领域的发展有着重大的意义。后人为了纪念伦琴，就把X射线称作伦琴射线。

X射线机是产生X射线的装置，它主要由X射线管、变压器和控制器三部分组成。其中，X射线管是它的核心部分，下边就着重介绍X射线管的工作原理。

研究表明，当高速微观粒子轰击物质而突然受阻时，都能产生X射线。在医学中，都是利用高速电子流轰击靶物质而产生X射线的。所以，产生X射线必须具备两个条件：①具有高速电子流；②具有阳极靶。

X射线管是一个高度真空的硬质玻璃管，管内封装有阴极、阳极两个电极，阴极是钨制灯丝，起到向外发射电子的作用；阳极是用重金属钨或铂制成，也称阳靶，其作用是让高速电子流轰击而产生X射线。阴极的钨丝被卷成螺旋状，由低压电源单独供电，钨丝通电后会发热从而向外发射电子；阳极与阴极正对，通常是铜制的圆柱体，在柱端的斜面上嵌有一小块钨板。在阴、阳两极加上几十千伏到几百千伏的直流高电压产生强大的电场，使阴极发射的电子在电场的加速下高速撞向阳极，阳极被这些高速电子轰击后发射出X射线，如图7-10所示。加在阳极和阴极之间的直流高电压称为管电压；灯丝通电发射的电子形成的电流叫做称为管电流。

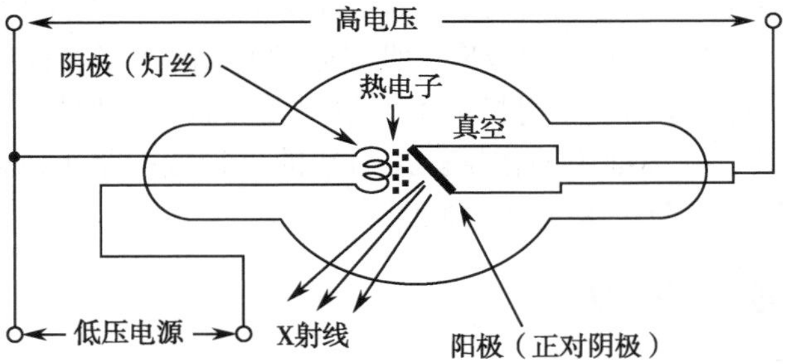

图7-10 X射线管

二、X射线的特性

X射线是一种波长很短的电磁波，波长范围约在0.001～10nm之间，也是一种光子流。和其他电磁波一样以光速沿直线传播，能发生反射、折射等现象，是肉眼无法感知的。除此以外，X射线还具有一些独特的性质。

（一）穿透能力强

X射线的波长很短，具有很强的穿透能力，能穿透一般可见光无法穿透的各种不同密度的物质，当然在穿透过程中会有一定程度的能量被吸收。X射线的穿透力与X射线管电压密切相关，管电压高，产生的X射线波长短，穿透力强；反之，管电压低，产生的X射线波长长，穿透力弱。X射线的穿透力还与物质的性质和结构有关系。通常情况下，原子序数高、密度大的物质对X射线的吸收多，X射线的穿透性差；而原子序数低、密度小的物质对X射线的吸收少，X射线的穿透性强。人体不同组织所含物质的原子序数和密度有差别，因而X射线的穿透性不同。X射线对人体组织穿透性的差别是X射线透视、摄影和X-CT检查的基础；X射线对不同物质穿透性的差别也是选择屏蔽材料和过滤板材料的依据。

（二）荧光效应

某些物质被X射线照射时，会产生肉眼可见的荧光，如磷、硫化锌、钨酸钙、铂氰化钡等，这些物质被称作荧光物质。荧光物质实际上是一种换能器，当它受到X射线的照射时，其原子被激发或电离，在原子跃迁回基态时，发出可见的荧光。透视用的荧光屏、摄影用的增感屏都是利用这一特性制成的。

（三）电离作用

在X射线通过任何物质被吸收时，都将产生电离作用，使构成物质的分子或原子电离。在生物体内，X射线的电离作用可诱发各种生物效应。X射线通过空气时，可以使空气发生电离而成为导电体。因为空气的电离程度，即其所产生的正负离子的数量与空气所吸收的X射线的量成正比，所以可以通过测量空气的电离程度来计算X射线的量。电离作用还是X射线损伤和治疗的理论基础。

（四）光化学作用

X射线可以使照相胶片感光，产生潜影，经显影、定影处理后，便产生了黑和白的影像。这一特性是医学上人体X射线摄影的基础。

（五）生物效应

X射线通过生物体被吸收时，与生物体内的物质发生相互作用，使生物体液和细胞内引起一系列的物理变化和化学变化，使机体和细胞产生生理和病理方面的改变。例如，生物细胞，特别是增殖性强的细胞，经一定量的X射线照射后，可产生抑制、损伤甚至坏死等效应。X射线对机体细胞组织的生物效应主要是损害作用，其损害程度依吸收X射线的量的多少而定。微量或少量的X射线对机体不产生明显的影响；过量的X射线则导致严重的不可恢复的损害，即具有破坏细胞的作用。X射线的生物效应是用以做放射治疗的基本原理，也是放射工作者应注意防护X射线的原因。

三、X射线的强度和硬度

（一）X射线的强度

医学中常用管电流与照射时间的乘积来表示X射线的量，它反映了X射线的强度，其单位是毫安·秒，代号为mA·s。管电流越大，则单位时间内轰击阳靶的电子数越多，产生的X射线量越大；X射线照射时间越长，产生的X射线量越大。我们把单位时间内X射线的量即管电流的大小，称为X射线的强度。

（二）X射线的硬度

X射线光子的能量，称为X射线的硬度，又称X射线的质，它用来表示X射线的穿透本领。X 射线的硬度主要与管电压有关，管电压越高，电子轰击阳极靶时的速度就越大，由此产生的 X 射线光子的能量就越大，X 射线的波长越短，穿透力越强，X 射线就越硬。因此，可以用管电压的大小表示 X 射线的硬度。X 射线按照硬度通常分为四类，见表 7-2。

表 7-2 X 射线硬度分类

名称	管电压（kV）	最短波长（nm）	用途
极软 X 射线	5～20	0.248～0.062	软组织摄影、表皮治疗
软 X 射线	20～100	0.062～0.012	透视和摄影
硬 X 射线	100～250	0.012～0.005	较深组织治疗
极硬 X 射线	250 以上	0.005 以下	深部组织治疗

四、X 射线在医学中的应用及防护

（一）X 射线在医学中的应用

1. X 射线诊断　主要包括透视、摄影、造影检查、数字减影技术和 X-CT。

（1）透视：透视是 X 射线检查的基本方法之一。由于人体不同的组织和器官对 X 射线的吸收程度不同，强度相同的 X 射线在透射过人体后的强度就不一样，透射过人体后的 X 射线携带了人体内部解剖结构的信息，把它投射到荧光屏上，就可以显示出明暗不同的荧光影像，观察和分析这种影像，就能诊断人体组织器官的正常和异常，这种应用荧光屏显像的检查方法称为 X 射线透视。例如，骨组织对 X 射线的吸收要比肌肉组织多，所以，骨组织透射出来的 X 射线的强度要比肌肉组织弱，利用透视可以清楚地看到骨折的情况。肺结核病灶由于组织上的病理变化，引起吸收本领的变化，也可以通过透视检查出来。此外，还可以确定进入体内的异物及伤员体内弹片的准确位置等。

X 射线不仅可以观察体内器官的形态，而且可以观察器官的活动情况，是胃肠道造影检查、骨折复位手术、导管和介入性放射学等采用的基本方法。透视的优点在于它可以直接观察器官的运动情况，可以任意改变患者体位从不同方向进行观察，操作简便，能通过观察荧光屏直接得到结果，而且在透视下，可以进行骨折复位、异物摘除、心导管插入等操作，但由于人体组织器官透视影像产生重叠、组织密度或厚度差别小等原因，使得形成的影像分辨率不高，不能作永久保存。

传统的 X 射线透视，医生和受检者都在暗室近台操作，致使工作人员和受检者都受到过多的 X 射线照射。现在可以通过采用影像增强器，不仅把 X 射线转变为可见荧光，也把影像亮度增强数千倍，通过闭路电视在明室观察，视觉灵敏度高，提高了透视的准确性；同时，也使得透视的 X 射线强度大幅度降低，使受检者的 X 射线照射量大大减少，而医生由于是隔室操作，可以基本不受 X 射线的照射。

（2）摄影：X 射线摄影是 X 射线检查的另一种基本方法。由于机体各组织器官对 X 射线的吸收能力不同，让透过身体的带有解剖结构信息的 X 射线投射到 X 射线照相胶片上，使胶片感光，然后经过显影、定影的处理，就可以在 X 射线照片上看到人体组织器官的影像，这种应用 X 射线胶片显像的检查方法称为 X 射线摄影。

在进行 X 射线摄影时，为了能增加胶片的感光量，可以在胶片前后各放置一个紧贴着的荧光屏，这个屏称为增感屏，它可以使照相胶片上的感光量增加许多倍。使用增感屏进行 X 射线摄影，可以降低摄影时 X 射线的强度或缩短摄影时间，从而减少患者所接受的照射量。测试表明，一次拍片的照射量不到荧光透视的八分之一。

X射线胶片的分辨率要比透视荧光屏的分辨率高，它比透视能发现更多有诊断价值的影像，而且胶片可以长期保存，便于会诊和复查对比。

(3) 造影检查：人体某些脏器或病灶对X射线的吸收能力与周围组织相差很小或吸收很弱，X射线透过这些部位后，强度相差不多，在荧光屏或照片上就不易显示出来。我们可以通过给这些脏器或组织注入吸收系数较大或较小的物质，来增加它与周围组织的差别，这些物质称为造影剂。例如，在检查消化道时，可以让受检者吞服吸收系数很大的“钡餐”，使其陆续通过食管和胃肠，同时进行X射线透视或摄影，就可以把这些脏器显示出来。在作关节检查时，可以在关节腔内注入密度很小、对X射线吸收很弱的空气，然后进行X射线透视或摄影，就可以显示出关节周围的结构。这种利用造影剂进行X射线检查的方法，称为X射线造影检查。

全身有空腔和管道的部位都可以做造影检查。造影检查扩大了X射线的检查范围，但需要精心操作才能获得满意的效果，同时还要注意保证患者的安全。

(4) 数字减影技术：利用造影剂虽然能使要观察的器官或病灶与周围其他组织的影像区分开，但是得到的影像仍然是重叠的。如果能将使用造影剂前后的两幅图像相减，就可以去掉没有造影剂部分的图像，得到有造影剂部分的图像，这就是减影。利用计算机技术进行的这种图像的减影处理，称为数字减影。

数字减影技术在临床上常用于血管造影，即数字减影血管造影(DSA)。它是将未造影的图像和造影图像分别经过影像增强、摄影机扫描、数字化转换，然后通过图像处理器将这两幅数字化图像相减，得到DSA图像。它能使含造影剂的血管保留下来，而骨髓等无关组织的影像被消除，最后将减影处理的数字图像转换为视频输出，获得实时血管图像。DSA是一种理想的非损伤性的血管造影检查技术，它取代了危险性较大的动脉造影检查。DSA不仅用于血管疾病的检查诊断，如观察血管梗阻、狭窄、畸形及血管瘤等，还可以为血管内插管进行导向，从而施行一些“手术”和简易治疗，如吸液、引流、活检和化疗及阻断肿瘤的血供等。

(5) X-CT：从X射线应用于诊断的60多年来，所用的方法都是利用物体对它的吸收程度不同所造成阴影的投影来进行诊断的。这种传统的X射线诊断有下列缺陷：一是影像重叠。常用的放射照相，是把一个非均匀的三维物体，生成二维的平面像。它是许多平面重叠而成，故影像相互混淆，使得正常的和病变的精细结构不易分辨，脂肪及其他软组织分布的细节都难以分辨。二是几何形状的影响。由于底片所显示的是把立体图像变成平面像，所以容易把一般X射线底片的有关形状和不同结构的相对位置搞混淆。造影检查虽然可以使普通X射线检查不能显示的器官显影，但影像的分辨率不高，一些器官或组织，特别是由软组织构成的器官仍不能显影。1969年人们首次设计出电子计算机横断体层成像装置解决了上述问题。经神经放射诊断学家应用于临床，取得了极为满意的效果。这种检查方法称为X射线计算机断层成像，即X-CT检查。X-CT可获得较好的三维空间信息像。由于它诊断效果明显、方法简单、迅速、检查范围广，已成为现代医院中一种先进技术。

2. X射线治疗　X射线在临床上主要用于治疗癌症。当X射线通过人体组织时，能产生各种相互作用，由此诱发一系列生物效应。研究发现，X射线对生物组织细胞特别是分裂活动旺盛或正在分裂的细胞有很强的破坏作用。而组织细胞分裂旺盛是癌细胞的特征，所以用X射线照射可以抑制癌细胞的生长或使它坏死。

皮肤和浅表组织的肿瘤，通常采用低能X射线进行近距离的照射治疗，深部组织的肿瘤多采用医用高能X射线进行照射治疗。

加热放疗：是采用适当的高热与X射线放疗协同并用，发挥各自优势，用于治疗恶性肿瘤，有良好的治疗效果。它已成为继手术、放疗、化疗、免疫疗法之后的第五种治癌方法。

X-刀：是以X-CT、磁共振和血管造影图像为诊断依据，用计算机进行三维图像重建，立体定位，制定精确的照射方案，然后利用医用电子直线加速器产生的高能X射线做放射源，进行大剂量窄束定向集中照射的技术。它不用手术开颅就能对颅内肿瘤或病灶进行准确无误的定向照射治疗，并能最大限度地减少正常组织的损伤，是一种高效、精确、无创无血无痛的非手术治疗方法。

介入放射治疗：是近十多年发展起来的，把X射线诊断与治疗相结合的新技术，是临床医学和医学影像学相结合的产物。它是在X射线电视、X-CT等的导向下，将穿刺针或导管插入人体某部位进行X射线诊断，同时还能采集病理学、细胞学、细菌学、生物化学等检查诊断资料，也可施行简易治疗。它涉及人体消化、呼吸、心血管、神经、泌尿、骨骼等多个系统疾病的诊断和治疗，尤其是对以往人们认为的不治或难治之症，如癌症、心血管疾病等开辟了新的治疗途径，并且简便、安全、有效且并发症少。

（二）X射线的防护

X射线会对人体组织造成一定的损害，但只要我们了解了X射线通过人体组织时产生的各种反应，通过采取一定的防护措施，充分利用现有物质的防护作用，尽量减少对X射线的直接接触，认真做好防护工作，X射线对人体的损害是完全可以避免的。

1. X射线对人体的损害　当X射线通过人体组织时，根据通过X射线量的多少，人体对X射线的感受程度，会产生一些生理反应，使人体组织细胞和功能受到损害。X射线对人体的损害多表现在神经系统所引起的功能失调、衰退，其全身性反应表现为疲劳、食欲不振、呕吐、头痛等。淋巴组织与血液里的白细胞对X射线也非常敏感，受到过量的X射线照射后，其淋巴细胞、白细胞就会出现发育障碍，影响人体健康。

2. X射线的防护　由于X射线对机体的生物作用，因此在X射线照射时会产生各种程度的损害，其中一部分是积累性的，甚至成为不可恢复的慢性放射病。所以，在X射线诊断工作中，必须采取防护措施，既要注意工作人员的防护，又要注意患者的防护。对X射线的防护是指：照射时间、离X射线源的距离和屏蔽防护。这是X射线对人体损害的三个基本防护要点。具体的防护措施有：①增大人与X射线源的距离。②减少接触X射线的时间。③穿戴各种防护用具，如用铅密度为3.3～6.2g/cm^{3}的铅玻璃作荧光屏及防护眼镜，用含铅密度为3.3～5.8g/cm^{3}的铅橡皮制成的围裙、手套、挂帘、工作服等。④按国家规定建造合格的检查室，一般不小于25m^2，高度不低于3.5m，四壁都有防护措施。⑤遵守操作规程和防护检查措施等。

第四节　原子核与放射性

一、原子核的组成

我们已经知道原子是由原子核与电子构成，那么原子核又有怎样的结构呢？1932年英国物理学家查德维克发现了中子，随后，人们经过实验和理论分析，证明了原子核是由质子和中子组成，质子和中子都称为核子。

质子就是氢原子核，常用 p 表示，它所带的正电荷电量与电子的带电量相同，质量 $m_p = 1.6726 \times 10^{-27}$kg，是电子质量的 1836.1 倍。中子常用 n 表示，不带电，质量 $m_n = 1.6749 \times 10^{-27}$kg，比质子质量略大，是电子质量的 1836.8 倍。

原子核内的多个核子能够结合在一起，表明核子之间存在强大的相互作用力。这种力不是静电力，因为中子不带电，而质子间是库仑斥力；也不是万有引力，因为质子间的万有引力比库仑斥力小得多。这意味着核子之间还存在一种特殊的力，我们称之为核力，是核力使核子结合在一起构成原子核。核力是短程力，其作用范围大约在 10^{-15}m 以内。每个核子只与跟它邻近的核子之间才有核力作用，而且与核子是否带电无关。

原子核位于原子中心，体积非常小，其半径约为 10^{-15}～10^{-14}m 左右，比原子的半径 10^{-10}m 小得多，但它集中了几乎整个原子的质量。原子核所带的正电荷的电量和核外电子所带的负电荷的电量相等，即原子核内的质子数和核外电子数相等。

原子核带正电，其所带电量 q 等于电子电量绝对值 e 的整数倍，即 $q = Ze$，Z 为整数，称为原子核的电荷数，它等于该原子在元素周期表中的原子序数。

质子、中子等微观粒子的质量都非常小，用千克作为质量单位来量度太大。为了方便使用，国际上规定用原子质量单位作为微观粒子的质量单位。我们把碳原子 ${}^{12}_{6}C$ 质量的十二分之一作为一个质量单位，称为原子质量单位，记做 u。经过计算可知，$1u = 1.660\,566 \times 10^{-27}$kg。原子的质量以“原子质量单位”来量度时，都接近于某一整数，我们把这一整数称为原子核的质量数，用 A 表示。如氦原子核的质量是 4.002 604u，则它的质量数 $A = 4$。质量数实际上就是原子核内质子数与中子数的总和。表 7-3 给出了一些微观粒子的质量和质量数。

表 7-3 几种微观粒子的质量和质量数

名称	质量		质量数
	单位：kg	单位：u	
E	9.1095×10^{-31}	0.000 549	0
P	1.6725×10^{-27}	1.007 276	1
N	1.6748×10^{-27}	1.008 665	1
${}^{3}_{2}He$	5.0083×10^{-27}	3.016 030	3
${}^{4}_{2}He$	6.6466×10^{-27}	4.002 604	4
${}^{12}_{6}C$	1.9927×10^{-26}	12.000 000	12
${}^{16}_{8}O$	2.6561×10^{-26}	15.994 915	16

原子核的电荷数和质量数是表征原子核的两个重要的标志性参数。我们通常用 ${}^{A}_{Z}X$ 来表示原子核，X 是元素的化学符号，A 是原子核的质量数（核子总数），Z 是原子核内的质子数（正电荷数或原子序数）。如氢的原子核记作 ${}^{1}_{1}H$，氦的原子核记作 ${}^{4}_{2}He$，碳的原子核记作 ${}^{12}_{6}C$，氧的原子核记作 ${}^{16}_{8}O$。A 是原子核的核子总数，Z 是原子核内的质子数，那么，中子数 $N = A - Z$，如 ${}^{235}_{92}U$ 表示铀原子核内电荷数 $Z = 92$，核子总数 $A = 235$，则核内中子数 $N = A - Z = 235 - 92 = 143$。

二、核素与同位素

在原子核物理中把具有确定质子数和中子数的原子核称为核素，用 ${}^{A}_{Z}X$ 表示。对于确定的核素来说，质子数是已知的，所以核素可简记为 ^{A}X，如 $^{235}_{92}U$ 可简记为 ^{235}U。目前发现的核素已经超过 1600 种，其中约有 300 种是稳定的，其余的都是不稳定的，它们能释放出射线，所以称之为放射性核素。

在同一种元素的核内可以含有不同的核子数，即它们具有相同的质子数 Z 而有不同的核子数 A，像这样同一元素电荷数 Z 相同，而质量数 A 不同的一组核素，称为这种元素的同位素，也可以说同一元素的质子数相同而中子数不同的一组核素，称为这种元素的同位素。例如，氢的同位素有三种，分别是 $^{1}_{1}H$、$^{2}_{1}H$ 和 $^{3}_{1}H$，它们的电荷数相同但质量数不同，分别称为氢（氕）、重氢（氘）和超重氢（氚），由于它们的电荷数相同，所以在元素周期表中占据着同一位置，具有相同的化学性质。

小链接

氢的同位素

氕，符号为 $^{1}_{1}H$，它的原子由一个质子和一个电子组成，是氢的主要成分。普通的氢中含有 99.985% 的氕。氘是氢的一种稳定性态同位素，也称作重氢，符号为 D 或 $^{2}_{1}H$。它的原子核由一个质子和一个中子组成，在大自然的含量约为一般氢的 1/7000，用于热核反应，被称为“未来的天然燃料”。氚是氢的一种放射性同位素，也称为超重氢，符号为 T 或 $^{3}_{1}H$，它的原子核由一个质子和两个中子组成。天然氢中氚的含量极为稀少。

三、放射性及三种放射线的性质

（一）放射性

1896 年法国物理学家贝克勒尔在研究铀盐时，首次发现铀及其化合物能释放出某种看不见但能穿透黑纸并且使照相底片感光的射线。进一步研究发现，这些射线不仅能使照相底片感光，而且能使气体电离和使荧光物质发出荧光。1898 年法国物理学家比埃尔•居里夫妇又发现镭、也能释放类似射线，而且强度比铀所放出的射线更强。我们把铀、镭等元素具有这种发出放射线的性质称为放射性。具有放射性的元素称为放射性元素。

放射性元素分为两种：一种是自然界自身存在的能够不断释放出射线的元素，称为天然放射性元素，如铀、镭、等；另一种是人工制造的能够释放出射线的元素，称为人工放射性元素，如钴、铯、铱等。我们把具有放射性的元素的原子核统称为放射性核素。目前发现的核素已经有 2600 余种，其中大部分是人造的，比较稳定的大约只占 $\frac{1}{10}$。

（二）三种放射线及性质

在上部开有一个小孔的铅室底部放少量镭，它释放出的射线由于无法穿过很厚的铅板而从上部所开的小孔射出，在孔道上方的空间加一个磁场，我们发现从小孔射出的射线被分为三束，分别称之为 α、β、γ 射线，如图 7-11 所示。三种射线在磁场中的偏转方向不同，说明它们的带电情况各不相同。研究表明，α 射线在磁场中向左偏转，表明 α 射线带正电，实际上是具有很高速度的氦原子核 $^{4}_{2}He$ 流，即 α 粒子流；β 射线在磁场中向右偏转，表明 β 射线带负电，实际上是高速运动的电子流；γ 射线在磁场中不发生偏转，表明 γ 射线不带电，实际上是波长比 X 射线还短的光子流。

后来人们发现不仅铀、镭等元素具有天然放射性，那些位于门捷列夫元素周期表末端的重元素也都具有天然放射性，都能放射这三种射线（图 7-11）。研究发现，这些射线具有以下一些主要性质：

1. 穿透本领强。它们可以穿透可见光所不能穿透的一些物体，如黑纸板。其中以 γ 射线的穿透本领最强，其次是 β 射线，α 射线的穿透本领最弱。

2. 能激发荧光。例如，在硫化锌中掺入极微量的镭可以制成夜光物质。

3. 能使照相底片感光。

4. 能使气体电离。其中 α 射线的电离作用最强，β 射线次之，γ 射线的电离作用最弱。

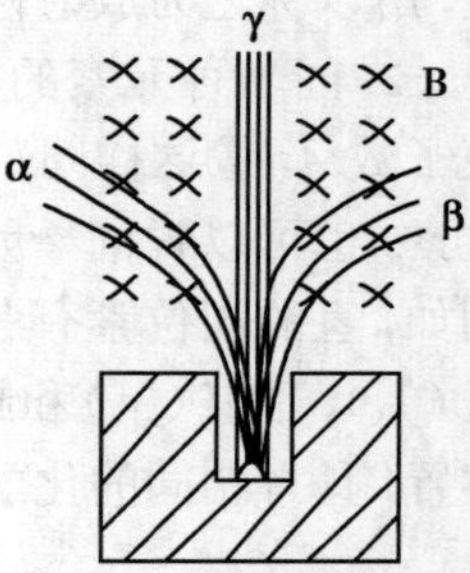

图 7-11　三种射线示意图

5. 当射线强度超过一定数值时会破坏组织细胞。

6. 能使物质升温。放射性元素在放射过程中不断向外释放能量，使得吸收射线的物质发热，温度升高。

四、放射性核素在医学中的应用

核医学是研究放射性核素和核射线的医学理论及应用的科学。核医学所提供的技术和放射性物质应用到临床诊断和治疗，是非创伤性的，既能在体外对体内存在各种放射性物质进行超微量分析，又能从体外动态地观察体内脏器的形态功能和组织生理、生化现象，帮助我们认识生命现象的本质，弄清疾病的病因和药物作用原理。核医学的成果是医学现代化的重要标志。

各种天然的和人工的放射性核素放出的射线（主要是 β 和 γ 射线），在生物学研究及医疗中有许多应用，而且应用技术也正在不断发展。放射性核素在医学上的应用，基本上可以分为诊断、治疗和防护等几个方面。

（一）诊断

示踪原子作用　放射性核素能自发地放射出容易探测的射线，显示一种特殊讯号标记，使得它的踪迹易被放射性探测仪器观测出来。又因为放射性核素和稳定同位素核素具有相同的化学性质，因此它们在生物机体内的分布、转移和代谢都是一样的，当二者混在一起时，可借以测出稳定同位素在各种变化过程中的变动情况。放射性核素总会发出放射线，用它作为标志，可以起指示踪迹的作用，放射性核素的这种作用称为示踪原子作用。被引入的放射性核素称为示踪原子。它能用于脏器扫描、显像、功能测定、体内微量物质定量分析、追踪体内物质代谢的变化等。

例如要了解磷在人体内的代谢过程，可以把含有放射性磷（$^{32}_{15}P$）的制剂引人体内，由于放射性磷和普通稳定的磷具有同样的化学性质，因此，它们在体内的代谢过程完全一样。器官或组织在吸收了放射性磷以后，不断地发出射线，利用探测仪器追踪探测就可知道各种组织吸收磷的情况。核素射线的示踪作用，也可以用来诊断某些疾病，例如正常人在吞服放射性的碘剂后，用探测器可以测出：有 20% 左右的碘停留在机体内，其余由小便排出。留在体内的碘，绝大多数集中在甲状腺上，甲状腺功能亢进的患者，能够在甲状腺处集中进入体内 30%～80% 的碘。因此就可诊断出是否患有甲状腺功能亢进疾病。

由于磷比较容易集中在增殖迅速的组织上，在有肿瘤的部位上，放射线强度要较附近正常组织为高，因此可以利用它的放射性核素来寻找某些肿瘤的位置。

示踪原子的优点：一是射线容易捕捉，方便简单，可以进行体外测量。要诊断甲状腺疾病，可口服适量 $Na^{131}I$，在病理状态下，碘代谢发生变化，用 γ 照相机或扫描仪显像，可诊断甲状腺病情；二是灵敏度高。用放射性示踪原子方法可以检查出 10^{-18}～10^{-14}g 的放射性物质。

（二）治疗

由于放射性核素所发出的射线能抑制和破坏组织，如破坏癌细胞，可用来进行治疗某些疾病。治疗可分为：①体外照射治疗。用钴（$^{60}_{27}Co$）发出的 γ 射线从体外照射，主要用于治疗深部肿瘤和恶性肿瘤；②体内照射治疗。把放射源碘 $^{131}_{53}I$ 引入体内，随代谢过程汇集于甲状腺癌，最常见的是用碘（^{131}I）治疗甲状腺功能亢进和部分甲状腺癌等。用磷 $^{32}_{15}P$ 治疗骨、肝、脾及淋巴的病变和肿瘤组织，可以破坏和抑制病变组织的生长；③敷贴治疗。利用磷 $^{32}_{15}P$、锶 $^{90}_{38}Sr$ 等放射性核素敷贴于患部，发出 β 射线照射体表疾患，对治疗眼病和皮肤疾病有一定作用；④放射性胶体治疗。把放射性胶体注入体腔，敷于体腔表面的胶体放射性元素对该处局部组织肿瘤进行照射而达到控制肿瘤的目的。

天然放射性核素中的镭（$^{226}_{88}Ra$），在几十年前，就已开始用于治疗某些癌症。因为镭（$^{226}_{88}Ra$）的衰变产物发出比 X 射线波长更短的 γ 射线，镭（$^{226}_{88}Ra$）的半衰期（1600 年）长，可以长久使用。现在一些人工放射性核素，特别是钴（$^{60}_{27}Co$）已经在治疗中代替了昂贵的镭（$^{226}_{88}Ra$）。把钴（$^{60}_{27}Co$）封在空心铅管内，再插入患者体腔或肿瘤组织中，使之受到了射线的照射。磷（$^{32}_{15}P$）还可以制成胶体，注射到病人病变部位。另外，近几年来，钴（$^{60}_{27}Co$）治疗机的应用不断推广，它可以代替高压 X 射线机从体外进行照射。由于钴（$^{60}_{27}Co$）能发出很强的 γ 射线，大剂量钴（$^{60}_{27}Co$）照射，可以对人体内深部肿瘤，如颅脑内、纵隔及鼻咽部的肿瘤等进行治疗，效果比 X 射线更好。

有些放射性核素可以被某种肿瘤组织优先吸收，利用这一特点能使这种肿瘤从内部受到射线的照射。放射性核素的射线治疗主要是利用它对机体组织的破坏作用，合理地照射某些疾患部位（如肿瘤），可以达到控制其发展直至破坏消灭的目的。另一种方法是利用某些器官或组织对某种元素的选择性吸收来取得疗效。常见的服碘（$^{131}_{53}I$）治疗，就是将碘（$^{131}_{53}I$）引入体内，碘（$^{131}_{53}I$）会选择性汇集于甲状腺，发出的射线对甲状腺功能亢进和部分甲状腺癌有治疗效果。内服放射性磷（$^{32}_{15}P$），对慢性白血病也有一定的疗效。

医学上利用放射性核素，既要严格的选择放射性核素，又要设计和控制进入人体内的剂量，照射时间的长短。否则影响诊断和治疗的效果，甚至要危害生命。通常选用的放射性核素要考虑同位素的性质、半衰期和能否迅速排出体外等因素。总之，要遵守操作规程，加强防护，保证安全。

（三）辐射量与放射防护

1．辐射量　各种射线与物质相互作用的过程，实质上是能量传递的过程。射线通过物质时，与物质相互作用时发生的电离现象称为电离辐射。电离辐射作用于生物体时会引起物理的、化学的、生物的变化称为辐射效应。辐射效应既能治病，又会致病。为了安全有效地利用，以便对射线进行防护以及为人体辐射损伤的医学诊断和治疗提供可靠的科学依据，必须对射线的辐射剂量进行控制。常用的辐射量有照射量 X、吸收剂量 D、剂量当量 H 三种。

（1）照射量：当各种射线和空气中的原子发生相互作用时会使空气电离。如果在质量为 m 的空气中，空气电离时所产生的任何一种离子（正或负）的电量为 Q，则该处的照射量 X 为：

$$X=\frac{Q}{m} \tag{7-2}$$

国际单位制中，照射量X的单位是库仑/千克，代号C/kg。照射量的单位还有伦琴R。

$$1\text{伦琴}=2.58\times10^{-4}\text{库仑/千克}$$

我国规定从事放射性工作的人员，日照射量不应超过1.29×10^{-5}C/kg，照射量过大就会引起放射性疾病。

（2）吸收剂量：任何电离辐射（α、β、γ、X线等射线）照射物体时，都会将全部或部分能量传递给照射物体，物体吸收射线能量后，在物体内可引起物理的、化学的或生物的变化，对生物体引起生物效应。生物效应的强弱与吸收其能量的多少有密切关系，我们把单位质量的物体吸收电离辐射能量的大小，称为吸收剂量。若用m表示吸收射线物体的质量，E表示射线的能量，D表示吸收剂量，用公式表示为：

$$D=\frac{E}{m} \tag{7-3}$$

国际单位制中，吸收量的单位是戈瑞，代号是Gy。

$$1\text{戈瑞}=1\text{焦耳/千克}$$

戈这个单位太大，也常用毫戈（mGy）作单位。

$$1\text{Gy}=1000\text{mGy}$$

物体受到射线照射后，受射线的危害程度与吸收剂量的大小有很大的关系。

（3）剂量当量：人体吸收射线对细胞的破坏程度不但与吸收剂量D有关，还与射线的种类和照射的条件等因素有关。例如，接受相同吸收剂量的快中子比X射线、γ射线和电子射线的破坏力（生物效应）大10倍左右。为了定量地表明机体受损坏的程度，通常用剂量当量H表示。剂量当量对吸收剂量进行了合理的修正，使修正后的吸收剂量能更好地和辐射所引起的有害效应联系起来。剂量当量等于吸收剂量与相对生物效应倍数的乘积。在国际单位制中，剂量当量的单位是希沃特，代号Sv。

2. 放射性的防护　放射线的电离作用是导致生物效应的主要因素。生物效应按损害的影响，分躯体效应和遗传效应，按时间分近期效应和远期效应等。在人体受到过量的放射线的照射时，正常组织受到破坏引起病变，如出现皮肤红斑、毛发脱落、溃疡、肺纤维变性、白细胞减少、白内障等现象，有时还能诱发生殖细胞突变，引起遗传变异引发肿瘤等，所有这些生物效应，与射线的剂量当量以及照射时间、照射距离等因素有关，年纪越小越易受到伤害，因此，加强防护就显得尤为重要。

放射线工作者可采取缩短照射时间、远离病人和采用屏蔽方法等措施加以防护。放射防护的措施有：①控制辐射源的量和质。②防止放射源扩散，做好三废处理的环境保护。③尽量减少照射时间。④尽量增大工作人员与放射物之间的距离。⑤利用屏蔽物质，如铅玻璃、铅橡皮等吸收放射线。

例如在暗室透视时，要避免不必要的长时间照射，应尽量缩短曝光时间。照射时应尽量利用铅椅、铅帘等屏蔽防护，穿戴防护衣具。在进行胃肠透视、支气管造影、心导管检查等时。尽可能远离病人，以减少散射线的影响。必须与患者接触时，操作者不要忘记了穿戴防护衣具。

从事放射工作的年剂量当量限值约为50毫希（mSv），而一般放射工作人员实际接受的平均年剂量当量在5毫希（mSv）上下，即相当于限值的$\frac{1}{10}$，这说明放射工作还是比较安全的。

本章小结

一、原子结构

（一）原子核式结构

原子是由带正电荷的原子核和绕核旋转的带负电的电子构成。原子核集中了原子的全部正电荷和几乎全部质量。带负电的电子在原子核外绕核旋转。原子核的正电荷数等于核外电子数，整个原子呈电中性。

（二）玻尔原子理论

1. 原子核外电子，只能在一系列不连续的，即量子化的可能轨道上绕核旋转。原子只能处在不连续的分立的能量状态中，这些状态称为定态。

2. 电子在定态轨道上运动，不向外辐射能量，能量状态不变。在不同的定态轨道上运动，原子能量状态不同。

3. 原子从一种能量状态 E_2 跃迁到另一种能量状态 E_1 时，辐射或吸收一定频率的光子，光子的频率是由两种状态的能量差决定的。即：

$$h\nu=|E_2-E_1|$$

其中 h 称为普朗克恒量，$h=6.626\,176\times10^{-34}$ 焦•秒。

（三）原子能级和原子发光原理

1. 原子能级　根据玻尔理论，电子在不同的轨道上运动，原子具有不同的能量，即原子处于不同的能量状态。这些能量状态称为原子能级。

2. 原子发光原理　原子在没有外界作用的情况下，高能级的电子自发的向低能级跃迁，同时向外释放光子的过程，称为自发辐射。普通光源的发光过程都是自发辐射。

（四）原子光谱

光谱分为发射光谱和吸收光谱两种。

1. 发射光谱　由发光物体发出的光直接产生的光谱，称为发射光谱。发射光谱可分为两种类型：连续光谱和明线光谱。

2. 吸收光谱　高温光源发出的白光在通过温度较低的气体后，所形成的由一些暗线构成的光谱称为吸收光谱。

3. 光谱分析　每种原子都有自己的特征谱线，因此可以根据光谱来鉴别物质和确定它的化学组成，这种方法称为光谱分析。

二、激光

（一）激光的产生

持续的受激辐射形成的放大的光称为激光。

（二）激光的特性

1. 方向性好。

2. 强度大。

3. 单色性好。

4. 相干性好。

（三）激光的生物效应

1. 激光的热效应。

2. 激光的非热致汽化效应。

3. 激光的光化学效应。

4. 弱激光的生物刺激效应。

（四）激光在医学上的应用与防护

1. 诊断。

2. 治疗。

3. 防护。

三、X射线

（一）X射线的产生

高速电子流轰击靶物质而产生X射线。

（二）X射线的特性

1. 穿透能力强。

2. 荧光效应。

3. 电离作用。

4. 光化学作用。

5. 生物效应。

（三）X射线的强度和硬度

1. X射线的强度——单位时间内X射线的量即管电流的大小。

2. X射线的硬度——X射线光子的能量，又称X射线的质。

（四）X射线在医学中的应用及防护

1. X射线诊断

(1)透视。

(2)摄影。

(3)造影检查。

(4)数字减影技术。

(5)X-CT

2. X射线治疗　X射线在临床上主要用于治疗癌症。

(1)加热放疗。

(2)X-刀。

(3)介入放射治疗。

3. X射线的防护　防护措施有：①增大人与X射线源的距离；②减少接触X射线的时间；③穿戴各种防护用具；④按国家规定建造合格的检查室；⑤遵守操作规程和防护检查措施等。

四、原子核与放射性

（一）原子核的组成

原子核由质子和中子组成，质子和中子都称为核子。原子核带正电，其所带电量 q 等于电子电量绝对值 e 的整数倍，即 $q=Ze$，Z 为整数，称为原子核的电荷数，它等于该原子在元素周期表中的原子序数。

我们把碳原子 ${}^{12}_{6}C$ 质量的十二分之一作为一个质量单位，称为原子质量单位，记

做 u。原子的质量以"原子质量单位"来量度时，都接近于某一整数，我们把这一整数称为原子核的质量数，用 A 表示。质量数实际上就是原子核内质子数与中子数的总和。

（二）核素和同位素

具有确定质子数和中子数的原子核称为核素，用 ${}_{Z}^{A}X$ 表示。不稳定的核素能释放出射线，所以称之为放射性核素。

同一元素电荷数 Z 相同，而质量数 A 不同的一组核素，称为这种元素的同位素，也可以说同一元素的质子数相同而中子数不同的一组核素，称为这种元素的同位素。

（三）放射性及三种放射线的性质

我们把铀、镭等元素具有这种发出放射线的性质称为放射性。具有放射性的元素称为放射性元素。

我们把具有放射性的元素的原子核统称为放射性核素。

α 射线带正电，实际上是具有很高速度的氦原子核 ${}_{2}^{4}He$ 流，即 α 粒子流；β 射线带负电，实际上是高速运动的电子流；γ 射线不带电，实际上是波长比 X 射线还短的光子流。

这些射线具有以下一些主要性质：

1. 穿透本领强。其中 γ 射线的穿透本领最强，其次是 β 射线，α 射线的穿透本领最弱。

2. 能激发荧光。

3. 能使照相底片感光。

4. 能使气体电离。其中 α 射线的电离作用最强，β 射线次之，γ 射线的电离作用最弱。

5. 当射线强度超过一定数值时会破坏组织细胞。

6. 能使物质升温。

（四）放射性核素在医学中的应用

1. 诊断作用　放射性核素的诊断作用主要是示踪原子作用。

2. 治疗作用　主要是利用其释放射线的穿透作用和对机体组织的破坏作用来实现的。

3. 辐射量与放射防护

(1)辐射量

1）照射量：射线辐射使空气电离所产生离子的电荷量 Q 与被照射空气质量 m 之比，称为该处的照射量，用 X 表示，即 $X=\dfrac{Q}{m}$，国际单位制中，照射量的单位是库仑 / 千克，代号 C/kg。照射量常用的单位还有伦琴 R 和毫伦琴 mR。1 伦琴 $=2.58\times10^{-4}$ 库仑 / 千克

2）吸收剂量：被照射物体吸收的辐射能量 E 与该物体质量 m 之比，称为该物体的吸收剂量，用 D 表示，即 $D=\dfrac{E}{m}$，在国际单位制中，吸收剂量的单位是戈瑞，代号 Gy。1Gy = 1J/kg

3）剂量当量：在国际单位制中，剂量当量的单位是希沃特，代号是 Sv。

(2)放射性的防护：放射防护的措施有：①控制辐射源的量和质。②防止放射源扩散，做好三废处理的环境保护。③尽量减少照射时间。④尽量增大工作人员与放射物之间的距离。⑤利用屏蔽物质。

知识拓展

核能及其应用

核能俗称原子能，它是原子核里的核子——中子或质子，重新分配和组合时释放出来的能量。核能是人类最具希望的未来能源。目前人们开发核能的途径有两条：一是重元素的裂变；二是轻元素的聚变。

核能有巨大威力。1公斤铀原子核全部裂变释放出来的能量，约等于2700吨标准煤燃烧时所放出的化学能。一座100万千瓦的核电站，每年只需25吨至30吨低浓度铀核燃料，运送这些核燃料只需10辆卡车；而相同功率的煤电站，每年则需要300多万吨原煤，运输这些煤炭，要1000列火车。核聚变反应释放的能量则更巨大。据测算1公斤煤只能使一列火车开动8米；一公斤裂变原料可使一列火车开动4万公里；而1公斤聚变原料可以使一列火车行驶40万公里，相当于地球到月球的距离。

核能开发目前主要用于发展核电，为人类社会发展提供巨大能源。当今，全世界几乎16%的电能是由441座核反应堆生产的，而其中有9个国家的40%多的能源生产来自核能。中国目前建成和在建的核电站总装机容量为870万千瓦，预计到2020年约为4000万千瓦。截至2011年底，中国已有7个核电站投入运营，总装机达到1257万千瓦，为2002年装机447万千瓦的2.8倍。据统计，目前，中国在建（含扩建）核电站13个，在建装机容量3397万千瓦。

（万东海）

目标测试

一、名词解释

1. 原子能级　2. 激光　3. 光谱分析　4. X射线的强度

5. 核子　6. 核素　7. 同位素　8. 放射性

二、填空

1. 原子是由________和________组成的，其中________带正电，而________带负电，整个原子是________的。

2. 玻尔理论的主要内容是：原子只处于一系列________的定态中，由一种定态跃迁到另一种定态时，要________一定频率的光子，光子的频率由________决定。

3. 光谱分为________和________两种。由游离状态的原子发射出来的明线光谱又称为________光谱。

4. 原子在没有外界作用的情况下，由高能级向低能级跃迁，同时向外释放________的过程，称为自发辐射。普通光源的发光过程都是________。

5. 原子从基态向激发态跃迁的过程是________能量的过程，原子从高能态向低能态跃迁的过程是________能量的过程。

6. 物质发光有________辐射和________辐射两种情况。________辐射发出的光是自然光，________辐射发出的光是激光。

7. 激光的特性有______、______、______和______。

8. 激光的生物效应有______、______、______和______。

9. X射线也称为______，它是波长很短的______，波长范围约在______，也是一种______。

10. X射线的穿透本领与______有关，______越高，产生的X射线波长越______，贯穿本领越______。

11. X射线的特性有______、______、______、______和______。

12. 对X射线的防护包括______、______和______三个基本要点。

13. 原子核是由______和______组成，______和______统称为核子。

14. 我们把______作为一个原子质量单位，记做______。用原子质量单位表示碳原子的质量数为______。

15. ______称为核素。用______标记。______称为同位素。

16. ______称为放射性，______称为放射性元素。

17. α射线带______电，是具有很高速度的______，β射线带______电，是高速运动的______，γ射线不带电，是波长比X射线还短的______。______射线的穿透本领最强，______射线的电离作用最强。

三、判断

1. 原子从一种能量状态跃迁到另一种能量状态时，辐射或吸收一定频率的光子。（ ）
2. 自发辐射形成激光。（ ）
3. X射线管电流越大，则X射线的穿透能力越强。（ ）
4. X射线具有荧光效应。（ ）
5. 原子核有质子和电子组成。（ ）
6. 碳原子的质量数是1。（ ）
7. α射线是氦原子核流。（ ）
8. α、β、γ射线中，γ射线的电离作用最强。（ ）

四、单项选择

1. 下列说法正确的是

   A. 在正常状态下，原子处于最低能级的基态

   B. 原子所处的最低能级，称为激发态

   C. 原子从基态向激发态跃迁，要辐射能量

   D. 原子从激发态向基态跃迁，要吸收能量

2. 原子由较高能量的激发态向较低能量的激发态或基态跃迁时，释放的能量

   A. 转换为热能　　B. 转换为内能

   C. 产生光子　　D. 转换为电子的动能

3. 原子在两个能级之间发生跃迁时，吸收或辐射的能量应该

   A. 大于这两个能级的能量差　　B. 等于这两个能级的能量差

C. 小于这两个能级的能量差　　D. 与这两个能级的能量差无关

4. 激光的产生是由于
A. 自然发光　　B. 自发辐射
C. 受激辐射　　D. 电子碰撞

5. 下列哪项不是激光的特性
A. 方向性好　　B. 亮度高
C. 单色性好　　D. 有荧光效应

6. 下列哪项不是激光的生物效应
A. 热效应　　B. 空化效应
C. 光化效应　　D. 压强效应

7. 关于X射线,错误的是
A. 是可见光　　B. 会发生反射
C. 以光速传播　　D. 沿直线传播

8. 下列关于X射线的特性,错误的是
A. 能使照相底片感光　　B. 具有电离作用
C. 能使荧光物质产生荧光　　D. 是可见光,具有可见光的一切特性

9. X射线的量取决于
A. 灯丝电压　　B. 管电流和照射时间
C. 管电压　　D. 灯丝温度

10. X射线的波长越短,则(　　)
A. 强度越小　　B. 硬度越小
C. 穿透本领越小　　D. 越不易被物质吸收

11. 要降低X射线的硬度,可采用的方法是
A. 增大管电压　　B. 增大管电流
C. 减小管电压　　D. 减小管电流

12. 要增加X射线的强度,可采用的方法是
A. 增大管电压　　B. 增大管电流
C. 减小管电压　　D. 减小管电流

13. X射线用以作放射治疗的理论基础是
A. 生物效应　　B. 荧光作用
C. 感光作用　　D. 穿透本领

14. X射线的穿透能力的大小取决于
A. 管电流　　B. 管电压
C. 灯丝温度　　D. 电子数量

15. 下列检查中不属于X射线检查的是
A. 胸部透视　　B. 骨折拍片
C. B超检查　　D. X-CT

16. 构成原子核的是
A. 电子和中子　　B. 电子和质子
C. 正电子和负电子　　D. 质子和中子

17. 关于原子核的电荷数，下列说法错误的是
   A. 就是原子核内的质子数
   B. 就是原子核内的中子数
   C. 就是原子核外的电子数
   D. 就是元素周期表中的原子序数
18. 铀 $^{235}_{92}U$ 核中有
   A. 92 个质子，143 个中子
   B. 143 个质子，92 个中子
   C. 235 个质子，92 个中子
   D. 92 个质子，235 个中子
19. 关于 α、β、γ 射线，错误的是
   A. α 射线带正电
   B. β 射线带负电
   C. γ 射线不带电
   D. γ 射线是高速电子流
20. 同位素是指
   A. 电荷数不同而质量数相同的核素
   B. 电荷数相同而质量数不同的核素
   C. 质子数不同而中子数相同的核素
   D. 质子数与中子数之和相同的核素

五、问答

1. 玻尔理论的基本内容有哪些？
2. 什么叫自发辐射？什么叫受激辐射？
3. 如何进行激光的防护？
4. X 射线的防护措施有哪些？

实 验 指 导

实验一 误差与有效数字

一、实验是物理学的基础

知识来源于实践。实验是物理学研究的一种重要方法，从物理学发展的历史中可以看到大量物理学规律都来自于实验的研究和总结。可以说，物理学就是建立在实验基础上的一门自然学科，实验是物理学的根基。

通过实验，不仅能够使同学们更加直观的感知各种物理现象，加深对物理概念、物理规律的领会和理解，而且能够帮助同学们掌握和运用观察和实验的方法，掌握处理问题的基本程序和技能（包括仪器的使用、数据的读取和分析、实验报告的书写等），不断提高观察能力、思维能力和操作技能，培养同学们实事求是、精益求精的态度和严谨细致、团结协作的精神。

二、实验课的基本环节和要求

实验课是学生以小组形式在教师指导下通过相互合作进行自主学习的过程，这就要求学生在实验中要处理好个人与小组的关系，既要锻炼个人操作能力，又要搞好团队协作。

实验课通常分为三个环节：实验预习、实验操作和实验报告书写。

（一）实验预习

实验预习是实验课的重要环节，直接影响实验操作的过程、实验结果的获得甚至决定实验的成败，所以实验课前的认真预习是必不可少的，千万不可掉以轻心。通过实验前的预习，要明确实验目的、弄清实验原理、了解实验仪器设备的使用方法、熟悉实验操作的方法和步骤并根据实验内容绘制实验数据记录表格，做好实验前的一些准备。

（二）实验操作

实验操作是实验课的主要内容，基本都在实验室进行。实验操作前首先要核对检查并确认实验台上的所有仪器设备和用品都完好并能够正常使用；在实验操作过程中要注意严格按照实验步骤和仪器设备的正确使用方法进行操作，认真观察，仔细记录，爱护仪器，注意安全，小组成员之间要团结协作、相互配合；操作完成后要及时正确处理数据并将实验记录及结果交由指导教师检查，确认无误后把实验仪器设备恢复实验前状态并整理好实验台；下课时，须经指导教师检查实验仪器设备正常后方能离开实验室。

（三）实验报告书写

实验操作的结束并不意味着实验全部完成，实验报告书写是整个实验课的结尾和关键。

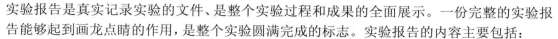

实验报告是真实记录实验的文件、是整个实验过程和成果的全面展示。一份完整的实验报告能够起到画龙点睛的作用，是整个实验圆满完成的标志。实验报告的内容主要包括：

1. 实验题目、日期。

2. 实验器材　记录主要仪器设备的编号、名称、型号等。

3. 实验原理　简单扼要叙述实验原理，写出主要公式、图等。

4. 实验步骤　按照实验操作过程简单归纳实验操作所有步骤。

5. 实验数据　将实验测得的原始数据准确填入实验数据记录表内。

6. 数据处理　根据公式对实验原始数据进行处理，并将结果填入相应表格。

7. 结论与思考　写出通过实验最终得出的结论，根据实验过程中存在的问题或结果误差进行分析并提出改进和提高的方法、意见和建议。

三、测量和误差

（一）测量

在科学实验和工作、学习、生活中，经常要对一些物理量进行测量来确定它们的大小并研究它们之间的关系。测量是指将被测物理量与作为测量标准的同类物理量进行比较从而确定其大小的过程。根据被测物理量大小的获得方式不同，测量可分为直接测量和间接测量。

1. 直接测量　能够利用仪器工具直接读出被测物理量数值的测量称为直接测量。比如用米尺测长度、秒表计时间、温度计测温度、天平称质量、电流表测电流、血压计测血压等都属于直接测量。

2. 间接测量　某些物理量无法利用仪器工具直接读出其数值，只能通过测量与其相关的其他物理量，然后根据相应的公式通过计算获得被测物理量的数值，这种测量称为间接测量。比如用伏安法测电阻、电源电动势与内阻的测量、透镜焦距的测定等都属于间接测量。

（二）误差

1. 误差的概念　被测物理量的客观真实的大小称为真值。通过测量得到的物理量的大小称为测量值。我们在测量过程中，由于仪器精度、测量方法、个人习惯及周围环境的影响，测量值与真实值之间总有一定的差异，测量值只能是真值的近似值。我们把真值与测量值之间的差称为测量误差。误差不可避免的存在于一切测量过程中，无法消除，只能通过各种方法来尽量减小误差，提高测量的精确度。

2. 误差的分类　误差根据其性质可分为系统误差和偶然误差。

（1）系统误差：指由于仪器本身不精确、实验方法不完善或周围环境的影响而带来的误差。系统误差的特点是在相同实验条件下进行多次测量时，每次的测量值总比真值偏大或偏小。比如安培表没有调零，在没有电流时指针指在0.5A的位置，用这个安培表测电流时，测量值始终比真实值大0.5A，这个0.5A的测量误差就是系统误差。

要想减小系统误差，提高测量的正确度，可以通过调整仪器、完善实验方法、纠正个人习惯、改善测量环境等方法来实现。

（2）偶然误差：指由于各种偶然因素造成的误差。由于偶然因素的不确定性使得每一次测量结果的无规则起伏，与真值相比时而偏大，时而偏小，所以偶然误差又称随机误差。偶然误差的特点是在相同的实验条件下进行多次测量时，测量结果有时偏大、有时偏小，偶然误差的大小及符号都是不固定的。尽管如此，但随着测量次数的增加，偶然误差也表现出一定的统计规律，即大小相等、符号相反的误差出现的概率是相等的，偶然误差的算术平均值随着测量次数的增加越来越接近 0。

根据偶然误差的特点可知，要想减小偶然误差、提高测量的精确度，可以通过增加测量次数的方法来实现。

在实际测量过程中，系统误差和偶然误差总是同时存在的。我们要利用各种方式方法，既要减小系统误差，又要减小偶然误差，全面提高测量的精确度。

3. 误差的表示　误差的表示方法包括绝对误差和相对误差两种。

（1）绝对误差：真值和测量值之差的绝对值称为绝对误差。用 A 表示真值，N 表示测量值，则绝对误差 ΔN 为

$$\Delta N=|A-N|$$

【例 1】　一杯水的质量是 1kg，某同学测量结果为 1001g；另一杯水的质量是 10g，测量结果为 11g，这两次测量的绝对误差分别是多少？

解：$\Delta N_1=|1000-1001|=1\text{g}$

$\Delta N_2=|10-11|=1\text{g}$

答：这两次测量的绝对误差都是 1g。

例 1 中两次测量的绝对误差都是 1g，那么这两次测量的精确程度一样吗？第一次测量的绝对误差值与真值相比占的百分比为 0.1%，而第二次测量的绝对误差值与真值相比占的百分比为 10%。显然，第一次测量要比第二次测量更加精确。

（2）相对误差：为了反映测量结果的精确程度，我们可以用绝对误差与真值的比值来表示，这个比值$\frac{\Delta N}{A}$称为相对误差。因其常用百分数表示，所以又称为百分误差。

在上例中，第一次测量的相对误差为

$$\frac{\Delta N}{A}=\frac{1}{1000}=0.1\%$$

第二次测量的相对误差为

$$\frac{\Delta N}{A}=\frac{1}{10}=10\%$$

四、有效数字的表示及运算

（一）有效数字的概念

测量的精确程度取决于仪器的精密程度，仪器的最小刻度代表的量值越小，测量就越精确。在测量过程中，根据最小刻度读数时得到的准确可靠的数字称为可靠数字。如果被测量不是最小刻度的整数倍，而是落在两条最小刻度线之间（实验图 1-1），我们可以自己把两条刻度线之间的间距进行大致划分，估计出一个读数。由于这个数是主观估计读出的，所以是不可靠的数字，称之为可疑数字。

估计读出的一位可疑数字和前面所有可靠数字在表示测量结果时都是有效的，都称为有效数字。

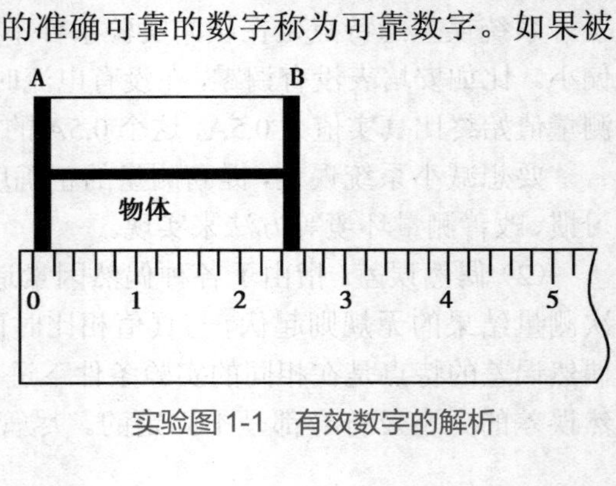

实验图 1-1　有效数字的解析

（二）有效数字的表示

有效数字是测量结果的客观反映，在使用有效数字表示测量结果时要注意以下几点：

1. 非零数字后面的“0”是有效数字。如测量课桌的高度为 75.10cm，它的有效数字是四位，最后那个“0”是估读数字，是可疑数字，也是有效数字。非零数字后面的“0”其实反映的是测量仪器的精确程度。

2. 第一个非零数字前面的“0”不是有效数字。如一杯水的质量是 0.036kg，它的有效数字只有两位，前面的两个“0”不是有效数字，它们只与单位变换有关。

3. 在进行单位变换时，有效数字的位数要保持不变。例如 5320 米是四位有效数字，如果用千米做单位，仍然要表示为四位有效数字，就应该写作 5.320km；如果用厘米做单位，写成 532 000cm，就变成六位有效数字了，此时要保持四位有效数字不变，可以采用科学计数法来表示，写作 5.320×10^5cm。

（三）有效数字的运算

在实验数据处理过程中，常常需要对直接测量结果进行运算。使用有效数字表示的直接测量结果在运算时要遵循有效数字的运算法则：凡是与可疑数字运算得到的结果都是可疑数字，最终的运算结果只能保留一位可疑数字。

1. 加减法运算

【例 2】 $235.\overline{4}+27.2\overline{8}$ 的结果是多少？有几位有效数字？为清楚起见，我们在可疑数字上面均加画一条横线。

解：

$$\begin{array}{r} 235.\overline{4} \\ +\quad 27.2\overline{8} \\ \hline 262.\overline{6}\overline{8} \end{array}$$

运算结果的小数点后的十分位和百分位都是可疑数字，而有效数字只能包含第一位可疑数字，经过四舍五入，正确的结果应该是 262.7，有四位有效数字。

2. 乘除法运算

具体运算时，积或商的有效数字位数应与运算各数中有效数字最少的相同，其余尾数四舍五入。

【例 3】 $2.5\overline{3}\times6.\overline{2}$ 的结果是多少？共有几位有效数字？

解：

$$\begin{array}{r} 2.5\overline{3} \\ \times\quad 6.\overline{2} \\ \hline \overline{5}\overline{0}\overline{6} \\ 151\overline{8} \\ \hline 15.\overline{6}\overline{8}\overline{6} \end{array}$$

运算后小数点后面三位全是可疑数字，而有效数字只能包含第一位可疑数字，经过四舍五入，正确的结果应该是 15.7，有三位有效数字。

3. 乘方、开方运算

乘方运算时，底数有几位有效数字，计算结果就保留几位有效数字；开方运算时，被开方数有几位有效数字，计算结果就保留几位有效数字。

特别需要注意，准确数（物品的个数、实验次数等）和公式中的自然数在运算时不影响结果的有效数字位数；一些常数如 g、π 的取值要结合运算中其他相关量的有效数字位数确定。通常比运算中有效数字最少的量多取一位。

练习题

1. 水银密度公认值是 $13.6g/cm^3$，实验测得的结果是 $13.2g/cm^3$。该实验测量的绝对误差和相对误差分别是多少？

2. 确定下列测量结果的有效数字位数

（1）58.79kg　（2）300.50mm　（3）0.072s

3. 计算

（1）$725.83+19.4$

（2）$3841.57-462.9$

（3）26.3×8.4

（4）$285.7\div4.6$

（5）5.2^2

4. 计算

一个物体的质量是15.3kg，它的重量是多大？

（万东海）

实验二　游标卡尺与螺旋测微计的使用

【实验目的】

1. 了解游标卡尺、螺旋测微计的构造及原理。

2. 会用游标卡尺测量工件的内径、外径、高度和深度。

3. 会用螺旋测微计测量金属丝的直径。

【实验器材】

游标卡尺、螺旋测微计、工件、金属丝。

【实验学时】

2学时

【实验原理】

1. 游标卡尺原理

如实验图2-1所示，主尺和游标的上下都有量脚。上面的两个量脚用于测量内径，称为内测脚；下面的两个量脚用于测量外径，称为外测脚。游标在主尺上滑动时，在主尺的尾端会相应地出现一个细尺，称为尾尺（又称深度尺），尾尺与游标连在一起，可测深度。游标上

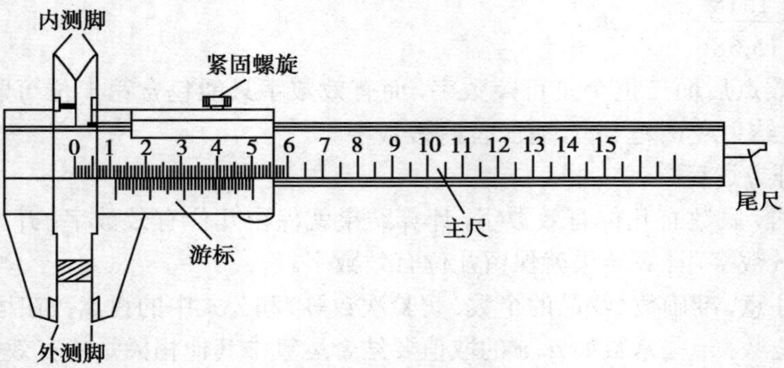

实验图2-1　游标卡尺

有一紧固螺旋，避免游标意外滑动。

主尺的最小单位为 1mm，不同精度的游标卡尺，其游标的单位不同。实验图 2-2 所示的游标有 10 个单位，总长等于 9mm，即游标的每一单位长为 0.9mm，与主尺的最小单位相差 0.1mm，该游标卡尺的精确度为 0.1mm。

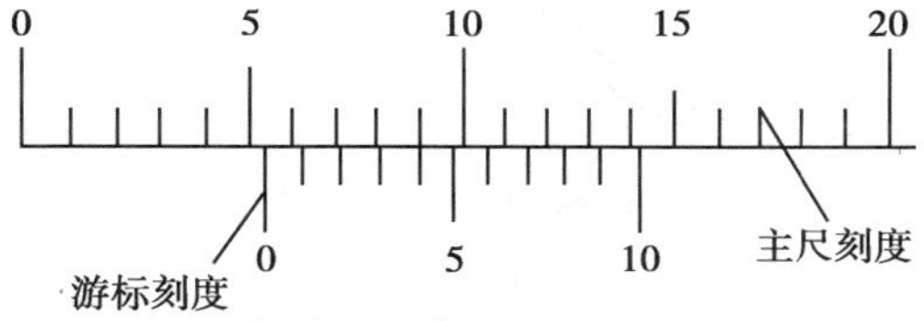

实验图 2-2　游标卡尺的读数原理

当两测脚闭合，游标和主尺的“0”刻度线对齐时，游标的第 10 条刻度线与主尺上的第 9 条刻度线也对齐，其他刻度线都不对齐。在两测脚之间放入厚度为 0.1mm 的物体，游标将向右移动 0.1mm，游标的第 1 条刻度线与主尺的第 1 条刻度线对齐。以此类推，当被测物厚度不超过 1mm 时，游标的第几条刻度线与主尺的刻度线对齐，就表明物体的厚度是 0.1mm 的几倍。

当被测物体厚度超过 1mm 时，整毫米数可以从游标“0”刻度线与主尺相对应的刻度线读出，小于 1mm 的数值可以从游标上读出。如实验图 2-2 所示，游标的“0”刻度线在 5mm 和 6mm 之间，读出整毫米数是 5；游标的第 4 条刻度线与主尺的刻度线对齐，读出小于毫米的数值为 0.4；则物体的长度为 5.4mm。

若游标上有 50 个单位，总长 49mm，则每一单位长为 0.98mm，与主尺的 1mm 相差 0.02mm，因此精确度为 0.02mm。

经推导，可得到不同精确度游标卡尺的读数公式：

$$L=k+n\Delta l$$

式中，k 表示游标的“0”刻度线所对应主尺刻度的整毫米数，n 是游标的第 n 条线与主尺的某一条刻度线对齐，Δl 为游标卡尺的精确度。

2．螺旋测微计原理

如实验图 2-3 所示，螺旋测微计的主尺与 U 形部分相连固定在一起，主尺的最小单位为 0.5mm。可在主尺上旋转移动的螺旋杆上固定有螺旋柄 A 和小螺旋柄 C，A 的边缘一周刻有 50 格。接触面 a 和 b 用来卡测物体，a 与 U 形部分固定在一起，b 可以伸缩移动。A 旋转一周，b 前进或后退 0.5mm，若 A 旋转一小格，则 b 将前进或后退 $\frac{0.5}{50}=0.01$（mm），所以可准确测量的最小值是 0.01mm。因为还可以再估计一位，因此可测量到 0.001mm，所以螺旋测微计又称千分尺。

测量时，先将开关 B 扳开，旋转 A 使 b 与 a 分离到略大于待测物体的长度，然后把物体放在 a 和 b 之间，并使物体靠紧 a。旋转 A，使 b 向物体靠近，待 b 将要接触到物体时，停止旋转 A，改旋转用于微调的 C，使 b 继续靠近物体，听到响声后立即停止旋转，此时 a 和 b 都与物体紧密接触。关上 B，读数。

读数时，先读主尺露在 A 边缘外的数值，即整数部分（实际为大于 0.5mm 部分），再加上 A 边缘刻度与中心线对齐的刻度读数，就是测量结果。

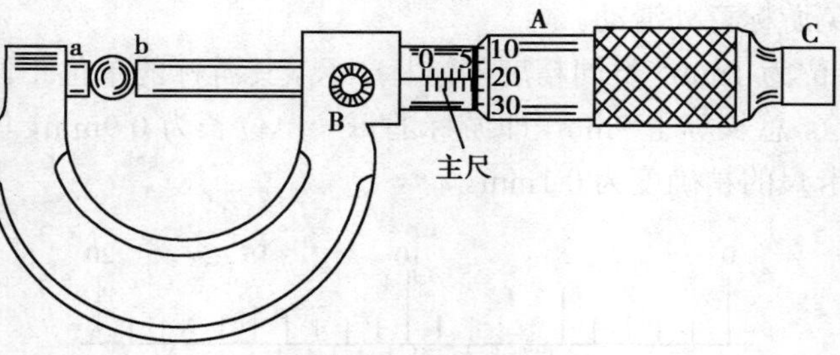

实验图 2-3 螺旋测微计

如实验图 2-4a 所示，主尺露在 A 边缘外的数值为 4mm，A 边缘刻度与中心线对齐的刻度数为 2.8 格（8 为估计），则有 $2.8 \times 0.01 = 0.028$（mm），两数相加，最后的测量值为 4.028mm。同理，实验图 2-4b 所示的测量值为 3.964mm。

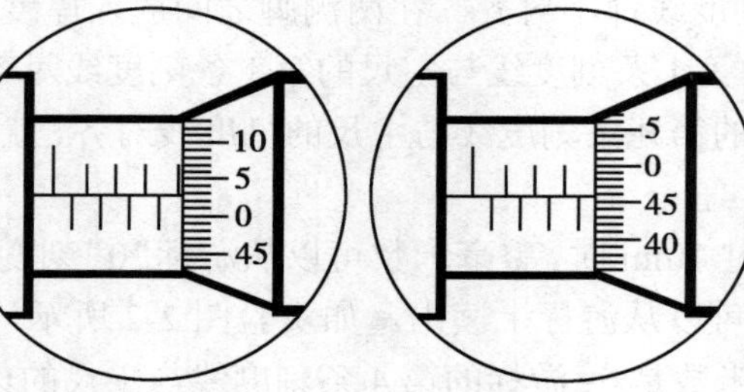

实验图 2-4 螺旋测微计的使用

【实验步骤】

1．游标卡尺的使用

（1）将两测脚并拢，观察是否存在初始误差，记下相应读数（注意正负）。

（2）用内、外测脚分别测量工件的内、外径、高度，用尾尺测深度，各三次，方位互为 120°左右，数据填入实验表 2-1。

（3）计算平均值，求出工件的体积。

2．螺旋测微计的使用

（1）将 a 和 b 并拢，观察是否存在初始误差，记下相应读数（注意正负）。

（2）测金属丝直径三次，方位互为 120°，数据填入实验表 2-2。

（3）计算平均值，求出金属丝的横截面积。

【实验数据和计算】

实验表 2-1

单位：mm

	内径	外径	高度	深度
1				
2				
3				
平均				
体积（mm^3）				

实验表 2-2　　单位: mm

实验次数	直径	平均	横截面积
1			
2			
3			

思考题

1. 螺旋测微计为什么又称千分尺?

2. 为什么每次测量要变换位置，且相互为 120°?

实验三　互成角度的两个力的合成

【实验目的】

1. 熟练应用图示法表示力

2. 验证力的平行四边形法则

【实验器材】

皮筋、细线、弹簧秤两只、木板、白纸、图钉、三角尺、量角器。

【实验学时】

2 学时

【实验原理】

作用于一点而互成角度的两个力，它们的合力大小和方向，可以用表示这两个力的有向线段为邻边所作平行四边形的对角线表示，对角线的长度和方向就是所求合力的大小和方向。这个结论称为力的平行四边形定则。

【实验步骤】

1. 实验装置如实验图 3-1。图钉将皮筋固定于 A，另端接一细线。将白纸固定在板上，但要求便于取下且能保持完整。

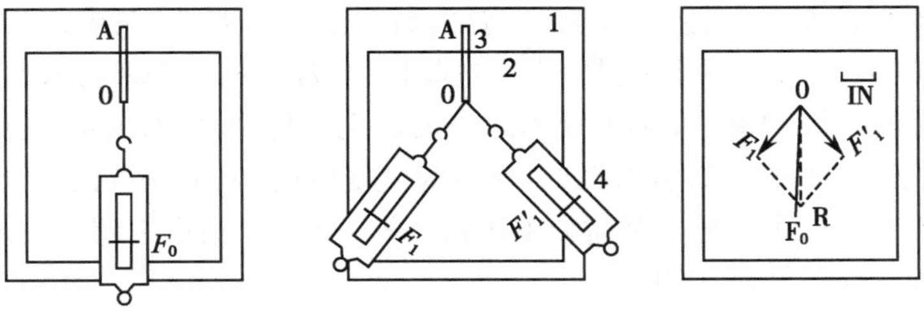

实验图 3-1　验证力的平行四边形法则

2. 用一个弹簧秤拉细线，使皮筋伸长至某处并在白纸上记下该位置 O，同时记下拉力 F_0 的大小和方向。

3. 用两个弹簧秤分别钩住细线沿不同方向同时拉伸皮筋，使之伸长至同一点 O 处，在白纸上记下力 F_1 和 F_1' 的大小和方向。

4. 选取适当比例将 F_0、F_1 和 F_1' 分别用图示法表示出来。

现在白纸上有了三个力的图示。F_0 是单独拉皮筋的力，F_1 和 F_1' 是互成角度同时拉皮筋的两个力。两种方法，具有相同的作用效果，即 F_0 是 F_1 和 F_1' 的合力，称为合力的测量值。

5. 以表示 F_1 和 F_1' 的线段为邻边作平行四边形，根据平行四边形定则，其对角线 R 为 F_1 和 F_1' 的合力，称为合力的计算值。

6. 将相关数据记入实验表 3-1，对 F_0 和 R 进行比较，得出数值误差和角误差。

实验表 3-1

实验次数	夹角	F_1	F_1'	F_0 测量值	R 计算值	角误差	数值误差
1							
2							
3							

思考题

1. 实验的结果证明了什么？

2. 力的平行四边形法则应如何表述？

（梁秀芬）

实验四　B 超与磁共振检查的临床实践

【实验目标】

1. 知道超声诊断仪的组成，超声脉冲回波成像的工作原理

2. 了解 B 超机的工作原理及其在医学中的应用

3. 知道磁共振成像的基本原理及其在医学中的应用

【实验学时】

2 学时

【知识简介】

一、B 超检查原理

1. 超声诊断仪的组成　超声诊断仪主要由高频信号发生器、探头、显示器及电源等四部分组成（图 2-10）。探头又称换能器，由压电晶体组成，具有发射和接收超声波两种功能。探头向人体发射的是脉冲形式、不连续的超声波。在发射脉冲波的间隙期，探头可以接收从人体各组织界面上反射回来的超声波并转变为交变电压，从而获取人体内部的结构信息。

高频信号发生器实际上是一个高频电压振荡器，供给探头产生超声波所需的超声频交变电压，此电压是脉冲、间歇式的。

显示器是将探头转变的交变电压，经过放大、处理后以波形或影像的形式在荧光屏上显示出来。

电源给高频信号发生器和显示器等提供电能。

2. 超声脉冲回波成像的工作原理　探头把高频超声脉冲射入人体内，然后接收来自人体内各组织器官分界面的反射波（即“回波”）。由于超声波在人体内传播的速度不是很快，在以脉冲方式向人体发射持续时间仅仅几微秒的探测脉冲后，有几百微秒的间隙时间可以用来接受、放大和处理回波信号。

如果人体内部不同组织和脏器发生变形或有异物，则会引起声阻抗的变化，各个组织

界面回波的位置和强弱将发生变化，通过检验回波脉冲强弱的变化就可以获取人体内脏器界面的深度信息和方位信息，从而形成超声图像。临床医生可以根据回波所形成的超声图进行分析和诊断。

3. B超机工作原理　目前，医院广泛使用B超检查患者体内的病情。B超是在A超的基础上发展起来的，基本工作原理相同。与A超相比，B超主要有以下特点：其一是辉度调制型，即回波转换成的电信号加于示波器管的栅极上，荧光屏上显示的是光点，而不是波形，光点的辉度随回波的强度而变化。组织中某一部分的回波越强，则图像上对应部位的光点亮度越高。其二是显示纵断层的二维图像，在B超中，将深度扫描的时基信号加于垂直偏转板，在深度方向上显示一行明暗不同的光点。而且探头不是固定于体表，而是垂直接触体表沿某一方向移动，对被检查部位进行扫描。随着探头的移动，荧光屏上出现一行行、一列列的光点，组成二维图像，即被检查部位的断面影像。该断面是由超声传播方向与探头移动方向线所决定的平面，与超声行进的方向平行，故为纵断面。改变探头的位置和移动方向，就可方便地获取不同位置、不同方向上的纵断面影像。相当于把体内的组织和器官一层层切开进行观察，这种成像方式又称为超声断面成像技术。

B超探头扫描的方式，可分为机械扫描和电子扫描。图2-11是电子扫描方式显示组织纵断面影像的示意图。

探头是由多个相互独立的压电晶片组成的线形换能器阵，每块压电晶片称为一个阵元，相当于一个小探头，具有发射超声波和接收回波两种功能。一个阵元发射出脉冲式超声束射向人体组织，组织内部有几个界面就有几个回波。图中组织内有一个空腔，具有两个界面，因此每行产生两个回波，被该阵元接收后转换为交变电压，经放大后输送到显示器，在荧光屏上出现对应的两个光点。探头的线形转换器阵有多少阵元，各阵元依次工作一遍，荧光屏就对应多少行光点，这些光点就组成荧光屏上一幅影像，图中为一个圆。

阵元的数目越多，荧光屏上的图像越清晰，分辨率越高，可达1mm以下。

数目众多的阵元受电子开关控制依次轮流工作，称为电子扫描。各阵元在发射超声束期间与发射电路的输出端连接，在接收时与接收放大器的输入端连接。由于电子开关的切换速度很快，这种扫描速度每秒可达到几十遍，相应在荧光屏上可以得到每秒几十幅图像，能显示形成被检查部位的活动影像。

4. B超机的作用　可用来显示静态被检部位，如观察肝、脾、肾、子宫等静态情况；也可显示被检部位的活动情况，如观察心脏、大血管、胎儿、胎心等的动态情况。

二、磁共振检查原理

磁共振成像（magnetic resonance imaging，MRI）又称自旋成像（spin imaging），也称核磁共振成像（nuclear magnetic resonance imaging，NMRI），是利用核磁共振（nuclear magnetic resonance，NMR）原理，依据所释放的能量在物质内部不同结构环境中不同的衰减，通过外加梯度磁场检测所发射出的电磁波，即可得知构成这一物体原子核的位置和种类，据此可以绘制成物体内部的结构图像。

磁共振成像是随着计算机技术、电子电路技术、超导体技术的发展而迅速发展起来的一种生物磁学核自旋成像技术。它是利用磁场与射频脉冲使人体组织内进动的氢核（H^+）发生章动产生射频信号，经计算机处理而成像的。原子核在进动中，吸收与原子核进动频率相同的射频脉冲，即外加交变磁场的频率等于拉莫频率，原子核就发生共振吸收，去掉射频脉冲之后，原子核又把所吸收的能量中的一部分以电磁波的形式发射出来，称为共振发射。共振吸收和共振发射的过程称为“核磁共振”。核磁共振成像的“核”指的是氢原子核，因为人体约70%是由水组成的，MRI即依赖水中氢原子。当把物体放置在磁场中，用适当的电磁波照射它，使之共振，然后分析它释放的电磁波，就可以得知构成这一物体的原子核的位置和种类，据此可以绘制成物体内部的精确立体图像。

1. MRI在医学上的应用　氢核是人体成像的首选核种。人体各种组织含有大量的水和碳氢化合物，所以氢核的核磁共振灵活度高、信号强，这是人们首选氢核作为人体成像元素的原因。NMR信号强度与样品中氢核密度有关，人体中各种组织间含水比例不同，即含氢核数的多少不同，则NMR信号强度有差异，利用这种差异作为特征量，把各种组织分开，这就是氢核密度的磁共振图像。人体不同组织之间、正常组织与该组织中的病变组织之间氢核密度、弛豫时间三个参数的差异，是MRI用于临床诊断最主要的物理基础。

当施加一射频脉冲信号时，氢核能态发生变化，射频过后，氢核返回初始能态，共振产生的电磁波便发射出来。原子核振动的微小差别可以被精确地检测到，经过进一步的计算机处理，即可获得反映组织化学结构组成的三维图像，从中我们可以获得包括组织中水分差异以及水分子运动的信息。这样，病理变化就能被记录下来。人体内器官和组织中的水分并不相同，很多疾病的病理过程会导致水分形态的变化，即可由磁共振图像反映出来。

MRI所获得的图像非常清晰精细，大大提高了医生的诊断效率，避免了剖胸或剖腹探查诊断的手术。由于MRI不使用对人体有害的X射线和易引起过敏反应的造影剂，因此对人体没有损害。MRI可对人体各部位多角度、多平面成像，其分辨力高，能更客观更具体地显示人体内的解剖组织及相邻关系，对病灶能更好地进行定位定性。对全身各系统疾病的诊断，尤其是早期肿瘤的诊断有很大的价值。

2. 磁共振成像的优点　与1901年获得诺贝尔物理学奖的普通X射线或1979年获得诺贝尔生理学或医学奖的计算机层析成像（computerized tomography，CT）相比，磁共振成像的最大优点是它是目前少有的对人体没有任何伤害的安全、快速、准确的临床诊断方法。如今全球每年至少有6000万病例利用磁共振成像技术进行检查。具体说来有以下几条优点：

（1）对软组织有极好的分辨力。对膀胱、直肠、子宫、阴道、骨、关节、肌肉等部位的检查优于CT。

（2）各种参数都可以用来成像，多个成像参数能提供丰富的诊断信息，这使得医疗诊断和对人体内代谢和功能的研究方便、有效。例如肝炎和肝硬化的T_1值变大，而肝癌的T_1值更大，作T_1加权图像，可区别肝部良性肿瘤与恶性肿瘤。

（3）通过调节磁场可自由选择所需剖面。能得到其他成像技术所不能接近或难以接近部位的图像。对于椎间盘和脊髓，可作矢状面、冠状面、横断面成像，可以看到神经根、脊髓和神经节等。不像CT只能获取与人体长轴垂直的横断面。

（4）对人体没有危害，而能诊断心脏病变，CT因扫描速度慢，而难以胜任。

3. MRI的缺点及可能存在的危害　虽然MRI对患者没有致命性的损伤，但还是会给患者带来一些不适感。在MRI诊断前应当采取必要的措施，把这种负面影响降到最低限度。其缺点主要有：

（1）和CT一样，MRI也是解剖性影像诊断，很多病变单凭磁共振检查仍难以确诊，不像内镜可同时获得影像和病理两方面的诊断。

（2）对肺部的检查不优于X射线或CT检查，对肝脏、胰腺、肾上腺、前列腺的检查不比CT优越，但费用要高昂得多。

(3) 对胃肠道的病变不如内镜检查。

(4) 扫描时间长，空间分辨力不够理想。

(5) 由于强磁场的原因，MRI 对诸如体内有磁金属或起搏器的特殊病人不能适用。

MRI 系统可能对人体造成伤害的因素主要包括以下方面：

(1) 强静磁场：在有铁磁性物质存在的情况下，不论是埋植在患者体内还是在磁场范围内，都可能是危险因素。

(2) 随时间变化的梯度场：可在受试者体内诱导产生电场而兴奋神经或肌肉。外周神经兴奋是梯度场安全的上限指标。在足够强度下，可以产生外周神经兴奋（如刺痛或叩击感），甚至引起心脏兴奋或心室颤动。

(3) 射频场（RF）的致热效应：在 MRI 聚焦或测量过程中所用到的大角度射频场发射，其电磁能量在患者组织内转化成热能，使组织温度升高。RF 的致热效应需要进一步探讨，临床扫描仪对于射频能量有所谓"特定吸收率"（specific absorption rate，SAR）的限制。

(4) 噪声：MRI 运行过程中产生的各种噪声，可能使某些患者的听力受到损伤。

(5) 造影剂的毒副作用：目前使用的造影剂主要为含钆的化合物，副作用发生率为 2%～4%。

【注意事项】

一、超声检查

1. 使用时注意探头一定要垂直接触体表。

2. 探头与体表之间一定要涂有导声耦合剂，以减少超声波的能量损失。

二、磁共振检查

1. 体内有磁铁类物质者，如装有心脏起搏器、人工瓣膜，重要器官旁有金属异物残留等和怀孕 3 个月以内的孕妇，均不能作此检查。

2. 患者要向技术人员说明以下情况：①有无手术史；②有无任何金属或磁性物质植入体内包括金属节育环等；③有无义齿、电子耳、义眼等；④有无药物过敏；⑤近期内有无金属异物溅入体内。

3. 检查头、颈部的病人应在检查前一天洗头，不要擦任何护发用品。

4. 检查前需换上磁共振室的检查专用衣服。去除所戴的金属品如项链、耳环、手表和戒指等。除去脸上的化妆品和义齿、义眼、眼镜等物品。

5. 磁共振检查时间较长，且病人所处的环境幽暗、噪声较大。要有思想准备，不要急躁，不要害怕，要在医师指导下保持体位不动，耐心配合。

6. 检查前要向医生提供全部病史、检查资料及所有的 X 线片、CT 片等。

【参观见习】

到医院进行实地参观学习，请医生讲解。

实验五　血压计的使用

【实验目的】

1. 熟悉水银血压计的构造

2. 理解水银血压计的测量原理

3. 学会使用血压计

【实验学时】

2 学时

【实验器材】

水银血压计、听诊器。

【实验步骤】

1. 检查校验

(1) 将血压计放平后，按压盒一端的锁定钮，盒盖自动弹开。

(2) 揭开上盖，使其与底盒垂直并自行锁定。

(3) 取出袖带和打气球，检查连通部位有否脱离或异常。

(4) 打开水银槽开关，使水银槽与竖直管连通，检查水银面是否在“0”刻线。

(5) 旋紧打气球阀门，试向袖带适量充气应无漏气声，上升的水银柱也应始终稳定，可确定血压计正常。旋松阀门放气完毕待用。

2. 测量血压

(1) 将袖带缠绕在待测者左臂或右臂与心脏等高处。

(2) 将听诊器胸件塞在袖带下，使感受面贴着肱动脉，戴上听诊器，此时可听到肱动脉的搏动声。

(3) 旋紧打气球阀门，向袖带打气加压至肱动脉搏动声音消失，中断血流。再继续打气加压，使其压强再增加 4kPa 左右（相当于 30mmHg 左右）。

(4) 慢慢放气减压，使水银柱慢慢下降，从听诊器听到的第一声搏动声时，此时对应的水银柱的示数为收缩压。

(5) 继续慢慢放气减压，当搏动声突然变弱或者消失而转变为连续的血流声时，此时所对应的水银柱的示数为舒张压。

(6) 重复 1～5 步骤，测量三次，求平均值，采用收缩压 / 舒张压格式记录结果。

(7) 整理仪器，排尽袖带余气，血压计向右倾斜 45° 时关闭水银槽开关。将各部件平整地放入盒内盖好。

思考题

1. 血压计使用时，上盖为什么要垂直于底盒？

2. 袖带为什么要与心脏保持同一高度？

（王　璇）

实验六　液体黏滞系数的测定

【实验目的】

用奥氏黏度计测定乙醇的黏滞系数 $\eta_{乙醇}$

【实验器材】

奥氏黏度计、移液管（两根）、秒表、温度计、大量筒、橡皮球、乙醇、蒸馏水。

【实验学时】

2 学时

【实验原理】

奥氏黏度计如实验图 6-1 所示，是有两个球泡 M 和 N 的 U 形玻璃管。M 的两端各有一刻痕A和B，B刻痕下是一均匀的毛细管。

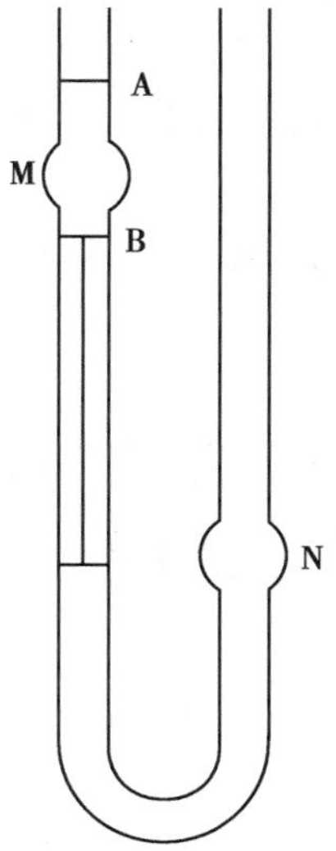

实验图6-1　奥氏黏度计

由泊肃叶公式有

$$Q=\frac{\Delta p}{R}=\frac{\Delta p}{\left(\frac{8\eta L}{\pi r^4}\right)}=\frac{\Delta p\pi r^4}{8\eta L}$$

而 $Q=\frac{V}{t}$，$V=Q\cdot t=\frac{\Delta p\pi r^4 t}{8\eta L}$

因此黏滞系数

$$\eta=\frac{\Delta p\pi\cdot r^4 t}{8LV}$$

以蒸馏水为标准液，使之流过M泡，记录蒸馏水通过A和B刻线所用的时间 t_1。设蒸馏水的黏度为 η_1，可以查表得知数值；设待测液体的黏度为 η_2，可以测出待测液体通过A和B刻线所用的时间为 t_2。

显然，不论什么液体流过M泡，A和B刻线的体积 V 都是相同的，即 $V_1=V_2$，故有

$$\frac{\Delta p_1\pi r^4 t_1}{8L\eta_1}=\frac{\Delta p_2\pi r^4 t_2}{8L\eta_2}$$

因为此处的压强是由液柱的重力所产生，故 $\Delta p=\rho gL$，将之代入上式整理后得

$$\eta_2=\frac{\rho_2 t_2}{\rho_1 t_1}\cdot\eta_1$$

式中 ρ_1、ρ_2、η_1 可以查表得知，利用此式可以计算出 η_2。

这种利用标准液体的黏度来测量、求得待测液体黏度的方法称为间接比较法。

【实验步骤】

1. 用试管夹夹住黏度计，竖直置于盛水的大量筒中。
2. 用移液管将5ml乙醇从黏度计较粗的一端注入，使其充满N泡。

3. 数分钟后，用橡皮球把乙醇吸到M泡，使液面稍高于刻痕A，用秒表测出液面从A降至B所用的时间，并记录于表中。重复三次，取平均值。同时测出并记录量筒中水的温度。

4. 倒出乙醇，用蒸馏水冲洗黏度计三次并甩干。用移液管向黏度计注入5ml蒸馏水，仿步骤3测出并记录液面从A降至B的时间t（三次），取平均值。同时测出并记录量筒中水的温度。

5. 在附录表中查出该温度时水的密度ρ_1和黏滞系数η_1以及乙醇的密度ρ_2，计算出乙醇在该温度下的黏滞系数η_2。

【记录和计算】

测试液体	测试温度（℃）	时间（s）				密度（$\times 10^3$kg/m^3）	黏滞系数（$\times 10^3$Pa•s）
		第一次	第二次	第三次	第四次		
水							
乙醇							

$$\eta_2 = \frac{\rho_2 t_2}{\rho_1 t_1} \cdot \eta_1 =$$

【实验结果】

乙醇在________℃时，黏滞系数为__________。

一、水和乙醇的密度ρ（$\times 10^3$kg/m^3）

温度（℃）	5	10	11	12	13	14	15	16	17	18	19
水	1.0000	0.9997	0.9996	0.9995	0.9994	0.9993	0.9991	0.9990	0.9988	0.9986	0.9984
乙醇	0.802	0.798	0.797	0.796	0.795	0.794	0.794	0.793	0.792	0.791	0.790
温度（℃）	20	21	22	23	24	25	26	27	28	29	30
水	0.9982	0.9980	0.9970	0.9975	0.9973	0.9971	0.9968	0.9965	0.9962	0.9960	0.9957
乙醇	0.789	0.788	0.787	0.786	0.786	0.785	0.784	0.784	0.783	0.782	0.781

二、水的黏滞系数η（$\times 10^3$Pa•s）

温度（℃）	10	15	16	17	18	19	20
η	1.307	1.139	1.109	1.081	1.053	1.027	1.002
温度（℃）	21	22	23	24	25	30	
η	0.9779	0.9548	0.9325	0.9111	0.8904	0.7975	

【注意事项】

在实验过程中，要保证两次实验条件相同，即使用同一黏度计，注入相同体积的液体，处于相同的温度，以及均应保持竖直状态等。

思考题

1. 这种方法的测量中，影响液体黏滞系数准确性的因素有哪些？

2. 对照标准值，计算一下你的测量值有多大的误差。

3. 了解一下临床检验液体黏度用的什么方法。

实验七　表面张力系数的测定

【实验目的】

1. 学会测量液体的表面张力系数的方法
2. 会正确处理实验测量数据
3. 学会正确使用测力计，能准确读取实验数据

【实验仪器】

测力计、直尺、水槽、M 金属框、肥皂液、温度计、毛细管、读数显微镜等。

【实验学时】

2 学时

【实验原理】

促使液体表面收缩的力，称为表面张力。表面张力的大小，与哪些因素有关呢？单位长度交界线上所受的表面张力就是表面张力系数。我们可以通过以下两种不同的实验方法来测定表面张力系数实验图 7-1。

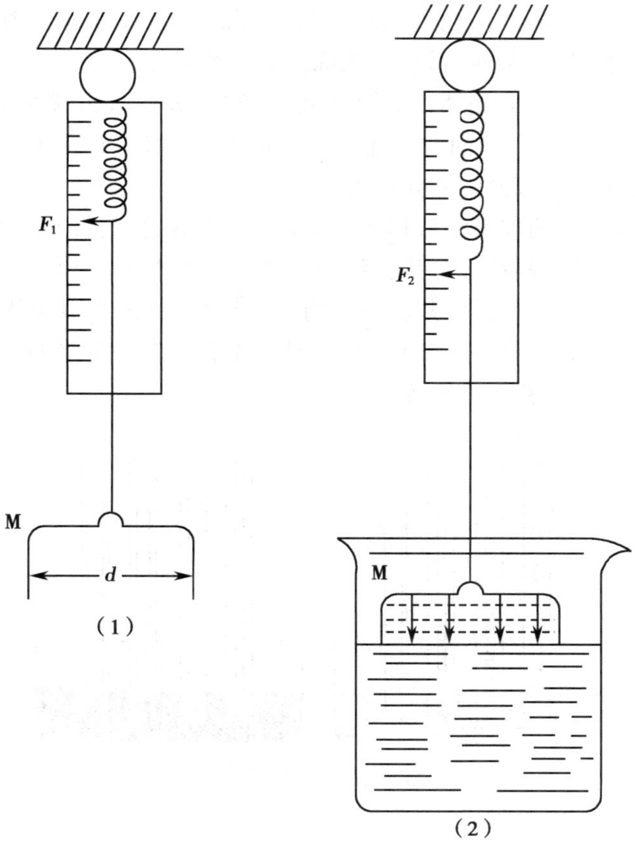

实验图 7-1　弹簧秤下金属丝拉起液膜

【实验一】 如实验图 7-1 所示，M 是金属丝架，它的重量为 G，把 M 挂在弹簧秤下面，当 M 处在空气中时，弹簧秤的示数 $F_1=G$。

将金属丝 M 浸入液体中，然后慢慢匀速提起，让它从液体中逐渐露出来，可以看到弹簧秤的示数不再是 F_1，而是 F_2，且有 $F_2>F_1$。这表明，金属丝从液体中露出时，有附加力的作用。因为金属丝从液体中露出时，上面蒙上一层液膜，此液膜要收缩它的表面，从而使金属丝受到液膜对它的向下拉力，这个拉力就是表面张力。如果用 F 表示液膜断开的瞬间表面张力的大小，F_2 表示液膜断开的瞬间弹簧秤的示数，则

$$F=F_2-F_1$$

如果保持金属丝的长度不变，用不同的液体来做实验，得到的结果不同。这说明液体表面张力的大小跟液体的性质有关。

就同一种液体，改变金属丝的长度，表面张力也不同。实验结果说明，表面张力的大小跟液面的分界线长度 L 成正比。也就是 $F=\alpha L$。式中 α 称为表面张力系数，单位由力和长度的单位决定。在国际单位制中，α 的单位是 N/m。α 在数值上等于作用在液体表面单位长度的分界线上的表面张力。因此，各种液体表面张力的大小，可用表面张力系数来衡量。

$$\alpha=\frac{F}{L}$$

α 的大小不仅跟液体的种类有关，还跟液体的温度有关。一切液体的表面张力系数都随着温度的升高而减小，随着温度的降低而增大。除此之外，表面张力系数还跟液体的纯度有关，在多数情况下，掺入杂质，液体的表面张力系数降低。

表面张力的方向是跟液面相切。如果液面是平面，表面张力就在这个平面上，如果液面是曲面，表面张力就在这个曲面的切面上，指向液体内部。而且作用在任何一部分液面上的表面张力，总跟这部分液面的分界线垂直。

【实验二】 内径不同的玻璃细管插入水中，管内的液面比容器里的水面高。管子的内径越小，管内液面上升的就越高。如果把细玻璃管插入水银中，所发生的现象恰好相反，管内的水银面要比容器里的水银面低些。管子的内径越小，管内水银面就越低（实验图 7-2）。像这种浸润液体在细管里液面上升和不浸润液体在细管里液面下降的现象，称为毛细现象。能够发生毛细现象的管子，称为毛细管。

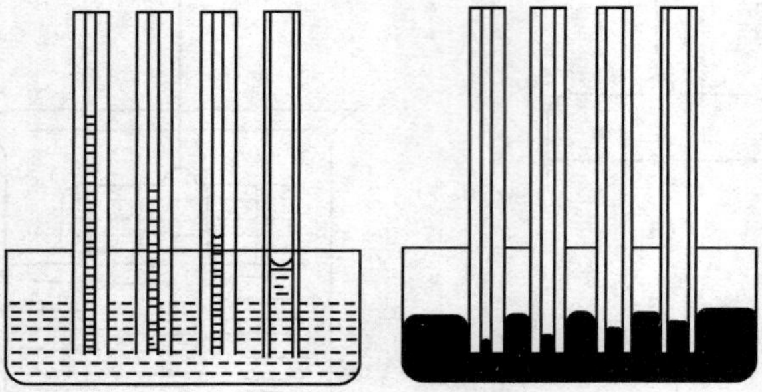

实验图 7-2　毛细现象

我们可以利用实验图 7-3 来研究这个问题。假定弯月面是半径为 R 的半球面，这时管内弯曲液面产生的附加压强为 $P_S=\dfrac{2\alpha}{R}$，是向上的，因而，液面下的压强 P 小于大气压 P_0，所以液体要上升，直到升高的液柱产生的压强 ρgh 与附加压强相等时为止，从而有

$$\rho gh=\frac{2\alpha}{R}$$

由此得

$$\alpha=\frac{\rho ghR}{2}$$

液柱高产生的压强 $P=\rho gh$，所以得

$$\alpha=\frac{PR}{2}$$

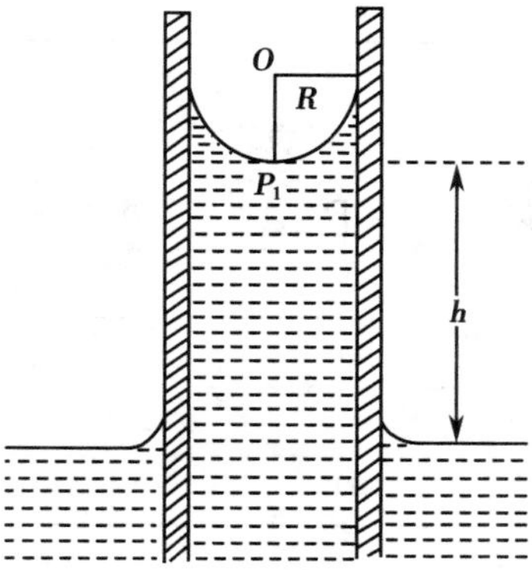

实验图 7-3　浸润液体在毛细管里上升的高度

此式说明，液体的表面张力系数与毛细管内液柱高产生的压强成正比，与毛细管的半径成正比。液体的表面张力系数等于毛细管内液柱高产生的压强与毛细管半径乘积的一半。

实验时，可用读数显微镜测出毛细管内径。读数显微镜的读数方法与螺旋测微仪相同。

【实验步骤】

方法一

1. 测量 M 金属框在空气中的重量。

2. 测出 M 金属框的长度。

3. 将 M 金属框放入装有肥皂液的水槽中，使 M 金属框完全浸没后提升，使 M 金属框上蒙上一层液膜，读出弹簧秤读数，即 F_2。

4. 求 F_2 与 F_1 的差值 F，即 $F=F_2-F_1$，得到表面张力。

5. 重复实验三次，求 F 平均值。

6. 代入公式 $\alpha=\dfrac{F}{L}$，计算结果。

7. 将数据填入表一。

方法二

1. 测量毛细管的内径。

2. 测量毛细管内液柱高 h。

3. 重复三次测量求平均值，并用公式 $P=\rho gh$ 计算液柱高产生的压强。

4. 代入公式 $a=\dfrac{PR}{2}$，计算结果。

5. 将结果填入表二。

【实验数据和计算】

表一

测试液体	温度(℃)	次数	长度	F_1	F_2	F	α
		1					
		2					
		3					
		平均					

表二

测试液体	温度(℃)	次数	R	h	P	α
		1				
		2				
		3				
		平均				

（余　艳）

实验八　空气湿度的测量

【实验目的】

学会用干湿泡湿度计测量空气的相对湿度

【实验学时】

2 学时

【实验原理】

干湿泡湿度计由两只相同的温度计组成，湿泡温度计下端的玻璃泡上包有纱布，纱布的下端浸入装有水的容器，由于水分不断从湿泡温度计蒸发需吸收热量，所以湿泡温度计的读数一般比干泡温度计低，干、湿泡温度计总是存在着温差，这种温差是由水分蒸发造成的，与空气的干、湿程度有关，即与空气的相对湿度有关。相对湿度越小，水越容易蒸发，湿泡温度计的读数越低，两个温度计的温差越大；反之，相对湿度越大，水越不容易蒸发，湿泡温度计的读数越高，两个温度计的温差越小。因此，只要读出干、湿泡的两只温度计的读数，查相对湿度表（表 4-4），即可得到此时此地空气的相对湿度。

【实验步骤】

1. 观察干泡温度计与湿泡温度计的读数是否相等，如果不等记下误差。

2. 将湿泡温度计下容器盛满水后，分别将湿度计放置在教室、实验室、操场等地。

3. 观察湿泡温度计的读数变化。待稳定后分别读出干、湿泡温度计的示数，求出温度差。

4. 根据湿泡温度和干、湿泡温度计温差从相对湿度表（表 4-4）中查出该温度时空气的相对湿度。

【实验数据及计算】

	干泡温度（℃）	湿泡温度（℃）	干湿泡温度差（℃）	相对湿度
教室				
实验室				
操场				

思考题

1. 干湿泡湿度计在使用过程中要注意哪些问题？
2. 为什么不同位置测出的相对湿度有差别？

（王晓斌）

实验九　观察电磁感应现象

【实验目的】

1. 会正确使用电流计
2. 通过观察电磁感应现象，分析其产生的条件
3. 培养细致观察、分析归纳的能力

【实验器材】

电源、电流计、固定电阻、开关、导线、条形磁铁、副线圈

【实验学时】

2 学时

【实验原理】

1. 电流计　电流计主要用于检测电路中产生的微弱电流，不能作为安培表使用。电流计指针的 0 位置在中间，指针发生偏转时说明电路中有电流产生，且可根据指针偏转方向确定电路中电流方向。

2. 电磁感应现象　当穿过闭合回路的磁通量发生变化时闭合回路中会产生电流的现象称为电磁感应现象。发生电磁感应现象时，闭合回路中产生的电流称为感生电流。

【实验步骤】

1. 确定电流计指针偏转方向与电流方向的关系

(1) 用导线将电源、电流计、固定电阻、开关连接成实验图 9-1 所示电路。闭合开关 K 后，观察电流计指针偏转方向并做好记录，同时根据电源极性确定流过电流计电流的方向并记录。

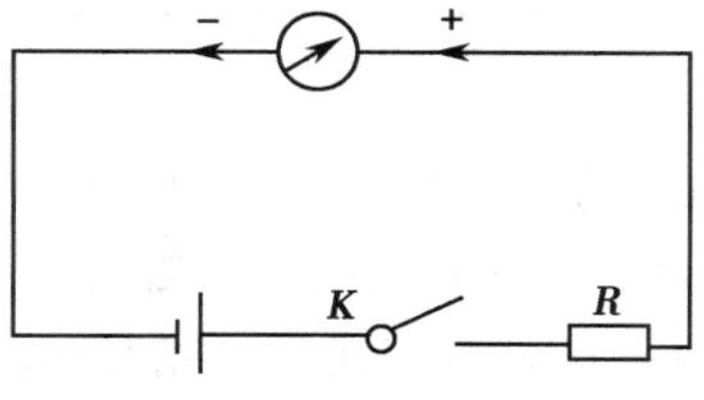

实验图 9-1　判定电流计指针偏转方向与电流方向对应关系

（2）交换电流计接线柱后重复上述步骤。通过对比确定电流计指针偏转方向与流过电流计电流方向的对应关系。

2．观察电磁感应现象　将电流计与副线圈按照实验图 9-2 连接成闭合回路，此时回路中没有电源，也没有电流产生。按照以下步骤操作，观察回路中电流情况并做好记录，将观察结果填在实验表 9-1 中。

（1）将 S 极在下的条形磁铁缓慢插入线圈，在插入过程中穿过线圈与电流计所构成回路的磁通量发生缓慢变化，观察电流计指针偏转情况。

（2）将 S 极在下的条形磁铁缓慢插入线圈后保持静止，此时穿过线圈与电流计所构成回路的磁通量保持不变，观察电流计指针偏转情况。

（3）将 S 极在下的条形磁铁插入线圈后再缓慢抽出线圈，在抽出过程中穿过线圈与电流计所构成回路的磁通量发生缓慢变化，观察电流计指针偏转情况。

（4）重复（1）、（3），让磁铁迅速插入和抽出线圈，观察电流计指针偏转情况。

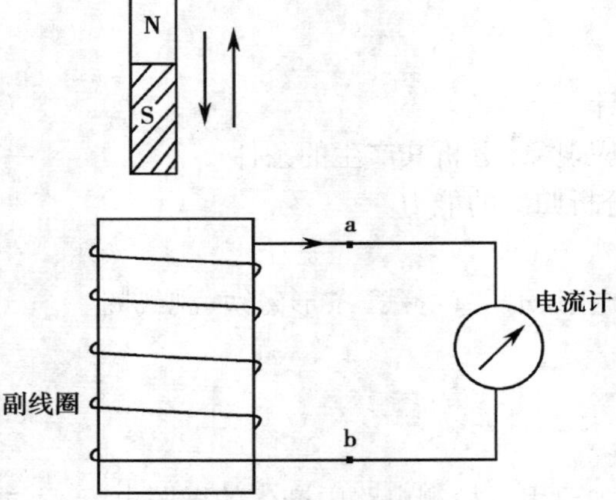

实验图 9-2　电磁感应现象

【实验记录】

实验表 9-1

实验过程		磁通量是否变化	磁通量变化快慢	是否产生电流	产生电流大小
插入	缓慢				
	迅速				
抽出	缓慢				
	迅速				
静止					

【实验结论】

通过实验观察和记录结果可以说明，当穿过闭合回路的磁通量发生变化，闭合回路中就会产生感生电流。感生电流的大小与条形磁铁和线圈间相对运动的速度有关系，且速度越大，产生的感生电流就越大。而条形磁铁和线圈间相对运动的速度越大，则穿过闭合回路的磁通量变化越快。因此，感生电流的大小实质上与穿过闭合回路的磁通量变化快慢有关。

实验十　室内电路的基本检修

【实验目的】

1. 学会正确使用常用工具

2. 会进行室内电路的检修

3. 培养严谨认真、耐心细致的态度

【实验器材】

改锥、钳子、试电笔、导线、保险丝、剥线钳、绝缘胶布等。

【实验学时】

2 学时

【实验原理】

通常输送到居民住宅的生活用电是相电压，入户都是两根线，一根火线，一根零线。

1. 室内电路整体无电，室外电路供电正常，按照以下步骤进行检查：

(1) 检查室内强电箱内的空气开关总开关是否断开。如果断开，说明室内电路的负载太大，超过其额定负载；也可能在电路某处发生短路现象，要进一步检查。

(2) 若强电箱内的空气开关总开关没有断开，需要使用试电笔测试空气开关总开关的电路接入端是否有电，并检查输入输出端是否有松动或接触不良现象。

(3) 若空气开关总开关输入端无电，则可能是室外电表箱线路出现问题，应通知电力部门进行检修，切忌个人擅自操作。

2. 室内部分电路有电，部分电路无电。通常是在电路分支处出现断路情况。要仔细观察分析，利用多用电表、试电笔等工具找出断路点。

3. 室内某一用电器无电，其余电路有电。按照以下步骤进行检查：

(1) 检查支路与用电器间连接点是否断开。

(2) 用试电笔测试供电插座是否有电。

(3) 若插座有电则检查插头线是否有松脱现象。

(4) 若插头完好则需要坚持用电器内部的保险是否完好，如果完好，则可能是用电器内部电路出现断路，须致电售后服务部门安排人员前来维修。

4. 室内电压偏低(灯具发光偏暗，用电器不能正常工作)，室外电压正常。按照以下步骤进行检查：

(1) 检查插电板与室内电路连接是否正常。

(2) 观察电路或用电器中是否有冒烟现象，是否闻到异味，能否听的电线短路打火的“叭叭”声。若有上述现象出现，则可能是电路短路、电路负载过大、用电器内部电路短路或用电器内部元件损坏，应断电并请专业人员及时维修。

(3) 检查电路是否有漏电情况，若有漏电应请专业人员及时维修。

5. 某一用电器上电压过低，无法正常工作，其他电路正常。应是分支电路到该用电器之间有接触不良情况或用电器损坏。

出现空气开关总开关断开，必须查明原因，排除故障再重新闭合；若有接线端螺丝松动，用改锥重新固定拧紧；如果接头锈蚀断路，则在断电后用小刀刮去锈蚀层重新接线；若发生电路短路现象，应先切断电源，将火线、零线和地线分开后重新接线，检查无误方可再次通电；若是由于用电器电路或电子元件造成的短路或断路，则应在断电后请专业人员及时维修更换。

【实验步骤】

1. 检查、维修室内电路总开关。

2. 检查、维修室内主电路。

3. 检查、维修室内各分支电路。

4. 检查、维修插电板。

【实验结论】

室内电路检修遵循的基本原则：断电作业，身地绝缘，看听闻测，查明原因，规范操作，不留隐患，严守规程，安全第一。

（万东海）

实验十一　凸透镜焦距的测定

【实验目的】

1. 学会使用光具座

2. 学会利用凸透镜成像规律测定其焦距

【实验器材】

光具座、凸透镜、蜡烛、像屏

【实验学时】

2 学时

【实验原理】

透镜的成像公式为：$\frac{1}{u}+\frac{1}{v}=\frac{1}{f}$

其中，u 表示物距，始终取正值；v 表示像距，成实像时，v 为正；成虚像时，v 为负；f 表示透镜的焦距，凸透镜的 f 为正，凹透镜的 f 为负。根据透镜成像公式 $\frac{1}{u}+\frac{1}{v}=\frac{1}{f}$，只要能够测得物距 u 和像距 v，就可以求出透镜的焦距 f。

【实验步骤】

1. 将蜡烛、凸透镜和像屏安装在光具座上并仔细调节使烛焰、透镜中心和像屏中心在一条与光具座平行的直线上（实验图 11-1）。

2. 调节蜡烛或像屏在光具座上的位置，使烛焰在像屏上成清晰的像。

3. 读出并记录光具座上蜡烛和像屏的位置，求出物距 u 和像距 v，并把数据填写到实验表 11-1 中。

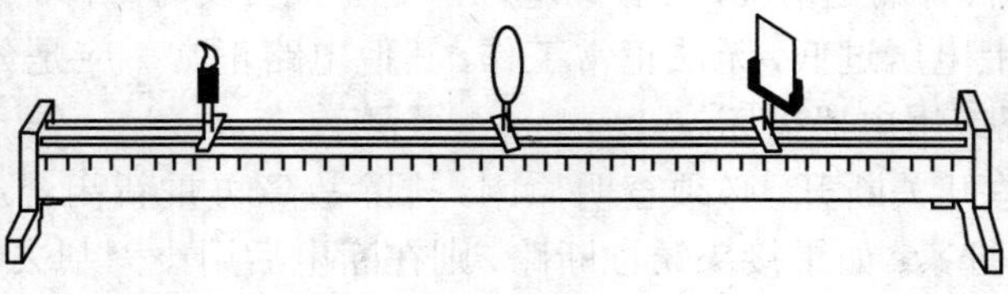

实验图 11-1　凸透镜焦距的测定

4. 将物距 u 和像距 v 的数值代入公式 $\frac{1}{u}+\frac{1}{v}=\frac{1}{f}$，计算出焦距 f。

5. 重复上述步骤，共进行三次测量并分别计算出焦距 f，填入实验表 11-1。

6. 求出三次测量的凸透镜焦距的平均值，填入实验表 11-1。

【实验记录】

实验表 11-1

	物距 u	像距 v	焦距 f
1			
2			
3			
焦距平均值			

实验十二　分光光度计的使用

【实验目的】

1. 了解分光光度计的结构及使用方法
2. 观察光的波长与颜色的关系
3. 验证朗伯 - 比尔定律 $A=KcL$

【实验器材】

721 分光光度计、不同浓度的高锰酸钾溶液（5.0μg/ml、10.0μg/ml、15.0μg/ml）、蒸馏水、白纸。

【实验学时】

2 学时

【实验原理】

可见光经棱镜色散成为不同颜色的单色光，让单色光通过被测溶液，由于溶液的浓度不同，对光的吸收程度不同，溶液的颜色就会出现差异，因此我们可以根据光线通过溶液后被溶液吸收的程度来确定溶液的浓度。分光光度计就是利用这个原理来对物质进行定性和定量分析的装置。

朗伯 - 比尔定律：当一束平行的单色光通过均匀、无散射现象的溶液时，在单色光强度、溶液的温度等条件不变的情况下，溶液对光的吸光度与溶液的浓度及液层厚度的乘积成正比。用数学式表示为：

$$A=KcL$$

朗伯 - 比尔定律中的 A 为吸光度，可用分光光度计测出；K 为吸光系数，它与入射光的波长、溶液的性质及溶液的温度有关，也与仪器的质量有关，一定条件下是一个常数，可从药典或有关文献中查得；c 为溶液的浓度；L 为溶液液层的厚度。

【实验步骤】

1. 观察分光光度计的结构及光路　旋开固定 721 型分光光度计上盖的螺钉，轻轻打开上盖，把上盖靠在仪器后面；小心不要碰坏 A-T 指示电表，不要拉断连接 A-T 指示电表的导线；观察分光光度计的结构。打开电源开关，观察分光光度计的光路情况。关闭电源开关，盖好上盖，拧紧螺钉。

2. 观察光的波长与颜色的关系　打开电源开关，打开吸收池暗箱盖，放入一张白纸并使白纸对准光路，缓慢调节波长选择钮（波长变化在 400～760nm），观察波长发生变化后，光路上光的颜色有何不同，在实验表 12-1 中记录不同波长的光的颜色。

3. 测定吸光度　将分光光度计波长调节至 525nm。打开吸收池暗箱盖，仪器预热 20 分钟后，调节零点调节钮，使指针指在 T=0 处。将蒸馏水、5.0μg/ml 的高锰酸钾溶液、10.0μg/ml 的高锰酸钾溶液依次装入 1cm 厚的 3 个吸收池中，并按顺序放入仪器吸收池架上，关闭吸收池暗箱盖。用蒸馏水作为空白溶液，调节透光率为 100%，测出高锰酸钾溶液的吸光度 A；把结果填入实验表 12-2。

将蒸馏水、5.0μg/ml 的高锰酸钾溶液、10.0μg/ml 的高锰酸钾溶液依次装入 2cm 厚的 3 个吸收池中，依照上述方法，测出高锰酸钾溶液的吸光度 A；把结果填入实验表 12-2。

【实验数据及计算】

实验表 12-1　波长与光的颜色

光的颜色							
波长（nm）							

实验表 12-2　液层厚度及溶液的浓度与吸光度

液层厚度 L（cm）	1.0	1.0	1.0	2.0	2.0	2.0
溶液浓度 c（μg/ml）	5.0	10.0	15.0	5.0	10.0	15.0
吸光度 A						

【实验结论】

通过实验数据可以看出，测得的吸光度与溶液浓度及液层厚度的乘积成正比关系，即 $A=KcL$，符合朗伯 - 比尔定律，同时也验证了朗伯 - 比尔定律。

（万东海）

实验十三　医用激光器临床实践

【实践目的】

1. 认识医用激光器
2. 了解医用激光器在临床中的应用
3. 观摩医用激光器的工作

【实践学时】

2 学时

【知识简介】

激光作为 20 世纪的重大科技成果一经问世，便以其方向性好、亮度高、单色性好、相干性好等特性在应用光学领域引起了革命性的变革，很快在多个领域得到广泛应用。医学是激光技术应用最早、最广泛和最活跃的领域之一，可用于临床进行激光诊断和治疗。

应用于医学领域的激光器一般可按工作物质形态（固体、液体、气体、半导体等）、发光粒子（原子、分子、离子、准分子等）、输出方式（连续、脉冲）等进行分类。实验表 13-1 列出了几种常见的医用激光器及其相应的一些技术指标。

实验表 13-1　几种常见的医用激光器

工作物质	发光物质	输出方式	输出波长（nm）	主要用途
固体	Ruby	脉冲	694.3	基础研究、眼科、皮肤科
	Ho:YAG	脉冲	2120	胸外科、口腔科、耳科、内镜手术
	Er:YAG	脉冲	2080；2940	皮肤科、口腔科、耳科、眼科
	Nd:YAG	脉冲、连续	1064	各种手术、内镜手术
气体	He-Ne	连续	632.8	基础研究、全息照相、PDT、各种弱激光治疗
	CO_2	脉冲、连续	10 600	体表与浅表体腔各科手术、理疗
	Ar	连续	488；514.5	皮肤科、眼科、内镜手术、针灸、全息照相、微光束技术、扫描共焦显微镜
	N_2	脉冲	337.1	基础研究、肿瘤科、理疗
	He-Cd	连续	441.6	针灸、理疗、肿瘤荧光诊断
	XeCl	脉冲	308	血管成形术
	Cu	脉冲	510.5；578	皮肤科、ODT
液体	Dye_2	脉冲、连续	300～1330	眼科、皮肤科、PDT、内镜治疗、细胞融合术
半导体	半导体	脉冲、连续	300～34 000	基础研究、内镜治疗、各种手术、弱激光治疗

一、红宝石激光器

红宝石（Ruby）激光器是世界上最早研制出的激光器，世界上第一台红宝石激光器于 1960 年研制成功，次年就在医学上被应用于眼科临床视网膜凝固，1963 年这种激光器又开始用于肿瘤治疗。我国是从 1965 年开始红宝石激光的生物效应和眼科应用的相关研究，在临床应用也相当广泛。红宝石激光器发出的是波长为 694.3nm 的脉冲激光，主要用于基础研究和皮肤科、眼科治疗当中。

二、氦 - 氖激光器

氦 - 氖（He-Ne）激光器是最早研制成功的气体激光器，以其结构简单、使用方便、性能可靠、能耗低而被广泛应用于医学临床治疗。放电管内充有按一定比例混合的氦、氖气体，在两个反射镜之间形成谐振腔。氦氖激光器发出的是波长为 632.8nm 的红色连续激光。

三、二氧化碳激光器

二氧化碳激光器以二氧化碳气体为发光材料，是一种分子激光器，它是气体分子激光器中的典型代表，由于它的能量转换率可以高达 30% 以上，所以它的输出功率很高。二氧化碳激光器可以输出的波长为 10 600nm 的远红外光容易被生物组织表面层吸收，所以常被用作激光刀，容易控制其切割组织的深度。此外，二氧化碳激光器还有容易连续运行、结构简单和造价低廉等优点。

四、准分子激光器

准分子激光器是 20 世纪 70 年代发展起来的一种脉冲激光器。它的工作物质是稀有气体及其卤化物或氧化物，输出激光的波长可以从紫外光到可见光，其特点是波长短、功率高，医学上主要利用准分子激光进行手术治疗。

实验十四　X射线成像与X-CT临床实践

【实践目的】

1. 了解X射线成像和X-CT成像的原理及其在临床中的应用

2. 认识X射线成像和X-CT成像设备

3. 观摩X射线成像和X-CT成像设备的工作

【实践学时】

2学时

【知识简介】

一、X线成像

1. X线成像设备　X线机由X线管、变压器、操作台等基本部件组成。X线管为一内部密封有两个电极的真空管，杯状的阴极内装着灯丝，灯丝采用高熔点的钨丝绕制而成，阳极由呈斜面的钨靶和附属散热装置组成。变压器包括降压变压器和升压变压器，降压变压器向X线管灯丝提供电源，一般电压在12V以下；升压变压器向X线管的两极提供高压电，约40～150kV。操作台主要是用以调节电压、电流和曝光时间的电压表、电流表、记时装置和调节旋钮等。X线管、变压器和操作台之间通过电缆相互连接。如实验图14-1。

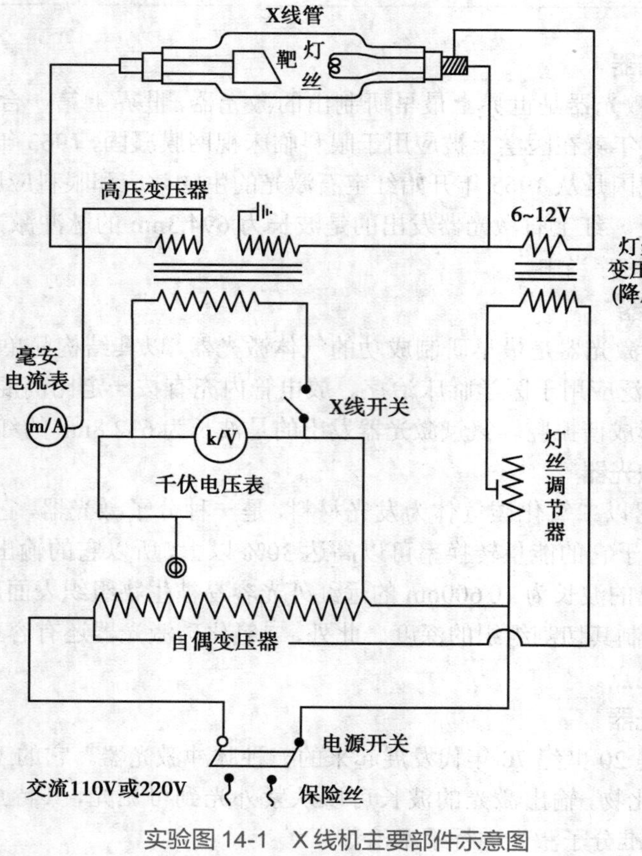

实验图14-1　X线机主要部件示意图

2. X线成像原理　X射线之所以能使人体组织在荧光屏上或胶片上形成影像，一方面是由于X射线具有的穿透性、荧光效应和感光效应；另一方面是由于人体组织之间的密度和厚度存在差别。这样，当X射线通过人体不同的组织结构时，被吸收的程度不同，因此通过组织后到达荧光屏或胶片上的X射线的量就会不同。于是在荧光屏或胶片上就会形成明暗或黑白对比不同的影像。比如，胸部的肋骨密度高，对X射线的吸收比较多，照片上呈白影；而肺部含气体较多，密度低，对X射线的吸收较少，照片上则呈黑影。

如果人体组织发生了病变，其密度将会发生改变。此时荧光屏或胶片上会看到与正常组织不同的影像。例如，肺结核病变会在低密度的肺组织中产生中等密度的纤维性改变和高密度的钙化灶，在胸片上可见在肺的黑影背景上出现代表病变的灰影和白影。因此，与正常组织的密度不同的病变部分会产生相应的病理X射线影像。

人体的组织结构和形态不同，其厚度也不一样。厚的部分，吸收X射线多，透过的X射线少，而薄的部分吸收X射线少，透过的X射线多，这样在荧光屏或胶片上就会显示出黑白对比和明暗差别的影像。可见，X射线成像还与组织结构和器官的厚度有关系。

3. X线检查　X射线检查可分为普通检查、特殊检查和造影检查。普通检查包括荧光透视和摄影；特殊检查包括体层摄影、软线摄影、放大摄影、荧光摄影等；还有就是造影检查。

在选择X射线检查方法时，应该在了解各种X射线检查方法的适应证、禁忌证和优缺点的前提下，根据临床初步诊断和诊断需要来决定。一般应选择安全、准确、简便而又经济的方法。对于可能发生一定反应和有一定危险的检查方法，选择时更应严格掌握适应证，不可滥用，以免给患者带来损失。

4. X线诊断　X射线诊断用于临床已经有一百多年的历史，由于X射线具有成像清晰、经济、简便等优点，所以，X射线诊断仍然是影像诊断中使用最多和最基本的方法。X射线诊断是以X射线图像为基础，因此需要对X射线影像进行认真、细致的观察，在了解X射线影像所反映的正常与病变的组织结构解剖特点的基础上分辨正常与异常。综合X射线各种病理表现，结合临床资料，包括病史、症状、体征及其他临床检查结果进行分析推理，才能得出比较正确的X射线诊断。

二、计算机断层成像

1. CT的产生　1969年人类首次设计出计算机断层成像装置。经神经放射诊断学家应用于临床，取得了令人满意的效果。这种检查方法称为X射线计算机断层成像，即X-CT检查。X-CT可获得较好的三维空间信息像。X-CT的出现大大促进了医学影像学的发展。

2. CT的成像原理与设备　X-CT是以X射线束从多个方向对人体检查部位一定厚度的层面进行扫描，由探测器接收透过该层面的X射线量，转变为可见光后，由光电转换器转变为电信号，再由模/数转换器转换成数字信号，输入计算机进行处理，得出该层面组织各个单位容积（体素）的吸收系数，再排列成数字矩阵，这些数字可以储存于磁盘或光盘中。通过数/模转换器可以把数字矩阵中的每个数字转换为由黑到白不同灰度的小方块，即像素，并按照矩阵排列，这样就构成了X-CT图像，并可摄于胶片上，如实验图14-2所示。X-CT设备主要包括扫描部分（探测）、计算机系统、图像显示与存储系统。扫描部分主要由X射线管、探测器和扫描架组成，用以对检查部位进行扫描，收集信息。X射线管现在都采用CT专用X射线管，容量较大。探测器用高转换率的探测器，其数目少则几百个，多则上千个，最多可达4800个。主要目的是尽可能多的获得信息。计算机系统是将扫描收集到的信息数据进行存储运算。计算机是CT的心脏，左右着CT的性能。现在已由小型计算机改用多台微处理器，使 CT 可同时进行多种功能运转。图像显示与存储系统能将经过计算机处理、重建的图像显示在显示器上并用照相机将图像摄于胶片上。X-CT 的成像流程和装置如实验图 14-3 所示。

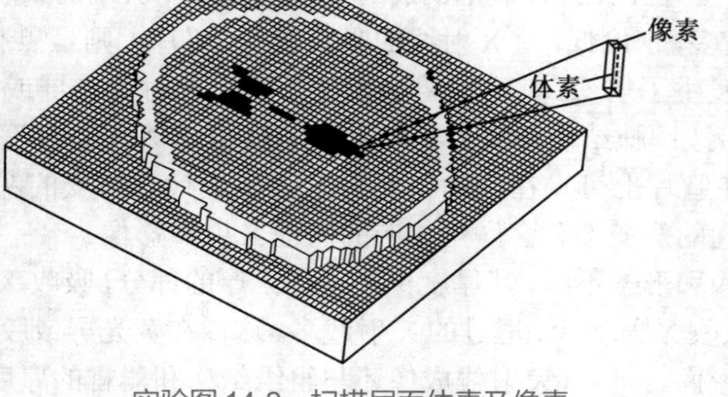

实验图 14-2　扫描层面体素及像素

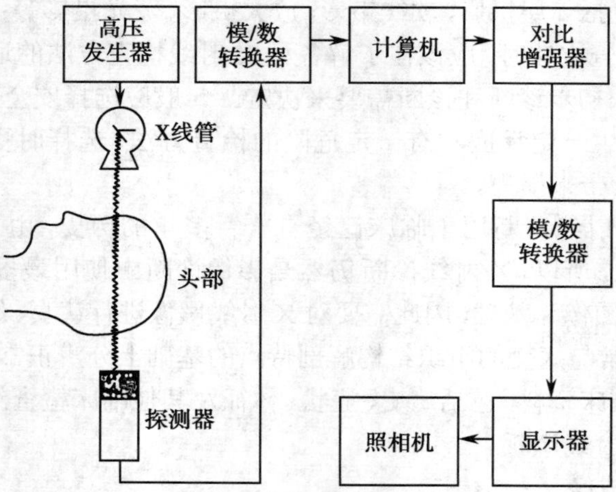

实验图 14-3　X-CT 装置示意图

X-CT 图像是由一定数目从黑到白不同灰度的像素按矩阵排列所构成，这些像素反映的是相应体素的 X 射线吸收系数。不同 CT 装置所得图像的像素的大小及数目不同，像素越小，像素越多，构成的图像就越细致越清楚。X-CT 图像是以不同的灰度来表示，反映组织和器官对 X 射线的吸收程度。所以，与 X 射线图像所示的黑白影像一样，黑影表示低吸收区，即低密度区，如肺部；白影表示高吸收区，即高密度区，如骨骼。X-CT 图像是断层图像，常用的是横断面。为了显示整个器官，需要多帧连续的断层图像。通过 X-CT 设备上图像重组程序的使用，还可以重组冠状面和矢状面的断层图像。

3．CT 诊断的应用　由于 X-CT 的特殊诊断价值，它已广泛应用于临床。但由于 X-CT 设备比较昂贵，检查费用较高，对某些组织器官的检查、诊断价值，尤其是定性诊断，还有一定限度，所以除颅脑和肝、胆、胰、脾等脏器疾病外，不宜将 X-CT 检查视为常规诊断手段，应在了解其优势的基础上，合理选择使用。

（万东海）

附　　录

附录一　国际单位制

（一）国际单位制的基本单位

基本量名称	单位名称	单位符号	基本量名称	单位名称	单位符号
长度	米	m	热力学温度	开尔文	K
质量	千克	kg	物质的量	摩尔	mol
时间	秒	s	发光强度	坎德拉	cd
电流	安培	A			

（二）国际单位制的辅助单位

辅助量名称	单位名称	单位符号
平面角	弧度	rad
立体角	球面度	sr

附录二　常见物理量的符号及国际单位制

物理量名称	符号	单位名称	代号	
			中文	字母
长度	l、s	米	米	m
质量	m	千克	千克	kg
时间	t、T	秒	秒	s
热力学温度	T	开尔文	开	K
物质的量	M	摩尔	摩	mol
面积	S、A	平方米	米 ^{2}	m^2
体积	V	立方米	米 ^{3}	m^3
密度	ρ	千克每立方米	千克 / 米 ^{3}	kg/m^3
速度	v、V	米每秒	米 / 秒	m/s
加速度	a	米每二次方秒	米 / 秒 ^{2}	m/s^2
平面角	θ	弧度	弧度	rad
角速度	ω	弧度每秒	弧度 / 秒	rad/s
频率	f、υ	赫兹	赫	H
周期	T	秒	秒	s

续表

物理量名称	符号	单位名称	代号	
			中文	字母
振幅	A	米	米	m
力	F、f	牛顿	牛	N
压强	P	帕斯卡	帕	Pa
功、能、热量	W、E、Q	焦耳	焦	J
功率	P	瓦特	瓦	W
声强级	L	贝尔	贝	B
黏滞系数	η	帕斯卡秒	帕•秒	Pa•s
流量	Q	立方米每秒	米^3/秒	m^3/s
表面张力系数	α	牛顿每米	牛/米	N/m
电流强度	I	安培	安	A
电量	Q、q	库仑	库	C
电势、电压、电动势	U、ε	伏特	伏	V
电阻	R、r	欧姆	欧	Ω
电容	C	法拉	法	F
电阻率	ρ	欧姆米	欧•米	Ω•m
电场强度	E	牛顿每库仑	牛/库	N/C
磁感应强度	B	特斯拉	特	T
磁通量	Φ	韦伯	韦	Wb
电感	L	亨利	亨	H
焦度	Φ	屈光度	屈光度	D
计量当量	H	希沃特	希	Sv
照射量	X	库仑每千克	库/千克	C/kg
吸收剂量	D	戈瑞	戈	Gy

附录三 常用物理常数

物理量	常数值
万有引力恒量	$G=6.67\times10^{-11}N\cdot m^2/kg^2$
重力加速度	$g=9.80665m/s^2$
真空中的光速	$c=3.0\times10^8m/s$
绝对零度	$0K=-273.15℃$
标准大气压	$P_0=1.013\times10^5Pa$
电子电量	$e=1.6\times10^{-19}C$
电子静止质量	$m_e=9.1\times10^{-31}kg$
质子静止质量	$m_p=1.67\times10^{-27}kg$
原子质量单位	$u=1.6605655\times10^{-27}kg$
普朗克恒量	$h=6.63\times10^{-34}J\cdot s$
玻尔第一轨道半径	$r_0=0.529\times10^{-10}m$
静电力恒量	$k=8.987776\times10^9N\cdot m^2/C^2$
电子伏特	$1eV=1.6\times10^{-19}J$

附录四　十进制数的倍数和分数的词头名和国际代号

倍数与分数	词冠	国际代号	倍数与分数	词冠	国际代号
10^{18}	艾〔可萨〕	E	10^{-1}	分	d
10^{15}	拍〔他〕	P	10^{-1}	厘	c
10^{12}	太〔拉〕	T	10^{-3}	毫	m
10^{9}	吉〔咖〕	G	10^{-6}	微	μ
10^{6}	兆	M	10^{-9}	纳〔诺〕	n
10^{3}	千	k	10^{-12}	皮〔可〕	p
10^{2}	百	h	10^{-15}	飞〔母托〕	f
10^{1}	十	da	10^{-18}	阿〔托〕	a

附录五　希腊字母表

大写	小写	汉语读音	大写	小写	汉语读音
Α	α	阿尔法	Ν	ν	纽
Β	β	贝塔	Ξ	ξ	柯西
Γ	γ	嘎玛	Ο	ο	哦米克隆
Δ	δ	德尔塔	Π	π	派
Ε	ε	依普西隆	Ρ	ρ	若偶
Ζ	ζ	杰塔	Σ	σ	西格玛
Η	η	埃塔	Τ	τ	套
Θ	θ	希塔	Υ	υ	宇普西隆
Ι	ι	约塔	Φ	φ	福艾
Κ	κ	卡帕	Χ	χ	希
Λ	λ	拉姆达	Ψ	ψ	普赛
Μ	μ	缪	Ω	ω	欧米伽

参 考 文 献

1. 宋大卫. 物理应用基础. 2版. 北京：人民卫生出版社，2010.
2. 刘发武. 物理. 北京：人民卫生出版社，2001.
3. 潘志达. 医学物理学. 4版. 北京：人民卫生出版社，2003.